HTML+CSS+ JavaScript+Bootstrap

渐进式Web开发 入门与实践

陈婉凌 / 著

清华大学出版社

北京

内 容 简 介

本书从设计网站开始，以浅显易懂的方式讲解网站构建过程、设计网站原型的工具和资源的获取，循序渐进地介绍 Web 前端三大核心技术——HTML、CSS 和 JavaScript，并加入前端框架 Bootstrap 技术。

本书介绍配色工具，以及如何使用 Bootstrap 模块和配色表快速构建专业美观的响应式网页设计（RWD）网站。本书包含渐进式应用技术，手把手教读者优化网站为 Web 应用，实现类似原生应用的体验。

本书共分三部分：前端开发概念，HTML+CSS 基础到进阶教学；JavaScript 基础语法和 Web 数据库应用；前端框架工具，包括 Bootstrap 和 PWA。各部分均有实用范例和整合练习。本书适合自学与教学使用：对前端技术感兴趣却不知从何入门的初学者；前端开发技术相关从业人员；大专院校用于网站设计相关课程教材。

本书为荣钦科技股份有限公司授权出版发行的中文简体字版本。

北京市版权局著作权合同登记号　图字：01-2023-4881

图书在版编目（CIP）数据

HTML+CSS+JavaScript+Bootstrap 渐进式 Web 开发入门与实践/陈婉凌著. –北京：清华大学出版社，2023.11
ISBN 978-7-302-64876-5

Ⅰ.①H… Ⅱ.①陈… Ⅲ.①超文本标记语言－程序设计②网页制作工具③JAVA 语言－程序设计 Ⅳ.①TP312.8
②TP393.092.2

中国版本图书馆 CIP 数据核字（2023）第 212841 号

责任编辑：赵　军
封面设计：王　翔
责任校对：闫秀华
责任印制：刘海龙

出版发行：清华大学出版社
　　　　　网　　　址：https://www.tup.com.cn，https://www.wqxuetang.com
　　　　　地　　　址：北京清华大学学研大厦 A 座　　　　　邮　　编：100084
　　　　　社 总 机：010-83470000　　　　　　　　　　　邮　　购：010-62786544
　　　　　投稿与读者服务：010-62776969，c-service@tup.tsinghua.edu.cn
　　　　　质 量 反 馈：010-62772015，zhiliang@tup.tsinghua.edu.cn

印 装 者：北京同文印刷有限责任公司
经　　销：全国新华书店
开　　本：190mm×260mm　　　　印　张：22.75　　　　字　　数：613 千字
版　　次：2023 年 12 月第 1 版　　　　　　　　　　印　　次：2023 年 12 月第 1 次印刷
定　　价：89.00 元

产品编号：102039-01

前　言

HTML 5、CSS 和 JavaScript 是 Web 前端三大核心技术，对于想要制作网页或想成为专业网页设计师的人来说，它们都是必学的。现如今，各种不同的设备都可以浏览网页，因此在制作高质感的网页时需要注意很多细节。为了能够快速制作响应式网站并使它能在不同设备上完美运行，我们通常会用到各种高效的框架来编写前端程序。这样不仅可以标准化组件、加快网页制作速度，还可以轻松地制作出响应式网站。

面对各种各样的前端框架，初学者往往难以选择起步点。本书将介绍十分流行的 Bootstrap 框架。虽然本书不会详细介绍该框架的指令和用法，但将以务实的方式为读者讲解框架的工作原理和使用方法，并教授读者如何善用框架所提供的资源。Bootstrap 官方网站也提供了完整且详细的文件和范例程序。

根据业界最新的调查报告显示，高达 95.8%的人通过手机上网，可见手机上网已成为趋势。在设计网页时，必须考虑移动设备的用户体验。Google 公司在 2016 年提出了渐进式 Web 应用程序（Progressive Web Application，PWA）的概念，简单来说就是让移动设备的用户感觉像操作原生应用程序一样，从而大大提高网页的便利性和流畅度。

本书将以简单的范例程序为读者介绍 PWA 的概念、实现所需的技术及其工作原理，而不会深入探讨 PWA 的实现细节。

全书共 15 章，分为三个部分。第一部分首先介绍 HTML 5 和 CSS 的基础知识，第二部分重点讲解 JavaScript 的语言运用，第三部分介绍前端框架 Bootstrap 的实用技巧以及 PWA 技术。本书采用浅显易懂的方式进行说明，并提供详细的操作步骤和精心绘制的图表，以帮助读者快速学习 Web 前端三大核心技术，并掌握相关知识的精髓。

本书提供了程序源码和 PPT 课件，可以扫描下方二维码进行下载。

程序源码

PPT

　　如果下载有问题，请联系 booksaga@126.com，邮件主题为"HTML+CSS+JavaScript+Bootstrap 渐进式 Web 开发入门与实践"。

　　尽管本书经过审慎校对，但仍有可能存在疏漏，敬请各位专家和读者批评指正。

陈婉凌　谨识

2023 年 9 月

目　　录

第一部分　　HTML 5+CSS

第二部分　JavaScript 语言

第三部分　善用前端框架

第一部分　HTML 5+CSS

　　HTML、CSS 和 JavaScript 是 Web 前端的三大核心技术，对于想要自学网页设计的爱好者或已成为专业网页设计师的人来说，掌握这些基础技术是必不可少的。在制作网站时，需要掌握广泛的专业知识，并使用各种工具软件，仅仅懂得技术而没有完整的 Web 开发知识将会导致很多困难和挫折，即使花费了大量时间，也无法达到理想的效果。

　　因此，在本书的第一部分中，首先为读者介绍网站开发的基础知识，帮助读者打好基础，然后学习 HTML 和 CSS 技术。通过这部分内容你会发现编写网页程序其实并不难。

第 1 章

网站开发的概念与技术

1

网络应用的发展越来越多元化，如今我们通过网页就可以与浏览者进行信息分享和互动。学习网页编程的第一步是熟悉网站和网页的相关知识。只有掌握了基本概念，我们才能更好地制作网页。对于初学者而言，本章将帮助初学者打好基础，练好基本功。

1.1　网站开发的基础概念

网站（Website）是一个由多个网页组成的集合体，而网页则是网站中的最小单位。一个大型的网站可能包含数十甚至上百个网页，而一个小小的个人网站可能只有几个网页。当我们想要访问某个网站时，可以通过入口网站搜索关键词或直接在地址栏输入网址来找到该网站。而网址是由域名和路径组成的，域名是网站的唯一标识符，路径则指向具体的网页。

在学习制作网页之前，本书将先带领读者认识网站和网页，帮助读者更好地理解网站和网页的基本概念。

1.1.1　网站和网页

1. 什么是网站

以浏览网页来说，客户端（Client）浏览器向服务器端（Server）提出请求（Request），服务器端在收到请求之后开始处理数据，完成之后把响应（Response）回传给客户端。

网站是一个由多个网页文件组成的集合体，可想象为计算机内的文件夹。这些网页通过超链接（Hyperlink）的方式相互链接，形成网站。这些网页可以存储于物理主机（或称为实体主机）或云端虚拟主机中。用户只需在浏览器中输入网址即可访问主机中的数据。

物理主机被称为"Web 服务器"（Web Server），也被称为网页服务器。在通常情况下，我们将运行在服务器端的应用程序称为"后端"，而运行在客户端的应用程序则称为"前端"。服务器端和客户端之间通过 HTTP 协议传输和接收数据。

当用户在浏览器中请求访问网站时，客户端浏览器会向服务器端（后端）发送请求。在接收到请求后，后端开始处理数据，并在完成后向客户端回传响应，如图 1-1 所示。

图 1-1

提示　**什么是 HTTP？**

HTTP 即"超文本传输协议"（HyperText Transfer Protocol），是 Internet 应用中最为广泛的一种网络传输协议。它在计算机之间搭起桥梁，让彼此能够相互接收与传递数据，所有的 WWW 文件都必须遵守这个协议。

---

2. 什么是网页

所谓"网页"（Webpage），实际上是一个文件，存储在 Web 服务器中。我们可以通过网址来访问该网页。网页文件一般由 HTML 语句构成，必须经过浏览器（Browser）解析、处理并渲染成我们所看到的网页（见图 1-2）。常见的 Web 浏览器包括 Google 公司的 Chrome，Microsoft 公司的 Internet Explorer（简称 IE）和 Edge，Apple 公司的 Safari 以及 Mozilla 公司的 Firefox。

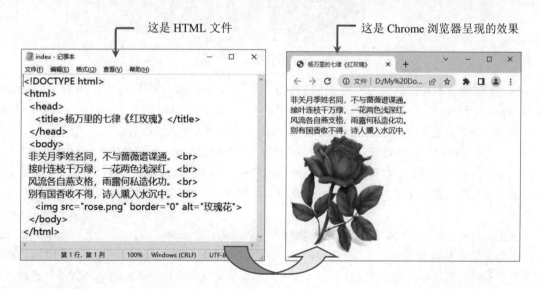

图 1-2

网页内容通常包含文字数据、图像文件以及超链接。利用超链接，除了可以相互链接自己网站内的网页之外，也可以链接其他的网站。进入网站之后看到的第一个网页称为"主页"。

1.1.2　网页开发的前端与后端

网页的呈现一般可分为"静态网页"与"动态网页"。静态网页是指单纯使用 HTML 语法构成的网页，文件扩展名为.htm 或.html。

动态网页可以根据执行程序的位置分为前端（客户端）处理与后端（服务器端）处理两种。前端动态网页采取了 3 项核心技术：HTML、JavaScript 和 CSS，能够实现丰富的互动效果，如随着滚动条移动的文字或按钮、根据时间更换网页背景颜色等，使网页更加生动有趣。而后端动态网页则是在服务器上进行处理的，如图 1-3 所示。

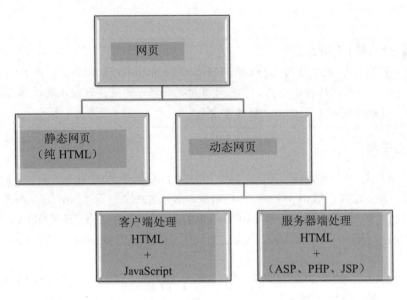

图 1-3

服务器端处理的动态网页通常指使用后端程序语言编写的网页。常用的后端程序语言包括 ASP（Active Server Pages）、PHP（Hypertext Preprocessor）、JSP（Java Server Pages）、Python、Ruby 等。当用户请求浏览某个动态网页时，网页服务器会将该动态网页交给动态程序的引擎（如 PHP Engine）进行处理，然后将处理后的内容返回给客户端的浏览器。这一过程如图 1-4 所示。

动态网页最大的优点是能够通过编写程序逻辑来访问后端的数据库，并将执行结果返回给前端，从而进一步与用户进行交互。例如会员管理系统、购物网站、留言板、讨论区等都属于这种动态网页类型。

此外，HTML 5 提供了基于浏览器端的数据库（Web SQL、IndexedDB），可以使用 JavaScript API 在浏览器端建立本地数据库。当需要离线使用时，可以将数据存储在本地数据库中，待联网后再传回服务器端的数据库。一些手机应用程序（APP）、采用 HTML 5 语言开发的 Web APP，看起来与原生 APP 相似，但实际上是通过内嵌的网页浏览器来操作执行的，并利用浏览器的数据库来暂存数据。

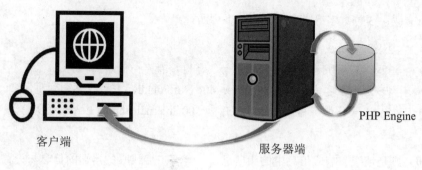

客户端　　　　　　　　　　　服务器端　　PHP Engine

图 1-4

读者可能听说过网站开发工程师可分为前端（Front End）工程师、后端（Back End）工程师和全栈（Full-Stack）工程师。这三个角色根据网站开发中的前端和后端职责来区分工作内容。

1.1.3　网址的组成

在万维网（WWW）上有数以万计的网页，就像身处于热闹的城市一样，如果你想要找到商店所在的位置，首先必须知道商店的名称和地址。同样地，如果你想要找到某个网站，就必须先知道它的 IP 地址或者网址。

每台连接到网络的计算机都有一个用数字来表示的地址，称为 IP 地址，例如 192.168.1.1。然而，由于数字不容易记忆，因此人们通过域名系统（Domain Name System，简称 DNS）将域名映射到相应的 IP 地址，这样使人们更容易找到网站。

每个网页都有一个网址（Universal Resource Locator，简称 URL，翻译成中文是统一资源定位器），用来指出资源所在位置及存取方式。标准的 URL 格式如下：

协议://完整主机域名/目录路径/网页文件名
　①　　　　②　　　　③　　　④

例如，北京的天气预报查询网页 URL 如下：

http://www.weather.com.cn/weather1d/101010100.shtml
　①　　　　　　②　　　　　　③　　　　④

下面对①协议和②完整主机域名进行介绍。

① HTTP 与 HTTPS 协议
前面已经简单介绍过 HTTP，现在进一步解析它的运行原理。

当客户端发起一个请求时，会和服务器建立连接，数据传输分成 GET 和 POST 两种方法。

GET 方法将请求的数据以键值对（Key-Value Pair）的形式加在网址后面，请求的数据就是请求参数（Query String）。例如：http://xxx.com.cn?id=001，问号（?）后面的"id=001"就是请求参数。

POST 方法的数据是包含在 HTTP Request 的消息体（Message-Body）中进行传输的。

当服务器端收到请求时，会响应状态和请求的内容，不论请求还是响应都包含状态码（Status Code）、报头（Headers）、消息体。

状态码由 3 位数字组成，常见的有下列四种：

- - 2xx: 表示成功，例如 200 OK。
- - 3xx: 表示所请求的资源已移动，需要重新定向到新的网址。
- - 4xx: 表示客户端的错误，例如 404 Not Found，表示找不到网页。
- - 5xx: 表示服务器端的错误，例如 500 Internal Server Error，服务器发生错误，无法完成请求。

报头则是请求和响应信息中的头信息，包含客户端或服务器端的信息与设置值。

我们可以通过打开 Chrome 浏览器的"开发者工具"来查看网页的状态码、请求报头和响应报头。

具体操作：启动 Chrome 浏览器，打开任意网页，按键盘上的 F12 键，切换到 Network 标签，再按 F5 键刷新网页，即可观察到相关信息，如图 1-5 所示。

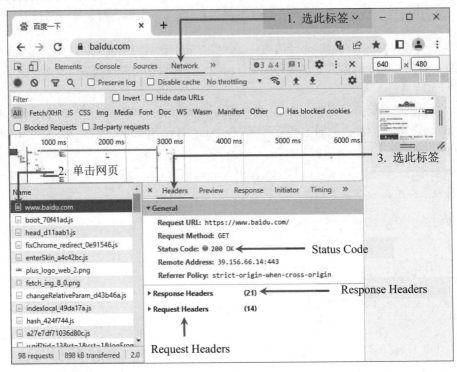

图 1-5

在 Headers 标签下，可以查看网页的相关信息。这些信息会以键-值对的形式显示，在键和值之间使用冒号（:）隔开，如图 1-6 所示。

② 完整主机域名[:port]

完整主机域名（Fully Qualified Domain Name，FQDN）是主机名（Host Name）加上域名（Domain Name）。以天气预报网址 www.weather.com.cn 为例，www 是主机名，weather.com.cn 是域名。

主机名通常是按照其提供的服务种类来命名的。例如，提供 WWW 服务的主机通常以 www 开头来命名，而提供 FTP 服务的主机则通常以 ftp 开头来命名。

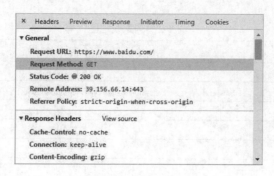

图 1-6

　　域名就像门牌号码一样，必须是唯一且不可重复的，否则将会造成网络的混乱。因此，每个国家或地区都有一个单位或机构负责管理域名。一个域名通常包含 3 个部分，分别是机构名称、机构类型以及国家或地区代码，例如：

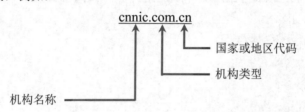

1. 机构名称

　　机构名称是自定义的，通常以企业组织的名称或缩写来命名，例如北京市政府的机构域名为 beijing（即 beijing.gov.cn），上海市政府的机构名称为 shanghai（shanghai.gov.cn），北京大学的机构域名为 pku（即 pku.edu.cn），清华大学的机构域名为 tsinghua（tsinghua.edu.cn），华为公司的机构域名为 huawei（即 huawei.com.cn），新浪公司的机构域名为 sina（即 sina.com.cn）。

2. 机构类型

　　为了方便各行各业的识别和管理，域名分为多种类型，常见的类型如表 1-1 所示。

表 1-1　机构类型

机构类型	代表机构
.com	公司
.gov	政府机构
.org	民间组织单位
.edu	教育机构
.net	ISP 服务商
.idv	个人

3. 国家或地区代码

　　通过国家或地区代码，可以很容易地判断一个网站是在哪个国家或地区注册的，表 1-2 列出了一些常见的国家或地区代码。

表 1-2　国家或地区代码

国家或地区代码	国家或地区
.cn	中国
.hk	中国香港地区
.jp	日本
.kr	韩国
.us	美国
.eu	欧洲
.uk	英国
.de	德国
.fr	法国

　　熟悉了网址的组成，以后看到网址，就应该可以判断是哪个公司的网站。读者不妨猜一猜下列网址分别是哪个单位的网站。

www.beijing.gov.cn
www.163.net
www.pku.edu.cn
www.huawei.com.cn

1.2　构建网站的流程与技术

　　要构建一个好的网站，通常会有下列 6 个步骤，即拟定网站主题、规划网站架构与内容、收集相关资料、制作网页、上传与测试以及网站推广与更新维护，如图 1-7 所示。

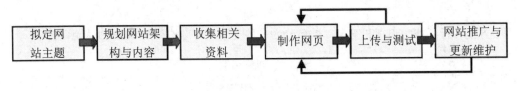

图 1-7

1.2.1　拟定网站主题

　　万丈高楼平地起，制作网站的第一步是先确认网站的定位与需求，明确定义出网站的主题，以免浪费时间与成本。我们可以按照网站的定位方式，将网站简单归纳分为"单页网站""形象网站""电子商务网站"3 种类型。

1. 单页网站

　　单页网站是指仅有一个页面的网站，通过简洁明了的文字、图片或动态图片来呈现完整信息。这样的网站建设速度快，适用于短期的新品介绍、促销活动等，浏览者只需滚动网页即可接收所有信息，甚至可直接下单购买，省去传统电商需要先加入会员，再放入购物车，最后付款等烦琐步骤。

单页网站具有架设快速、信息呈现完整的优点,但缺乏信任度。不良分子会利用微信、微博等社交媒体广发单页网站,以"超低价""限时特价""限量倒数"等手法吸引浏览者误信网页内容而下单购买。这种情况下,可能会出现客户汇款却拿不到商品或者收到与网页内容不符的商品的情况。

因此,尽管相对于形象网站或电子商务网站来说建设成本较低,但一般公司和企业还是会选择形象网站或电子商务网站,较少使用单页网站。

2. 形象网站

形象网站就像是个人或企业的网络名片一样,通常包括"公司简介""产品介绍""最新消息""联系我们"等页面,让浏览者能够快速了解个人或企业的故事、产品以及各种联络方式。

国际化的公司和企业不会仅有单一语言的网站,通常还会提供切换语言的功能。如图 1-8 所示是华为公司的网站,提供了简体中文、英语、法语以及日语等不同语言版本的网页。

图 1-8

这样做可以更好地适应不同国家和地区的语言环境,扩大受众范围,增强企业的全球影响力。

3. 电子商务网站

电子商务简称电商,是指在互联网上以电子交易方式进行交易或提供服务。虽然电子商务网站通常被人们认为是在线购物的平台,但一个好的电子商务网站结构必须严谨而完整,不仅要展示美观的网页和商品,更需要一个有能力的管理团队、规划完善的用户体验、良好的售前及售后服务以及安全可靠的支付流程与物流。

为了了解消费者的行为,电子商务网站需要通过数据收集来掌握顾客的购物习惯与偏好,并精准地进行预测。因此,"大数据分析"成为近年来电子商务网站的核心技术需求。

　　在大数据技术的支持下，京东搜集并分析顾客历史订单、浏览记录、事务等信息，并以此作为构建精准营销架构的基础。然后，京东会分析消费者的基础属性、喜好、兴趣、消费者关系、信用等数据，并对消费者行为建模，进行消费者画像，以此来分析和评估消费者的营销价值和风险等级。最后，京东将这些数据整合打包发送到营销系统中，由营销系统通过各种营销方式向消费者推广商品信息，从而实现精准营销。京东的网站如图 1-9 所示。

图 1-9

1.2.2　规划网站架构与内容

　　一个好的网站，事前的规划不可少，最好能充分利用树状结构的概念，让用户在浏览网页时能循序渐进地找到想要的数据，而不至于迷路。

　　树状结构是一种从主页开始逐层展开的结构，可以通过树形图清晰地了解这个网站中包含哪些内容。如图 1-10 所示，通过树状结构可以方便地规划网站的页面架构和导航图。

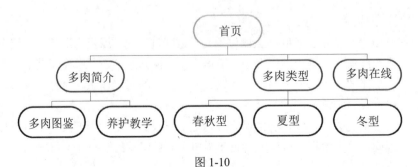

图 1-10

建议规划网站时，可以从下面 3 个方向着手。

1. 网站主要的内容

根据网站主题，先规划出网站的内容，例如想要制作一个介绍多肉植物的网站，网页内容考虑以多肉简介、多肉类型以及多肉植物的在线购买等为主题。

2. 设置浏览的对象

设置网站浏览的主要对象，以决定未来网站呈现的内容与方式。例如，在设计多肉植物网站时，需要考虑浏览者大多是多肉植物的爱好者。从网站的文字介绍到图像呈现，除了考虑网站本身要方便阅读外，还应该设计能展现多肉植物可爱及治愈特质的界面和功能。

3. 网站的网页包含的元素

一般而言，网页包含的元素有以下几种。

- 文字：网页最基本的元素就是文字，文字可以表达网页想要传达的内容。
- 图片：有时图片比文字更容易让浏览者了解网页所要表达的内容，适当的图片会让浏览者有赏心悦目的感受。常见的图片格式有 JPG、BMP 和 GIF 格式。主流图片格式以 JPG 为主，其次是 PNG、SVG 等，而 GIF 大多用于动态图文件。Google 在 2010 年公布了 WebP 图片格式，该格式的文件大小比其他文件格式小，支持动画和透明度，因此许多电子商务网站都采用 WebP 格式来加快网页的读取速度。但并非所有浏览器都支持 WebP 格式，例如 Microsoft IE 就无法支持。由于 WebP 属于比较新的技术，许多编辑软件也不支持此格式，因此需要使用插件才能编辑。
- 影音：适时地在网页中加入影片是吸引浏览者驻足的好方法。但是，网页播放影音文件会耗费大量带宽资源，因此建议不要将影音文件直接放置在自己的网站上。最简单的方式是将影片上传到影音分享平台，例如抖音或好看视频，并通过内嵌影片的方式将它放到自己的网页上。这些影音平台会将影片做适当的压缩，并以影音串流（streaming）的方式传输，这样能够保证播放影片时不会占用太多网站的带宽，而且能够顺畅地播放影片。

提示　什么是影音串流技术？

串流技术是指影音数据被压缩后，通过网络分段传送到客户端，以实现边下载边播放的功能。使用影音串流技术，当用户观看影片时，影片会被自动缓存到本地的暂存盘上，并且可以一边下载一边观看，而不必等到所有影音都下载完成才开始观看。

- 超链接：超链接是网页中非常重要的元素，它可以让浏览者方便地跳转到其他相关网页。通过适当巧妙地安排和组合这些元素，我们可以创建一个丰富而有趣的网页。虽然在规划网站内容时应尽量保持丰富性，但是内容还是需要专注于核心主题，切勿为了贪图内容的多样性而使网站变得过于烦琐和不切实际。

1.2.3　制作网页工具

在准备好前置工作后，就可以开始制作网页。所谓"工欲善其事，必先利其器"，选择适合自己的工具软件是非常重要的。目前有一些网页制作软件可以快速生成 HTML 代码，并提供所见即所得（WYSIWYG）功能，例如 Dreamweaver。

虽然网页制作软件可以很快生成网页，但是网页是由 HTML 构成的，单靠网页制作软件并不能完整地表现出网页所要呈现的效果。当需要加入其他程序语言时，仍然需要熟悉 HTML 才能完成。

在网页编程中，基础必学的是 HTML 语法和具有"网页美容师"之称的 CSS 语法。这两种语法都不难，只需要一个简单的文本编辑软件（例如 Windows 自带的"记事本"），再按照教程进行实际操作练习，就可以轻松上手。

Windows 自带的"记事本"虽然可以用于编辑 HTML 程序，但它毕竟只是一个文本编辑器，缺少一些代码编辑器的功能。表 1-3 列出了一些常见的程序编辑器、绘图和图像处理软件工具，供读者参考。

表 1-3　常见的程序编辑器、绘图和图像处理软件工具

类　型	软件工具名称
程序代码编辑器	Sublime text、Notepad++、Visual Studio Code、Atom、Editplus
绘图和图像处理	GIMP、Faststone Viewer、PhotoImpact、Photoshop

提示　程序代码编辑器与一般文本编辑器有什么不同？

　　程序代码编辑器通常具备语法突显、程序代码自动补全、缩排等功能，能够减少输入错误，并提高程序编写效率。虽然每一款程序代码编辑器支持的程序语言不尽相同，但是都会支持 HTML、CSS 和 JavaScript 这 3 种 Web 开发必备的语言。

1.2.4　上传云端

在网页制作完成之后，首要工作就是将网页托管到互联网上，托管的空间也被称为"网页空间"。决定适合的网页空间之后，只需要使用 FTP 软件将完成的网页文件上传到网页空间即可。

通常，有以下三种方式可以获得网页空间。

1. 自行架设网站服务器

对一般用户来说，想要自行架设网页服务器并不容易，需要拥有软硬件设备、固定 IP 以及网络管理等专业知识。自行架设网站服务器的优缺点如下：

- 优点：容量可自行安排，功能没有限制，更新文件非常方便。
- 缺点：必须自行安装和维护硬件和软件，必须加强防火墙和其他安全设置，以防止黑客入侵等风险。

2. 租用虚拟主机或云计算平台

虚拟主机（Virtual Server）又称共享主机或虚拟服务器，是一种网络服务形式。网络服务提供商将一台服务器分割成多个虚拟主机，虚拟主机之间完全独立。对于客户而言，代管网站可以省去架设及管理主机的烦琐任务。网站业者会为每个客户提供独立的 IP、账号及密码，让用户通过 FTP 软件将网页文件传输到虚拟主机。租用虚拟主机的优缺点如下：

- 优点：可节省主机架设与维护的成本，客户不必担心网络安全问题。

● 缺点：收费标准各不相同，租用费用会根据操作系统种类、硬盘空间大小、带宽以及支持的程序语言（如 ASP、PHP）、防毒、防黑客和备份等功能而有所差异。在租用之前，需要进行多方比较，并选择最适合自己的服务方案。

在租用虚拟主机时，需要根据资源需求决定所需的网站空间和流量大小。为了应对流量高峰，通常会预估较高需求的资源，采取月租制，资源固定，费用也相同，除非调高或降低租用的资源，否则每个月都会是固定的费用。而云计算（Cloud Computing）则可以根据使用的资源进行弹性调整，提供一系列包括存储、数据库、计算、机器学习等应用服务，并按照使用的资源流量和时间长度来收费，用多少付多少（Pay-as-you-go），如图 1-11 所示。

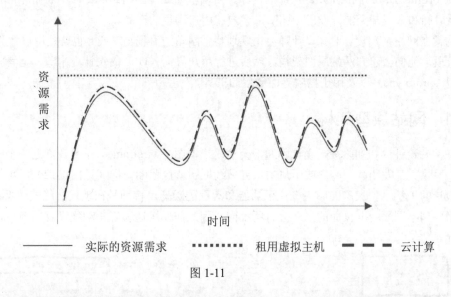

图 1-11

目前，热门的云计算平台有亚马逊网络服务（Amazon Web Services，AWS）、Microsoft Azure、Google Cloud Platform（GCP）、阿里云、腾讯云、华为云、百度云等。这些平台提供了可扩展、灵活和高效的云端计算服务，让用户可以根据实际需求选择合适的计算资源，以满足不断增长的业务需求，并且在更大程度上控制成本。

3. 申请免费网站空间

申请免费网站空间是最省钱又省力的方式。免费网站空间与虚拟主机其实大同小异，差别在于免费网站空间是网络服务商为了吸引网友访问网站以提高人气的免费服务，所以限制比较多，通常必须先成为该网站会员，才能申请免费网站空间。

免费网站空间的优缺点如下：

● 优点：可以节省主机配置与维护的成本，不必担心网络安全问题。
● 缺点：网站一般不能用于商业用途，有上传文件大小和容量限制，有些网站不支持特殊程序语言（例如，不能使用 ASP、PHP），必须忍受烦人的广告。

目前国内提供免费网站空间的服务商不少，例如百度云、阿里云、腾讯云等。建议到这些服务商的网站上注册账号并登录，选择网站空间服务并填写申请表格，根据自身需求选择合适的免费网站空间规格。提交申请后需等待服务商审核，审核通过后，服务商的系统会自动设置账户并为用户提供使用教程。

　　需要注意的是，免费网站空间通常有使用期限限制，应提前了解清楚以便及时迁移数据。另外，免费网站空间通常提供的功能较少，如需更多功能则需升级到付费版本。

1.3　网站界面的原型构建工具

　　较大规模的网站开发通常会分为前端和后端，并按照功能逐步交付。目前流行的开发方式是敏捷开发（Agile Development），从前端设计、后端程序编写到网站测试，不断循环修正，以避免花费大量时间和金钱却无法开发出令团队、客户和用户满意的产品。

　　通常在网站前端设计时，设计师会先规划整个网站的流程与动线，也就是用户体验（UX）。在这个阶段，他们会建立网站原型架构，然后进行用户界面（UI）的设计。本节，笔者将介绍网页界面原型（prototype）以及用于构建界面原型的工具。

1.3.1　网站原型架构

　　在网站设计的初期阶段，设计师通常会使用线框图（wireframe）来大致规划整个网站的流程与动线，并收集开发团队、客户或用户的意见。线框图就像草图一样（见图 1-12），可以降低过多元素对设计的干扰，使大家能够更专注于功能和流程的顺畅。特别是在现代响应式网页设计（RWD）中，考虑到不同平台上页面的呈现会有所不同，因此前期沟通和确认动线没有问题后，再进行界面的设计。

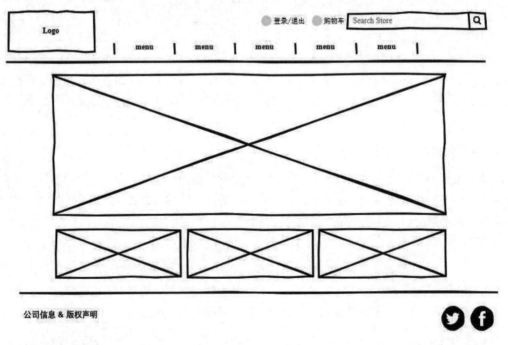

图 1-12

原型与线框图的不同之处在于，原型可以仿真出用户界面并具有互动效果，例如按下按钮之后转换到下一个页面等。虽然原型具备互动效果，但它并不涉及真正的程序代码和数据库，仅仅是通过原型工具模拟出来的交互效果，因此即使没有编程知识，也可以制作类似真实网页的原型。

下一小节将介绍一些好用的绘制线框图和原型的工具，希望能够帮助读者快速高效地规划网站架构和流程。

1.3.2　界面线框与原型工具

网络上有各式各样的绘制线框图及原型的工具软件，例如 Axure RP、Balsamiq、Cacoo、Figma、Mockingbird、Moqups、Proto.io、UX Pin 等，这些工具除了 Axure RP、Balsamiq 必须下载安装之外，其他都是在线绘制编辑。每个工具都有不同的特色和优势，大部分都提供免费试用。笔者以 Axure RP 这一套 UX 工具来介绍网页原型绘制的方式。

Axure RP：

- 网站名称：axure。
- 网站特色：构建逼真原型的 UX 工具。
- 试用期限：30 天，在校学生可申请一年的授权使用。
- 下载网址：https://www.axure.com/。

Axure 官网的主页如图 1-13 所示，单击 Download Your Free 30-day Trial 按钮之后，就会开始下载 Axure，下载完成之后，启动 Axure 软件会出现提示创建账号的界面，如图 1-14 所示。单击 Create an account 按钮就会跳转到 Axure cloud 网站，在该网站上输入账号和密码来建立账号。

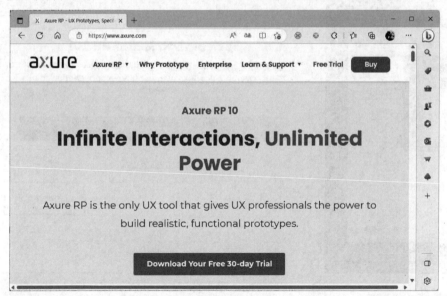

图 1-13

账号建立成功之后就会返回 Axure 软件，单击 Continue to Trial 按钮（见图 1-15）就可以开始试用了。

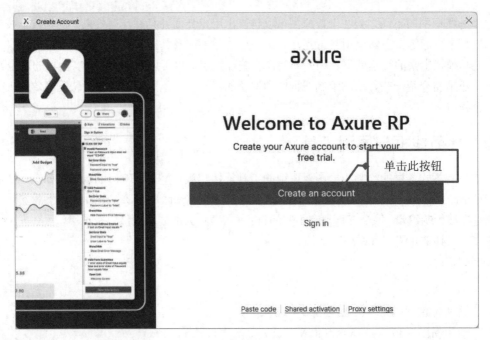

图 1-14

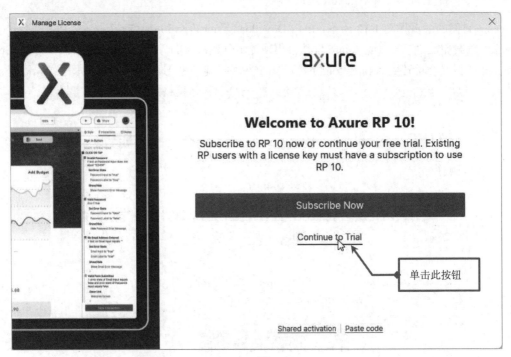

图 1-15

可以将开始的欢迎界面设置为不显示，单击"+New Blank File"按钮新建空白文件，如图 1-16 所示。

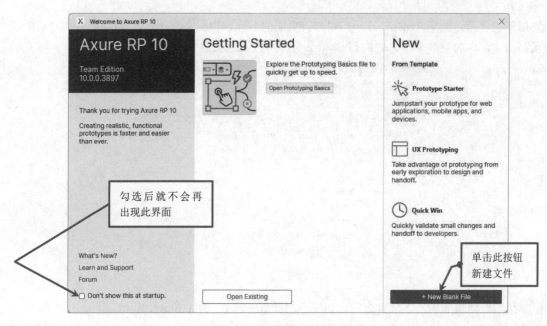

图 1-16

Axure RP 10 的界面如图 1-17 所示，包含菜单栏、项目区、对象库、对象区、画布 5 个部分。

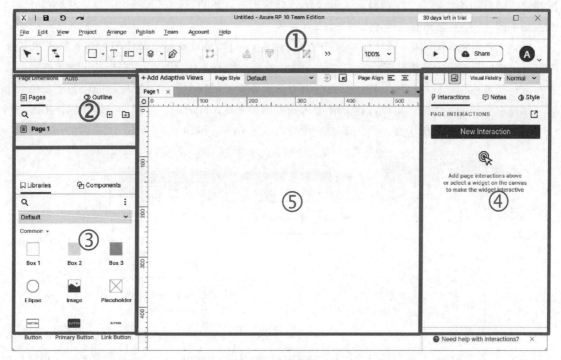

图 1-17

①菜单栏：提供对象或系统相关的菜单按钮，例如对象前后排列顺序、对齐、等距、锁定以及对象样式的管理等。

②项目区：用来管理所有页面与文件夹。在项目区右击页面名称，在弹出的快捷菜单中选择 Add

选项可以新建页面；选择 Rename 选项可以修改页面的名称，如图 1-18 所示。通过拖曳的方式可以调整页面与文件夹的层级关系。切换到 Outline 标签可以看到页面中的对象。

图 1-18

③对象库：对象库中的下拉列表可以切换不同类型的对象，例如 Flow、Icons、Sample UI Patterns 等。把对象库的对象拖曳到画布就可以调整对象的位置与大小。

④对象区：用于设置对象属性。如果没有选择任何对象，则是对整个页面进行修改，可以在 Style 标签设置画布的长宽；当单击对象时，对象区就会显示该对象的属性。面板的标签从左到右分别是 Interactions（互动）、Notes（备注）、Style（样式）。

⑤画布：画布外围的标尺刻度，每一个刻度为 10px。可以依次选择菜单选项"View"→"Rulers, Grid, and Guides"设置是否显示标尺、网格点与参考线，如图 1-19 所示。如果想拉出参考线，可以在左方标尺处按住鼠标左键向右拖曳；或在上方标尺处按住鼠标左键向下拖曳。如果想要在每一个页面都建立同样的参考线，可以按住 Ctrl 键再拖曳出参考线，此时的参考线会呈现紫色并出现在每一个页面中。想要删除参考线，只需单击参考线之后按 Delete 键即可。

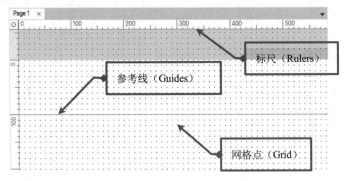

图 1-19

在对象区的 Style 面板，可以设置页面大小（Page Dimensions）；单击下拉菜单，还可以选择 Web、Apple、Android 等移动设备页面的大小，也可以自行定义页面的大小，如图 1-20 所示。

单击 Manager Page Style 按钮（见图 1-21），可以进一步设置页面的对齐方式（Align）、页面的填充颜色（Color）、背景图片（Image）等，如图 1-22 所示。

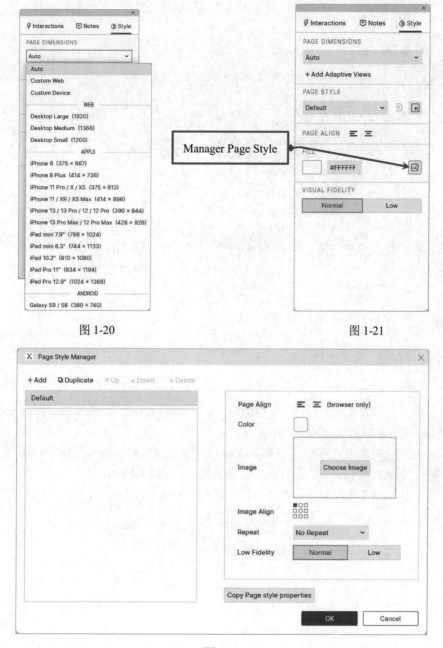

图 1-20　　　　　　　　　　　　　　　　图 1-21

图 1-22

1.3.3　实现网站的界面原型

本小节将使用 Axure 制作一个名为"治愈系多肉植物"的网站界面原型，如图 1-23 所示。当然，读者也可以根据自己的需要规划网站内容并制作相应的界面原型。

图 1-23

1. 加入对象

Axure 提供了许多对象，无需进行烦琐的设置即可使用，只需从对象库的下拉列表中选择要使用的对象类别，然后将对象拖曳到画布即可。

在对象库的下拉列表中选择 Sample UI Patterns（见图 1-24），然后将 Navigation Bar、Slideshow、Card 对象拖曳到画布，放置到适当位置并重新调整大小，如图 1-25 所示。

图 1-24

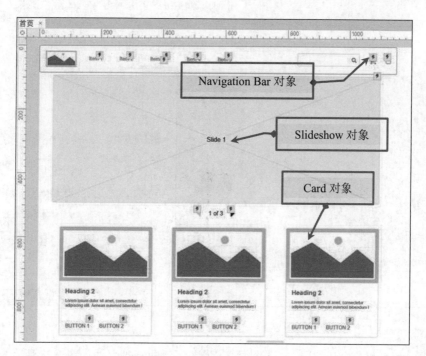

图 1-25

接下来，只需双击对象即可编辑该对象的文字或添加图片。此时，Outline 面板将显示所选对象，并且我们可以直接从 Outline 面板中选择要编辑和修改的对象，如图 1-26 所示。

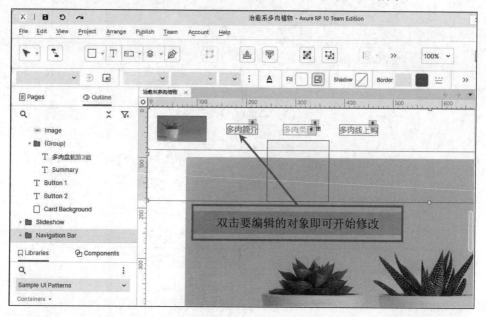

图 1-26

Slideshow 对象可以通过 Style 面板中的 Fill（填充）添加图片。首先双击 Slideshow 对象，进入到 Slideshow 子对象之后，从 Style 面板的 Fill 区域单击图片按钮来添加图片，如图 1-27 所示。

图 1-27

由于 Slideshow 对象默认使用占位符显示，因此会看到两条交叉线如图 1-28 所示。我们可以在 Style 面板的 Widget Style 区域将它修改为其他样式，如图 1-29 所示。

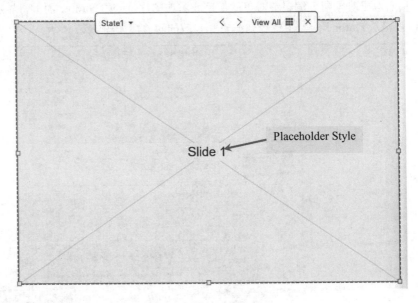

图 1-28

逐一修改对象的文字或添加图片，轻轻松松就能完成如图 1-30 所示的网站原型。

在菜单栏中依次单击"Publish"→"Preview"或是按 F5 键即可在浏览器中预览上述设计的网站，如图 1-31 所示。

图 1-29

图 1-30

图 1-31

完成网站原型制作后，别忘了保存 Axure 文件。只需在菜单栏中依次选择"File"→"Save"或"File"→"Save As"，即可保存网站设计文件。

利用网站原型工具软件，只需要几个步骤就可以将心中的网页设计呈现出来，而且不需要会 HTML 和 CSS。使用网站原型，不仅使得团队合作或与客户的沟通更加专业和具体，同时也大大降低了沟通成本。

如果要让原型更加真实，还可以添加互动功能。下面我们将介绍如何在 Axure 中添加互动事件。

2. 加入互动事件

Axure RP 的互动设计由触发事件（Event）与动作（Action）组成。也就是说，每一个互动都由某个对象触发、触发了某个事件以及该事件应执行的操作组成。

Axure 中的互动可以在页面加载时触发（页面交互），也可以在用户与某个对象进行交互时触发。

设置页面交互非常简单，只需在未选择任何对象的状态下（例如，在页面的空白区域单击）切换到 Interactions 面板，然后单击 New Interaction 按钮，即可设置触发事件和动作，如图 1-32 和图 1-33 所示。

对于对象交互，设置方法也相同。只需先选择要添加交互的对象，然后切换到 Interactions 面板，单击 New Interaction 按钮即可设置触发事件和动作。例如：

"当用户单击按钮时，链接到 first.htm。"

在上述互动中，按钮是交互的主角，触发事件是"单击按钮"，动作是打开链接。现在我们来实际操作一下。

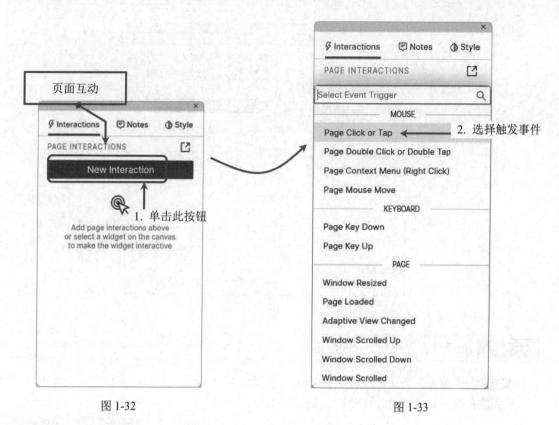

图 1-32   图 1-33

3. 范例：添加互动

在本范例中，我们将创建一个按钮和一个标题（Heading1）。当网页加载时，标题 Heading1 将被隐藏。当用户单击按钮时，标题将显示出来。

操作步骤如下：

步骤 01 在对象库的下拉菜单中选择 Default，将 Primary Button 对象拖曳到画布，再将标题 Heading 1 对象拖曳到画布，然后修改文字，如图 1-34 所示。

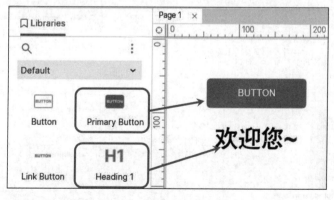

图 1-34

步骤 02 不要选取任何对象，切换到 Interactions 面板，单击 New Interaction 按钮，如图 1-35 所示。

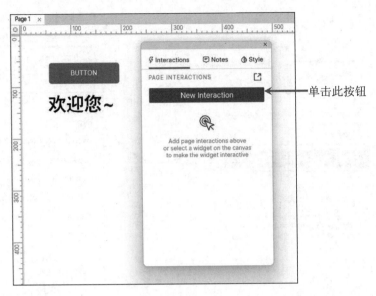

图 1-35

提示 如果没有看到 Interactions 面板，则依次选择"View"→"Panes"菜单项即可开启面板。

步骤 03 这时系统会让用户选择触发的事件，请选择 Page Loaded（页面加载），如图 1-36 所示。

步骤 04 接着选择要执行的动作，请选择"Show/Hide"，如图 1-37 所示。

图 1-36

图 1-37

步骤 **05** 下一步选择要显示或隐藏的对象，列表会列出页面上所有的对象让我们进行选择，如图 1-38 所示。

步骤 **06** 选择 Hide 再单击 OK 按钮完成页面互动的设置，如图 1-39 所示。

图 1-38

图 1-39

步骤 **07** 接下来制作当单击按钮时显示 Heading1 对象的互动效果。请选择按钮对象，切换到 Interactions 面板，再单击 New Interaction 按钮，如图 1-40 所示。

图 1-40

步骤 **08** 选择触发事件为 Click or Tap，如图 1-41 所示。

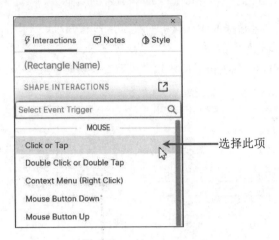

图 1-41

提示　在编写 Web 程序时，Click 事件或 Tap 事件通常在单击时触发。但是，在触摸屏幕（如智能手机、平板电脑等设备）上使用 Click 事件会出现 200~300 毫秒的延迟情况。因此，通常会使用 Tap 代替 Click 作为单击事件。

步骤 09　选择 Show/Hide，如图 1-42 所示。

步骤 10　选择目标 Heading1 对象，选择 Show，再单击 OK 按钮就完成了互动的设置，如图 1-43 所示。

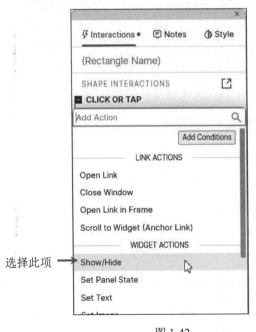

图 1-42

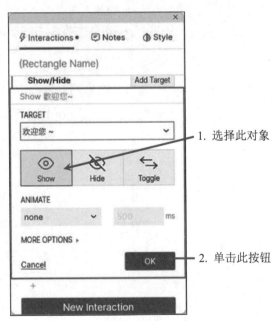

图 1-43

　　设置完成后，按 F5 键即可预览效果。在页面加载时，标题将被隐藏。当单击按钮时，标题将显示出来，如图 1-44 和图 1-45 所示。

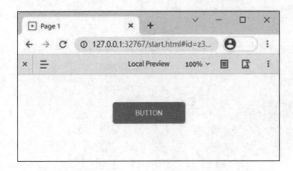

图 1-44

图 1-45

当对象设置了交互效果时，该对象旁边将出现黄色闪电图标。例如，在上述例子中，按钮旁边出现如图 1-46 所示的黄色闪电图标。

现在我们回到"治愈系多肉植物"网站原型。可以看到，从 Sample UI Patterns 对象库中拖曳出的对象已经带有黄色闪电图标，如图 1-47 所示。这表示该对象已经事先设置了交互效果，只需预览即可查看交互效果。

图 1-46

图 1-47

如果要调整交互效果，只需选择该对象并打开 Interactions 面板，就可以进行修改，如图 1-48 所示。

设置完成后，按 F5 键预览效果。单击页面上的对象，即可看到每个对象都已经具有其自身的交互效果，如图 1-49 所示。

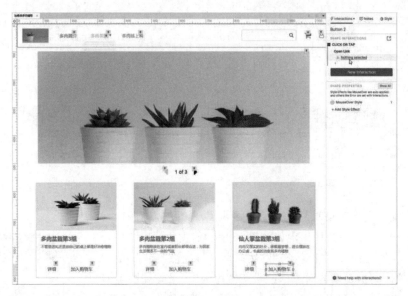

图 1-48

图 1-49

通过以上内容，我们介绍了使用 Axure 构建网站界面原型的基础知识，希望能够帮助读者建立网站界面原型的概念并快速上手制作网站界面原型。Axure 具有强大的功能，无法在一两章中全面介绍，因此如果读者有兴趣，可以搜索"Axure Docs"来获取 Axure 官方操作手册，或搜索"Axure RP 在线教学"以获得中文在线教程。

第 2 章

HTML 与 CSS 基础

HTML 和 CSS 是构建网页最基本的技术。HTML 是一种标记语言（Markup Language），用于组织结构和展示网页内容；CSS 是一种样式表语言（Style Sheet Language），用于网页排版和美化。本章将为读者介绍 HTML 和 CSS 的基本概念和功能。

2.1 学习 HTML 前的准备工作

"工欲善其事，必先利其器"。在学习任何一种编程语言之前，首先需要准备好编写程序所需的环境。本节将介绍如何从头开始创建 HTML 文件，如何保存并在浏览器中预览结果。

2.1.1 建立 HTML 文件

学习 HTML 并不需要昂贵的硬件和软件设备，只需要准备以下两个基本工具即可：

1. 浏览器

例如 Microsoft Edge、Google Chrome 或是 Mozilla Firefox。

2. 编辑软件

HTML 和 CSS 都是标准的文件格式，可以使用任何一种纯文本编辑软件进行编辑。例如，Windows 操作系统中的"记事本"和上一章中介绍的几个常见的程序编辑器都可以用来编辑 HTML 和 CSS 文件。

可供选择的编辑工具很多，其中轻量且易于使用的 Sublime Text 编辑器是笔者经常使用的代码编辑器之一。它具有跨平台、提供语法突显、自动完成和缩排等功能，可以更方便地编辑程序。此外，它还支持安装插件，提高了开发效率。在本章中，我们将以 Sublime Text 作为示例编辑工具，读者也可以使用自己熟悉和喜欢的代码编辑器。

Sublime Text 有一个公开测试版，我们只需购买授权即可升级为正式版。测试版与正式版的功能完全相同，没有试用时间限制，唯一的区别是测试版会不定时提示购买授权。你可以从以下网址下载 Sublime Text 并按照提示进行安装：

https://www.sublimetext.com/

2.1.2　自动生成 HTML 5 结构的程序代码

HTML 文件有一定的基本结构，包含 HTML 声明、头部（<head>）和主体部分（<body>），示例程序代码如下：

```
<!DOCTYPE html>
<html lang="en">
<head>
    <meta charset="UTF-8">
    <meta name="viewport" content="width=device-width, initial-scale=1.0">
    <title>Document</title>
</head>
<body>

</body>
</html>
```

每次编写 HTML 文件时，都需要输入一些程序代码来构建结构。如果使用 Sublime Text 编辑器，则可以安装 Emmet 插件来快速生成 HTML 5 结构代码，节省时间和精力。除了 Sublime Text 之外，Notepad++等编辑器也可以安装这个插件。

要在 Sublime Text 中安装插件，首先必须安装 Package Control 套件。打开 Sublime Text，依次选择菜单选项"Tools/Install Package Control"，出现如图 2-1 所示的信息即表示安装完成。

图 2-1

接下来，依次选择菜单选项"Tools / Command Palette"，在弹出的输入框中输入 Install，此时会显示与 Install 相关的命令，请选择 Package Control: Install Package，如图 2-2 所示。

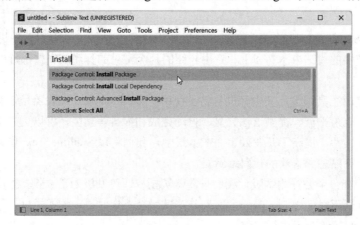

图 2-2

在弹出的输入框中输入 Emmet，然后选择 Emmet 项目进行安装，如图 2-3 所示。

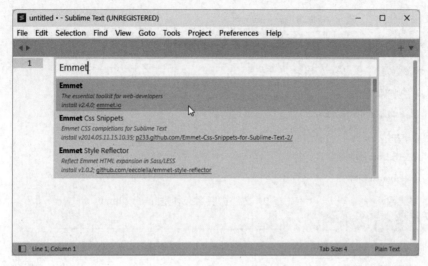

图 2-3

当出现如图 2-4 所示的画面时，表示 Emmet 插件已经安装完成，可以单击页面上方的"×"按钮关闭该页面。

图 2-4

至此，Emmet 插件就安装完成了。接下来让我们看看如何使用它来自动生成 HTML 5 网站程序的基本结构。

首先，将文件存储为 HTML 格式：依次选择菜单选项"File/Save"或"File/Save As"，并将文件扩展名指定为".htm"或".html"，如图 2-5 所示。

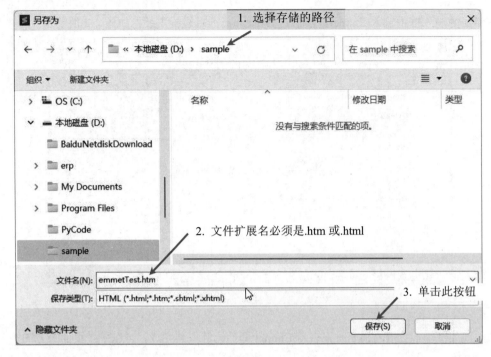

图 2-5

然后，在文件中输入"!"或"html:5"，将会显示 HTML 5 程序模板的预览，如图 2-6 所示。

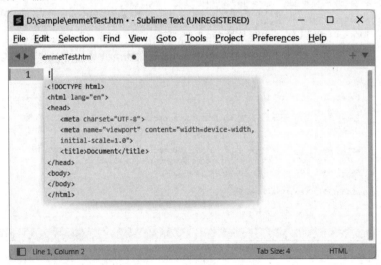

图 2-6

最后，按 Tab 键，将会直接在文件中生成 HTML 5 结构，如图 2-7 所示。

虽然 Emmet 插件非常方便，但还是建议读者先练习手动输入 HTML 标签，直到熟悉语法后再使用 Emmet 插件快速生成基本结构。

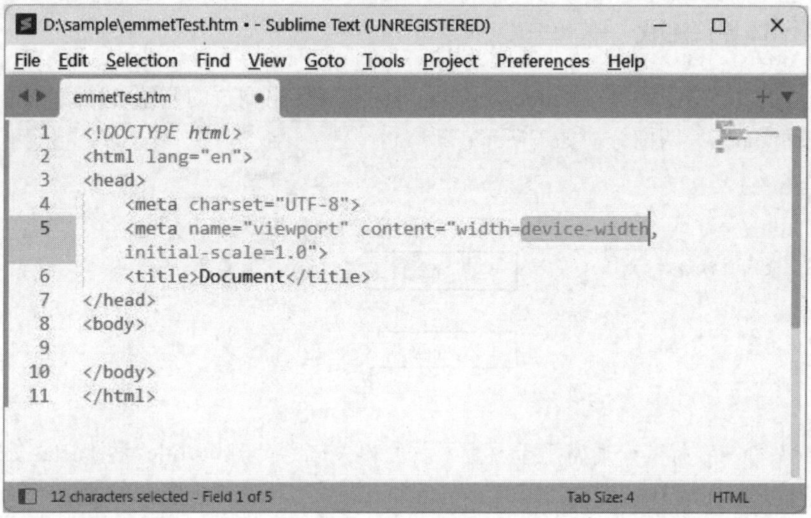

图 2-7

2.2　HTML 语法概念与结构

在学习 HTML 语法之前，我们首先需要了解 HTML 的基本结构。

2.2.1　HTML 的标签类型

所有的 HTML 标签都有固定的格式，必须由"<"符号与">"符号括住，例如<html>。HTML 标签可以分为容器标签（Container Tag）和单标签（Single Tag）两种类型。

1. 容器标签

顾名思义，容器标签由一对起始标签（start tag）和终止标签（end tag）组成，用于将文本包裹起来以达到预期的效果。大部分 HTML 标签都属于此类标签，终止标签前会加上一条斜线（/）。容器标签结构如下：

```
<起始标签>...</终止标签>
```

例如：

```
<title>我的网页</title>
```

<title></title>标签的作用是设置网页标题。

2. 单标签

单标签只有起始标签没有终止标签。例如<hr>、<img>等标签都属于单标签，<hr>标签用于插入分隔线，<img>标签用于插入图片。这些标签只需输入起始标签即可，不需要写成完整的起始和终止标签对。

2.2.2 HTML 的组成

一个最简单的 HTML 网页由<html>与</html>标签标示出网页的开始与结束，网页内分为头部（head）和主体（body）两部分，如下所示：

```
<!DOCTYPE html>
<html>
<head>
<title>这里是网页标题</title>          头部（head）
</head>
<body>
这里是网页的内容                      主体（body）
</body>
</html>
```

- <head></head>标签：通常用于放置网页的相关信息，例如<title>和<meta>等。这些信息不会直接显示在网页中。
- <title></title>标签：用于指定网页的标题。此标题将显示在浏览器的标题栏中，如果将站点加入搜索引擎，则主页的标题也会显示在搜索引擎结果页面上。因此，<title>标签对于搜索引擎优化（SEO）非常重要。最好能够准确、简洁地描述网页主题，因为搜索结果页面通常只会显示前 60 个字符（约 30 个汉字），之后的文字将被省略号代替。

> 提示　当浏览者将网页加入"收藏夹"时，他们将看到<title>标签中指定的标题。

- <body></body>标签：用于放置网页的内容，这些内容将直接显示在网页上。

2.2.3 标签属性的应用

有些标签可以使用属性（Attributes）来改变它们在网页上的呈现方式。属性通常出现在起始标签内，例如，<html>标签有一个 lang 属性，用于指定网页的语言。其语法如下：

```
<html lang="zh-cn">
```

要将网页语言设置为中文，可以使用 zh-cn 作为 lang 属性的值。如果需要指定多个属性，则应该用空格将它们隔开。示例如下：

```
<起始标签 属性名称1=设置值1 属性名称2=设置值2...>
```

例如：

```
<meta name="keywords" content="HTML, CSS, XML, JavaScript">
<meta name="description" content="这是专门介绍网页程序的网站">
```

<meta>标签用于提供网页的描述信息，这些信息将提供给搜索引擎，因此正确地定义<meta>标签可以帮助搜索引擎快速找到并正确分类网站。这对于搜索引擎优化（SEO）非常重要。

> 提示　HTML 标签通常不区分字母大小写，但由于某些操作系统对文件名区分大小写（例如 top.jpg 与 top.JPG 可能被视为不同的文件），因此为了避免不兼容的情况，我们通常习惯使用小写字母来编写 HTML 标签。

2.3　HTML 5 文件结构与语义标签

网页开发标准的重要原则之一是将"结构"（structure）和"呈现"（presentation）分开。这样，网页开发人员可以专注于网页的结构和内容；而网页设计师则可以使用 CSS 语法为网页添加样式和布局，从而美化页面。这种分离可以提高代码的可读性，并使得更改网页外观更加方便。例如，只需修改 CSS 文件，就可以轻松地改变网页的整体风格，而不必修改 HTML 文件。

2.3.1　语义化的 HTML 标签

在编写 HTML 程序代码时，应尽可能使用语义化的 HTML。语义化的 HTML 可以从标签中推断出其内容和意义。

使用语义化的 HTML 具有以下优点：

（1）提高程序代码的可读性，并有助于搜索引擎优化，让搜索引擎能够更快地理解网页的内容。

（2）在没有 CSS 样式表的情况下，网页仍然具有良好的结构和可读性。

（3）有利于屏幕阅读器、语音阅读器等辅助工具对网页进行解析，使得有视觉障碍或阅读障碍的用户也能轻松地获取网页的内容。

语义标签实际上不是一个新概念，那些曾经设计过博客（Blog）布局的读者可能已经非常熟悉这些概念，例如分栏、页眉、导航栏、主要内容区域和页脚等结构。在 HTML 5 之前，如果想要将页面划分为多个列并添加标题区、导航列或页脚等元素，则需要先使用<div>标签并指定 id 属性名称，然后使用 CSS 样式来实现所需的效果。图 2-8 是一个基本的两列网页布局示例。

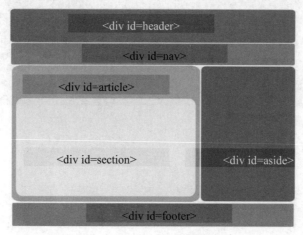

图 2-8

虽然<div>标签可以用于实现语义化，但 id 属性名称是自由命名的。如果 id 名称与网页结构无关，则很难从名称中推断出网页的结构。此外，过多的<div>标签会使代码看起来凌乱且不易阅读。

为了解决这个问题，HTML 5 引入了一些可识别的语义标签，用于代替无意义的<div>标签。表 2-1 包含一些常见的语义标签。

表 2-1   常见的语义标签

标 签	说 明
<header>	显示网站名称、主题或者主要信息
<nav>	网站的链接菜单
<aside>	用于侧边栏
<main>	网页主要内容，每个页面只能有一个<main>
<article>	用于定义主内容区
<section>	用于章节或段落
<footer>	位于页脚，用来放置版权声明、作者等信息
<figure>	指定独立的内容，例如图片、图表等，可以使用<figcaption>标签定义标题
<mark>	用于要突显强调的文字

使用这些语义标签，同样的两列网页布局可以表示为如图 2-9 所示的结构。

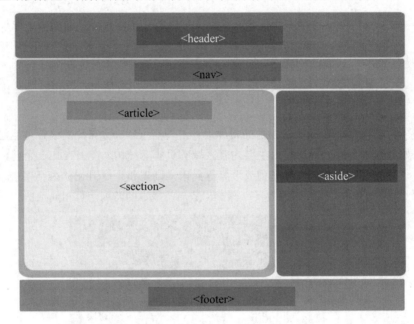

图 2-9

程序结构如下：

```
<body>
  <header>网站主题</header>
  <nav>链接菜单</nav>
  <article>
  主内容
   <section>
   章节段落
   </section>
  </article>
 <aside>侧边栏</aside>
  <footer>页脚</footer>
</body>
```

读者可以打开本书提供的范例文件"ch02/背包客旅行札记.htm"，这是一个使用 HTML 5 实现的网页，如图 2-10 所示。

图 2-10

使用代码编辑器打开"背包客旅行札记.htm"文件，可以查看其中完整的 HTML 代码。

```
<!DOCTYPE html>
<html lang="zh-cn">
<head>
<meta charset="utf-8">
<meta name="viewport" content="width=device-width, initial-scale=1.0">
<title>背包客旅行札记</title>
</head>
<body>
<header>
    <hgroup>
        <h1>背包客旅行札记</h1>
        <h4>旅行是一种休息，而休息是为了走更长远的路</h4>
    </hgroup>
    <nav>
        <ul>
            <li><a href="#">关于背包客</a></li>
            <li class="current-item"><a href="#">国内旅游</a></li>
            <li><a href="#">国外旅游</a></li>
            <li><a href="#">与我联络</a></li>
        </ul>
    </nav>
</header>
<article>
    <section>
```

```
            <h2>Hello World!</h2>
            <p>四季都是适合旅行的季节。</p>
            <p>不一定要花大钱，做点功课和多点自信，就能享受旅游的美好。</p>
        </section>
        <figure>
            <img src="photo.png" alt="悠闲">
            <figcaption>旅行是一种休息</figcaption>
        </figure>
    </article>
    <footer>
        HTML 5 语法练习
    </footer>

    </body>
    </html>
```

结构化语义标签只是为了让程序代码更有意义，要实现网页上的样式效果，需要搭配 CSS！读者可以打开"ch02/背包客旅行札记-CSS 版.htm"文件，查看加入 CSS 语法后网页的呈现效果（见图 2-11）。

图 2-11

2.3.2 HTML 5 声明与编码设置

标准的 HTML 文件必须在文件开头使用 DOCTYPE 声明所使用的标准规范。在 HTML 4 中也有 DOCTYPE 指令，并包括 3 种模式：严格标准模式（HTML 4 Strict）、近似标准模式（HTML 4 Transitional）和近似标准框架模式（HTML 4 Frameset）。DOCTYPE 指令必须明确声明所采用的标准，近似标准框架模式的语法如下：

```
< ! DOCTYPE HTML PUBLIC "-//W3C//DTD HTML 4.01 Frameset//EN"
"http://www.w3.org/TR/html4/frameset.dtd" >
```

HTML 5 的 DOCTYPE 声明就简单多了，其语法如下：

```
<!DOCTYPE html>
```

1. 语言与编码类型

在网页中声明语言和编码是非常重要的。如果网页文件没有正确声明编码，则浏览器会根据浏览者的计算机设置来呈现编码，这可能导致一些网页出现乱码。因此，在编写网页时，务必正确声明编码以确保网页能够正确地呈现。

语言声明的语法很简单，只需在<head>与</head>标签之间添加以下代码：

```
<html lang="zh-cn">
```

将 lang 属性设置为 zh-cn 表示文件内容使用简体中文。

网页编码的声明语法如下：

```
<meta charset="gb2312">
```

charset 属性设置为 gb2312，表示使用 GB2312 来编码。如果要使用 UTF-8 编码，则只需将 charset 属性值改为 utf-8 即可。

> **提示**　GB2312 是简体中文编码，仅支持简体中文。因此，在中国台湾地区使用 Big5 编码打开 GB2312 编码的网页时可能会出现乱码问题。相比之下，UTF-8 是一种国际编码（跨地区），支持多种语言，并且不容易出现乱码问题。
>
> 需要特别提醒读者的是，网页编码的声明必须与保存文件时的编码格式一致。以 Windows 的"记事本"编辑器为例，如果要将网页保存为使用 UTF-8 编码的文件，则必须在"编码"下拉列表中选择 UTF-8，如图 2-12 所示。

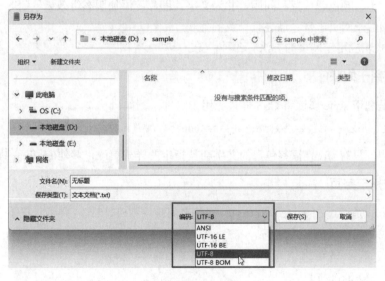

图 2-12

2. Viewport 声明

Viewport 声明是为了实现响应式网页设计而添加的声明。其目的是告诉浏览器移动设备的宽度和高度、页面画面与字体比例以及用户是否可以通过平移（Scroll）和缩放（Zoom）来浏览整个页面等内容。目前大部分浏览器都支持这个协议。

Viewport meta 语法如下：

```
<meta name="viewport" content="width=device-width, user-scalable=yes, initial-scale=1.0,
maximum-scale=3.0, minimum-scale=1.0">
```

参数说明如下：

- width: 控制宽度，可以指定一个数字或输入 device-width 表示宽度随着设备宽度自动调整。
- height: 控制高度，可以指定一个数字或输入 device-height 表示高度随着设备宽度自动调整。
- user-scalable: 是否允许用户手动缩放，可输入 0 或 1，也可输入 yes 或 no。
- initial-scale: 初始缩放比例，最小为 0.25，最大为 5。
- minimum-scale: 允许用户缩放的最小比例，最小为 0.25，最大为 5。
- maximum-scale: 允许用户缩放的最大比例，最小为 0.25，最大为 5。

2.4　认识 CSS 基本结构

CSS 在网页中有着举足轻重的地位。它不仅能够美化网页版面，还可以让其他网页使用相同的 CSS 样式，省去反复设置格式的麻烦，使得网页维护更加容易。本节就来介绍 CSS 的基本结构。

2.4.1　应用 CSS 样式表

CSS 全名为 "Cascading Style Sheets"，中文名称为 "层叠样式表"。它可以用来定义 HTML 网页上元素的大小、颜色、位置和间距，并为文字、图片等添加阴影等效果。CSS 就像一个网页美容师一样，能够赋予网页丰富、漂亮且一致的外观。

将 CSS 样式表应用于网页的方法有 3 种：

1. 样式应用于内联

这种方式是利用 style 属性将 CSS 样式应用于组件，例如：

```
<font style="font-size:60px; color:#FF0000;">内联样式</font>
```

上述代码中，只有<font>标签包含的文字会被指定的样式更改，其他的<font>标签不受影响。

2. 样式应用于整页

这种应用方式是通过在<style>和</style>标签之间声明 CSS 样式，并将它置于<head>和</head>标签之间来实现，其声明的格式如下：

```
<style>
    选择器 {
        属性: 属性值;
    }
</style>
```

选择器最常用的是 HTML 元素名称、id 名称或 class 名称。以下是一个范例程序。

【范例程序：css.htm】

```
<!DOCTYPE HTML>
<html>
 <head>
```

```
<meta charset="UTF-8">
<title> 应用 CSS 样式 </title>
<style>
    body{text-align:center}
    h1{
        font-size:60px;
        color:#3300ff;
    }
    h2{
        font-size:60px;
        color:#3300ff;
        text-shadow:5px 5px #a6a6a6;
    }
</style>
</head>
<body>
<h1>多肉植物(succulent plant)</h1>
<h2>主要生长于沙漠及海岸干旱地区</h2>
</body>
</html>
```

执行结果如图 2-13 所示。

图 2-13

在上述示例中，我们在<head>和</head>标签之间声明了<h1>和<h2>元素的样式，因此，在整个 HTML 文档中具有这些元素的部分都将应用相同的样式。

3. 链接外部 CSS 样式表

CSS 样式表与 JavaScript 的 JS 文件一样，可以通过外部加载的方式进行引用。CSS 样式文件的扩展名为.css，只需要将所需的样式保存为独立的 CSS 文件，然后在 HTML 文件中使用<link>标签来链接这个 CSS 文件即可。

链接的语法如下：

```
<link rel=stylesheet href="css 文件路径">
```

外部 CSS 文件既可以是本地服务器上的 CSS 文件，也可以是 CDN（内容分发网络）节点上的文件。例如，如果我们想要使用 CSS 框架 Bootstrap，但又不想将整个 Bootstrap 框架下载到本地，就可以通过引用 Bootstrap CDN 来进行加载。此外，如果用户在访问其他网站时已经下载过相同的 Bootstrap CSS 文件，那么浏览器就会直接从缓存中获取该文件，从而加快链接速度并节省流量。在

Bootstrap 官网就可以查到 CDN 的链接是 https://cdn.jsdelivr.net/npm/bootstrap@5.1.3/dist/css/bootstrap.min.css，我们只需在 href 中加入此 CDN 链接即可，代码如下：

```
<link rel="stylesheet" href="https://cdn.jsdelivr.net/npm/bootstrap@5.1.3/dist/css/bootstrap.min.css"/>
```

提示 什么是 CDN？

CDN 是指内容分发网络（Content Delivery Network），是一种利用缓存服务器在全球不同地点继续分布式内容快取的机制。CDN 能够有效地分流流量，加速资源传输的速度，让用户能够更快地获取所需的资源。

如果未使用 CDN，那么用户需要连接到网站所在的服务器来获取数据，例如上海用户想要从美国硅谷网站获取资源，就必须连接到遥远的硅谷服务器。但如果硅谷网站在全球设有多个 CDN 节点，例如在上海、伦敦以及新加坡等地，那么用户可以通过智能 DNS 找到最近的节点，从而缩短传输时间（见图 2-14）。

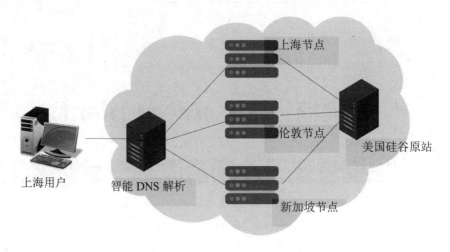

图 2-14

接下来，我们练习将上一个范例程序 css.htm 改为由外部 CSS 样式表实现。

【范例程序：LinkCSS.htm】

```
<!DOCTYPE HTML>
<html>
 <head>
 <meta charset="UTF-8">
  <title> 应用 CSS 样式 </title>
  <!--加载 CSS 样式文件-->
  <link rel=stylesheet href="LinkCSS.css">
 </head>
 <body>
  <h1>多肉植物(succulent plant)</h1>
  <h2>主要生长于沙漠及海岸干旱地区</h2>
 </body>
</html>
```

执行结果如图 2-15 所示。

图 2-15

范例程序链接的 CSS 样式文件（LinkCSS.css）的程序代码如下：

```
body{
    text-align:center
}
h1{
    font-size:60px;
    color:#3300ff;
}
h2{
    font-size:60px;
    color:#3300ff;
    text-shadow:5px 5px #a6a6a6;
}
```

当同一份 HTML 文件同时使用了外部 CSS、内部 style 以及内联 CSS 时，它们的优先级顺序为：内联 CSS→内部 style→外部 CSS。

2.4.2　CSS 基本格式

CSS 样式表由选择器（selector）与样式规则（rule）组成，其基本格式如下：

CSS 选择器是用来确定应该应用哪些样式的一种方法。选择器可以针对 HTML 标签、class 属性或 id 属性等目标进行定义。例如，在上面的语法中，h1 就是一个选择器，它将匹配所有的 HTML
<h1>标签，并将样式应用于这些标签。

如果要为多个不同标签应用相同的样式规则，则可以将它们的选择器写在一起，使用逗号进行分隔。例如：

```
h1, p { color: red;}
```

CSS 样式规则用于定义应该应用哪些样式的部分，由花括号（{}）包含。每个样式规则由一个键-值对组成，其中包括属性及其对应的值。例如：

```
color: red;
```

属性　　设置值

一个选择器可以设置多个不同的样式规则，它们之间需要使用分号（;）进行分隔。例如：

```
h1{font-size: 12px; line-height: 16px; border: 1px #336699 solid;}
```

这行语句的意思是将文本大小设置为 12px、行高设置为 16px，并在元素周围添加 1px 宽的边框，颜色为#336699。

为了使样式更加易于阅读和理解，通常我们会将样式拆分为多行，并添加注释来进一步说明代码。例如，以下是上面样式的示例，使用了拆分和注释：

```
h1 {
font-size: 12px;              /*文字大小*/
line-height: 16px;            /*设置行高*/
border: 1px #336699 solid;    /*设置边框线*/
}
```

这样的写法看起来一目了然，未来维护程序时也就更加容易了。

> **提示**　**CSS 样式表的注释写法：**
> 在 HTML 语法中，可以使用<!-- ... -->将注释内容包裹起来。而在 CSS 样式表中，可以使用/* ... */将注释内容包裹起来。

2.4.3　认识 CSS 选择器

CSS 选择器可以分为多种类型，其中常见的有 6 种：

● 标签名称选择器（Element Selector）。
● 通用选择器（Universal Selector）。
● class 选择器（Class Selector）。
● ID 选择器（ID Selector）。
● 属性选择器（Attribute Selector）。
● 伪类选择器（Pseudo Class Selector）。

接下来逐一看看它们的用法。

1. 标签名称选择器

使用 HTML 标签名称作为选择器可以对 HTML 文件中所有相同的标签应用相同的样式。例如：

```
div { font-size: 16px; color: #FFFFFF;}
```

上述语句表示将 HTML 文件中所有的 div 标签都应用{}内的样式。

2. 通用选择器（*）

使用"*"字符来选择所有标签，例如：

```
* { font-size: 16px; color: #ff0000;}
```

如此一来，会将{}内的样式应用到文件内的全部标签。

3. class 选择器

首先，要在 HTML 标签里加入 class 属性。举例来说，<font>标签要应用 CSS 样式，那么就在
<font>标签里加入 class 属性，如下所示：

```
<font class="class 名称">
```

class 名称是自己取的，尽量不要将 HTML 标签名称当作 class 名称，以免混淆。

接下来，只要在 CSS 样式里加入 class 选择器声明即可。声明格式如下：

```
.class 属性名 {样式规则;}
```

例如：

```
.txt{font-size: 16px; color: #FFFFFF; font-weight: bold;}
```

接下来看一个范例程序。

【范例程序：class.htm】

```html
<html>
<head>
<meta charset="UTF-8">
<title>串接样式</title>
<style type="text/css">
.txt{
    font-size: 24px;
    color: Red;
    font-family: Broadway BT;
    font-weight: bold;
    border: 1px #336699 solid;
}
</style>
</head>
<body>
<font class="txt">From saving comes having. </font><p>
<table width="400" height="50">
<tr>
    <td align="center" class="txt">富有来自节俭</td>
</tr>
</table>
</body>
</html>
```

执行结果如图 2-16 所示。

图 2-16

在该范例程序中，<font>标签和<td>标签都加入了 class 属性，并且命名为 txt，因此两者都会应用.txt 选择器的样式。

如果要将 class 选择器仅应用于某一种标签上，可以使用标签名称选择器和 class 选择器的组合方式，格式如下：

标签名称.class 属性名 {样式规则;}

例如：

font.txt{font-size: 16px; color: #FFFFFF; font-weight: bold;}

下面的例子明确指出 class 选择器只能应用于<font>标签。

【范例程序：Selector_class.htm】

```
<!DOCTYPE HTML>
<html>
<head>
<meta charset="UTF-8">
<title>串接样式</title>
<style>
.txt1{
    font-size: 30px;
    font-weight: bold;
}
.txt{
    font-size: 24px;
    color: Red;
    font-family: Broadway BT;
    font-weight: bold;
    border: 1px #336699 solid;
    text-align: center;
}
p.txt{
    color: blue;
}
</style>
</head>
<body>
<p class="txt1">佳句共赏</p>
<p class="txt">From saving comes having. </p>
<div class="txt">富有来自节俭</div>
</body>
</html>
```

执行结果如图 2-17 所示。

在这个范例程序中，<p>标签和<div>标签都加入了 class 属性。其中<p>标签的 class 属性分别为 txt1 和 txt，因此应用不同的样式。

由于 CSS 样式声明已经指定了 p.txt 选择器的文字颜色为蓝色（blue），因此只有 class 属性为 txt 的<p>标签内的文字会受到影响。

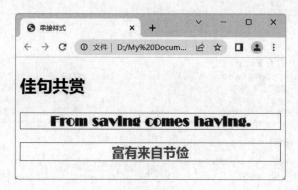

图 2-17

4. ID 选择器

在应用 ID 选择器样式之前，必须先在 HTML 标签中添加 ID 属性。例如，要为<font>标签应用 CSS 样式，可以在<font>标签中添加 ID 属性，代码如下：

```
<font id="id名称">
```

ID 名称可以自行命名，但不要使用 HTML 标签作为 ID 名称，以免混淆。接着，在 CSS 样式中加入 ID 选择器声明即可。声明格式如下：

```
#id属性名 {样式规则;}
```

例如：

```
#font_bold{font-size: 16px; color: #FFFFFF; font-weight: bold;}
```

延续上一个范例程序，下面来看看 ID 选择器的应用。

【范例程序：Selector_id.htm】

```
<!DOCTYPE HTML>
<html>
<head>
<meta charset="UTF-8">
<title>串接样式</title>
<style>
.txt1{
    font-size: 30px;
    font-weight: bold;
}
.txt{
    font-size: 24px;
    color: Red;
    font-family: Broadway BT;
    font-weight: bold;
    border: 1px #336699 solid;
    text-align: center;
}
p.txt{
    color: blue;
}
#pid{
    border: 5px #336699 double;
}
```

```
    </style>
    </head>
    <body>
    <p class="txt1">佳句共赏</p>
    <p class="txt" id="pid">From saving comes having. </p>
    <div class="txt">富有来自节俭</div>
    </body>
    </html>
```

执行结果如图 2-18 所示。

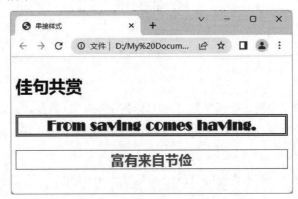

图 2-18

在这个范例程序中，为其中一个<p>标签添加了 ID 属性。class 属性和 ID 属性可以同时存在，但要特别注意，在同一份文件内，ID 属性名称不得重复。

> 提示　在同一份网页文件中不能出现重复的 ID 属性名称。
>
> ID 属性通常用于标识组件，相当于组件的身份证号码。特别是在使用 JavaScript 这类编程语言指定 HTML 组件时，ID 属性非常方便。因此，在同一份 HTML 文件中，ID 名称必须是唯一的，不可重复。

5. 属性选择器

属性选择器属于高级筛选方法，用于筛选标签中的属性。例如，如果要将超链接标签<a>的背景颜色指定为黄色，但只想应用于具有 target 属性的组件，则可以使用属性选择器来实现，代码如下：

```
a[target] { background-color:yellow; }
```

属性选择器还可用于筛选属性，有 6 种不同的筛选方式，如表 2-2 所示。

表 2-2　6 种不同的筛选方式

属　性	说　明
[attribute="value"]	属性等于 value
[attribute~="value"]	属性包含完整 value
[attribute|="value"]	属性等于 value 或以 value-开头
[attribute^="value"]	属性开头有 value
[attribute$="value"]	属性最后有 value
[attribute*="value"]	属性出现了 value

举例来说，以下语句有 4 个不同的组件，它们都有 class 属性。

```
<div class="first_second"> div 标签.</div>
<font class="secondtest">font 标签.</font>
<a class="test">a 标签.</a>
<p class="test word">p 标签.</p>
```

下面使用"~="属性选择器进行筛选，要求属性必须包含完整的值"test"，因此会应用到<a>标签和<p>标签。

```
[class~="test"]{background:red;}
```

下面使用"*="属性选择器进行筛选，只要属性中出现值"test"就会应用样式，因此会应用到<font>标签、<a>标签和<p>标签。

```
[class*="test"]{background:red;}
```

> **提示　反向选择：**
>
> 如果希望除了<p>标签之外的所有标签都应用相同的样式，可以使用伪选择器":not"来进行反向选择，写法如下：
>
> ```
> :not(p){color:red;}
> ```
>
> 如此一来，整个网页中的文字都会应用红色，只有<p>标签不会。

6. 伪类选择器（:）

伪类选择器也被称为"伪选择器"，大致分为以下几种类型。

1）链接伪类

链接伪类按照超链接元素的状态来选择对象，如表 2-3 所示。

表 2-3　按照超链接元素的状态来选择对象

选 择 器	说　明
:link	未访问过的链接
:visited	已访问过的链接
:hover	鼠标光标移到元素
:active	用鼠标左键单击的元素
:focus	取得焦点的元素

2）结构性伪类

结构性伪类按照元素的顺序来选择特定子元素，如表 2-4 所示。

表 2-4　按照元素的顺序来选择特定子元素

选 择 器	说　明
p:first-child	找到 p 兄弟元素的第 1 个元素（找所有元素）
p:last-child	找到 p 兄弟元素的最后 1 个元素（找所有元素）

（续表）

选 择 器	说 明
p:nth-child(n)	(n)找第 *n* 个元素（找所有元素）
p:nth-child(odd)	(odd)找奇数元素（找所有元素）
p:nth-child(even)	(even)找偶数元素（找所有元素）
p:first-of-type	找到 p 兄弟元素的第 1 个元素（只找同类元素）
p:last-of-type	找到 p 兄弟元素的最后 1 个元素（只找同类元素）
p:nth-of-type(n)	(n)找第 *n* 个元素，同样可输入 odd 或 even 找奇或偶数元素（只找同类元素）

举例来说，HTML 中有如下的元素，我们将分别应用:nth-child 和 nth-of-type 来看看它们之间的区别。

```
<p>这是第 1 个 P 元素</p>
<strong>这是 strong 元素</strong>
<p>这是第 2 个 P 元素</p>
<p>这是第 3 个 P 元素</p>
<p>这是第 4 个 P 元素</p>
<p>这是第 5 个 P 元素</p>
```

执行如下语句：

```
p:nth-child(3) {
    background-color: #ffccff;
}
```

其中:nth-child 选择器用于找所有元素，因此连<strong>元素也被计算进去。执行结果如图 2-19 所示。

当改为:nth-of-type，则会得到图 2-20 所示的执行结果。

```
p:nth-of-type(3) {
    background-color: #ffccff;
}
```

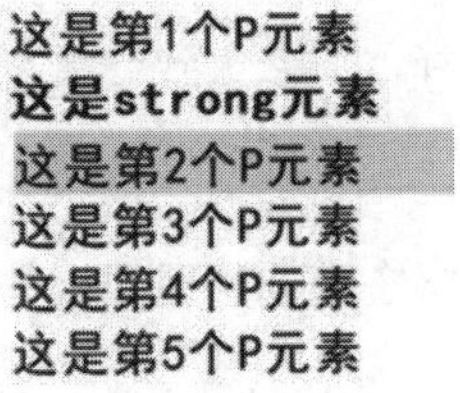

图 2-19

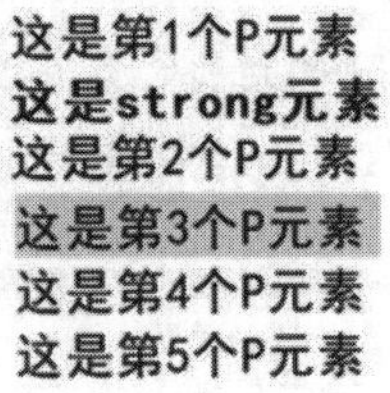

图 2-20

其中：nth-of-type 选择器只找同类元素，因此<strong>元素就不会被计算进去。

3）UI 状态伪类

UI（User Interface，用户界面）状态伪类是指网页元素在浏览器呈现的状态（见表 2-5）。

表 2-5   UI 选择器设置元素呈现的状态

选 择 器	说 明
E:enabled	UI 启用的元素
E:disabled	UI 禁用的元素
E:checked	UI 被选取的元素

4）目标伪类

目标伪类用于指定目标元素（见表 2-6）。

表 2-6　选定目标元素

选　择　器	说　明
:target	锚点的目标元素

CSS 选择器有权重，也就是说，当多个选择器设置出现冲突时，将应用具有更高优先级的选择器样式。选择器的优先级如下：

ID > Class > Element > *

属性选择器、伪类选择器和 class 选择器的权重相同。当选择器权重相同时，后面的选择器会覆盖前面的选择器，但有一种例外情况：如果选择器设置值中包含"!important"声明，则将此设置值视为最高优先级。例如下面的例子：

```
.example { color: blue !important; }
.example { color: red;}
```

通常情况下，后面的选择器会覆盖前面的选择器，文字颜色应该是红色。但是，由于第一个选择器声明了"!important"，具有更高的优先权，因此文字颜色将是蓝色。

2.4.4　CSS 的度量单位

CSS 支持多种不同的度量单位，常见的包括：

- 绝对单位：像素（px）、点（pt）、厘米（cm）、英寸（in）、毫米（mm）。
- 相对单位：倍数（em）、相对倍数（rem）、百分比（%）。

绝对单位指的是不随外部对象变化而改变的度量单位。例如，12pt 将始终以 12 个点呈现。尽管像素（px）被归类为绝对单位，但它实际上代表了屏幕上的一个点（即像素 pixel），因此与屏幕分辨率有关。

相对单位指的是会随着外部组件的大小而改变的度量单位。例如，对于 em 单位，它指定一个倍数，如果 HTML 文件中 body 元素的字体大小为 12px，则 2em 将等于 24px。

```
body{
  font-size: 12px;
}

h1{
  font-size: 2em;  ←———  主体的 12px×2
}
```

rem 单位与 em 单位相似，都是指定一个倍数。不同之处在于，rem 单位只受 HTML 根元素的字体大小影响。例如，下面的 CSS 样式指定 h1 元素的字体大小为 2rem，这意味着字体大小是 HTML 根元素字体大小的两倍（例如 30px×2），而外层 div 元素不会对 h1 元素的字体大小产生影响。

```
CSS                          HTML
html{font-size:30px}         <html>
  div{                       <body>
    font-size:60px;          <div>
  }                              这是div中的文字
```

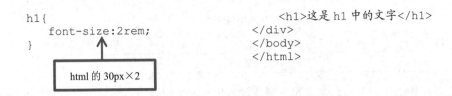

```
h1{
    font-size:2rem;
}
```

html 的 30px×2

```
<h1>这是 h1 中的文字</h1>
</div>
</body>
</html>
```

如果 HTML 文件中没有设置默认字体大小，则浏览器通常会将其默认值设置为 16px。

> **提示　单位 pt 与 px 的差别？**
>
> 确切地说，pt 单位是印刷用字体单位，其长度在不同屏幕分辨率下打印于纸上时看起来相同。1pt 的长度等于 0.01384 英寸，或者 1/72 英寸。我们通常使用的文字处理软件（如 Microsoft Word）中设置的字号就是以 pt 为单位的。
>
> px 单位是屏幕用字体单位，可以准确表示组件在屏幕上的位置和大小，并且不会因为屏幕分辨率的变化而改变网页的版面。但是，在打印于纸上时，可能会出现差异。由于 Web 页面主要用于屏幕浏览，因此 CSS 通常使用 px 作为单位。

2.4.5　CSS 的颜色表示法

CSS 样式中颜色有下列 3 种常用表示法（见表 2-7）。

表 2-7　CSS 样式中颜色的 3 种常用表示法

语　法	范　例	说　明
{color:颜色名称}	{color:blue}	以颜色名称表示
{color:#RRGGBB}	{color:#6600CC}	十六进制颜色（HEX color）
{color:rgba(R,G,B,a)}	{color:rgba(255,0,0,0.3)}	RGBA 颜色

使用颜色名称来指定颜色是最直观的方法之一，常用的颜色名称如表 2-8 所示。

表 2-8　颜色名称

black（黑色）	blue（蓝色）	gray（灰色）	green（绿色）	olive（橄榄色）
purple（紫色）	red（红色）	silver（银色）	white（白色）	yellow（黄色）

十六进制颜色简称为 HEX 颜色，由一个井字号（#）加上 6 个数字来表示，其中前个数字代表 RGB 颜色中的 R，中间两个数字代表的是 G，后两个数字代表是 B。十六进制最小是 0，最大是 F，例如#000000 表示 RGB 三个颜色都是 0，也就是黑色；#FF0000 表示红色。

RGBA 颜色表示法使用 Red-Green-Blue-Alpha 模型来定义颜色。RGB 三个颜色的强度可以输入 0~255 的整数，或是 0%~100%的百分比值，Alpha 是指定颜色的不透明度，其值为 0（完全透明）~1（完全不透明）。

十六进制颜色和 RGBA 颜色是 CSS 最常用的颜色表示法，但两种颜色的设置并不直观，大多数程序代码编辑器都会提供颜色选择器。如果读者使用的是 Sublime Text 编辑器，则可以使用插件 ColorPicker 套件，只要在 Sublime Text 编辑器中按 Ctrl+Shift+P 组合键，再输入 install 关键词，单击 Install Package 选项，输入 ColorPicker 即可找到此插件，直接单击安装即可。

安装完成之后，只要按 Ctrl+Shift+C 组合键，就可以打开 Color Picker 颜色面板，如图 2-21 所示。

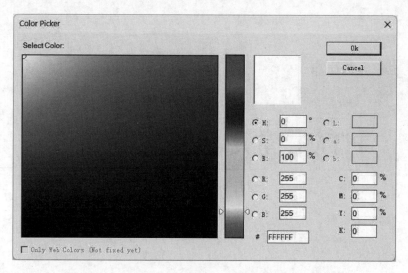

图 2-21

掌握了 HTML 和 CSS 的基本使用方法之后，下一章将介绍 HTML 与 CSS 常用的语法。

第 3 章

HTML 常用标签

3

HTML 是网页的基础结构，所有的网页技术都离不开 HTML。在上一章中，我们已经介绍了 HTML 的结构，本章将介绍一些常用的 HTML 标签。

HTML 标签有很多种，但并不需要记住所有的标签。熟悉常见标签的属性和使用方式，并能够灵活运用，才是最重要的。

3.1　排版相关的标签

制作网页可以类比为使用 Word 软件编辑文章，文章通常包含标题、段落、行、文字等元素，这些元素可以设置各种属性，例如段落间距、行距、字体、大小等，同时还可以插入图片或视频等媒体元素。HTML 标签就是帮助我们实现这些设置的工具。

在介绍 HTML 标签之前，我们先来简要说明一下浏览器如何将 HTML 和 CSS 转换为我们看到的网页。

3.1.1　浏览器呈现网页的过程

浏览器呈现网页的过程非常复杂，下面简单概述一下，参考图 3-1。

当浏览器接收到网页文件时，会将 HTML 程序代码和 CSS 程序代码交给渲染引擎（render engine）处理。渲染引擎会解析 HTML 代码并构建出 DOM（document object model，文档对象模型）树结构，同时解析 CSS 代码并构建出 CSSOM（CSS object model）树结构。

DOM 是 W3C（World Wide Web Consortium，万维网联盟）发布的一套用于 HTML 和 XML 文件的模型，它包括对象模型和 API（application programming interface），各个浏览器都遵循 DOM 模型来开发。DOM 定义了网页文件的架构，例如树结构，以 window 元素对象为顶层，window 内还包含了许多其他的对象，例如 document、frame 等，document 底下又有 form、div、img、button 等对象，其中 form 底下还可以包含表单对象，如图 3-2 所示。

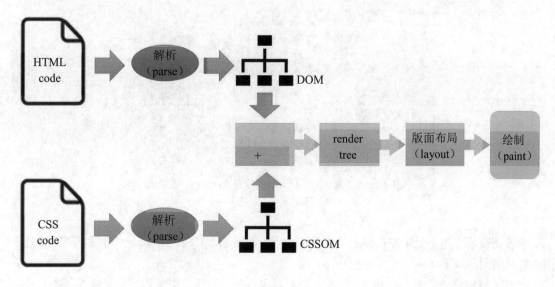

图 3-1

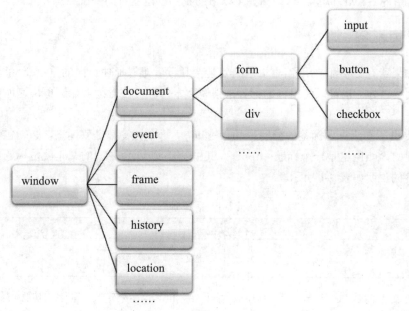

图 3-2

在 HTML 页面中，所有的元素对象（element object）都可以通过 JavaScript 来操作。在后续介绍 JavaScript 编程语言时，还会有关于 HTML DOM 的操作教学。

如果 HTML 文件包含 CSS 代码，则浏览器会解析并构建 CSSOM，然后将 DOM 和 CSSOM 按照顺序组合成渲染树（render tree）。渲染树只包含需要显示的节点，并按正确的顺序排列以便于渲染。

接下来进入版面布局（layout）阶段，版面布局会为每个元素生成盒模型（box model）。每个盒模型包含了该元素的内容（例如文字、图片或视频）以及其他相关属性，例如 padding、border 和 margin 等，如图 3-3 所示。

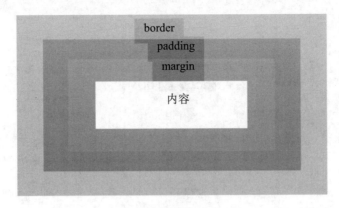

图 3-3

盒模型表示了每个元素在页面上的位置和大小。最后进入绘制（painting）阶段，浏览器会将页面内容绘制到屏幕上。

通过了解浏览器绘制 HTML 和 CSS 的过程，可以更好地理解网页的结构和样式。接下来我们将介绍一些常用的 HTML 标签，这些标签可以帮助我们创建网页的基础结构和布局。

3.1.2　标题标签

网页中如果所有文字都使用相同的大小，可能会让读者难以抓住页面的重点。除了可以使用 CSS 来改变字体大小之外，也可以使用标题标签来强调文本内容，使得读者能够更快速地获取页面的主要信息。

HTML 提供了 6 级标题标签，分别是<h1>~<h6>，每个标签都是双标签，必须包含起始标签和结束标签，例如"<h1>这是一个标题</h1>"，其中<h1>到</h1>之间的文本就是标题显示的内容。

标题标签的说明如表 3-1 所示。

表 3-1　标题标签

标　签	说　明
<h1>~<h6> </h1>~</h6>	设置文字大小等级

标题的英文单词是 heading，HTML 中使用<h1>~<h6>标签来定义不同级别的标题。其中，<h1>是最高级别的标题，字体也最大，而<h6>则是最低级别的标题，字体最小。

在使用<h1>~<h6>标签时，文字默认会显示为粗体并自动换行。下面是一个标题标签的范例程序。

【范例程序：heading.htm】

```
<!DOCTYPE HTML>
<html>
 <head>
 <meta charset="UTF-8">
  <title> Heading </title>
 </head>
 <body>
    <h1>h1 标题</h1>
```

```
        <h2>h2 标题</h2>
        <h3>h3 标题</h3>
        <h4>h4 标题</h4>
        <h5>h5 标题</h5>
        <h6>h6 标题</h6>
    </body>
</html>
```

执行结果如图 3-4 所示。

图 3-4

3.1.3　段落和换行标签

段落标签与换行标签是经常使用的标签。段落标签是一对，<p>表示开头，</p>表示结尾。换行标签
是单标签，不需要结束标签。下面就来看看这两个标签的用法。

1. 段落标签<p>

段落的英文单词是 paragraph，HTML 中使用<p>标签来定义一个段落。起始标签<p>和结束标签</p>之间的内容就形成了一个段落。接下来，通过范例程序来介绍<p>标签的用法。

【范例程序：paragraph.htm】

```
<!DOCTYPE HTML>
<html>
<head>
<title>段落 paragraph</title>
</head>
<body>
<h1>宋代范仲淹·《剔银灯·与欧阳公席上分题》</h1>
<p>昨夜因看蜀志，笑曹操、孙权、刘备。用尽机关，徒劳心力，只得三分天地。</p>
<p>屈指细寻思，争如共、刘伶一醉？</p>
<p>人世都无百岁。少痴騃、老成尪悴。只有中间，些子少年，忍把浮名牵系？</p>
<p>一品与千金，问白发、如何回避？
</body>
</html>
```

执行结果如图 3-5 所示。

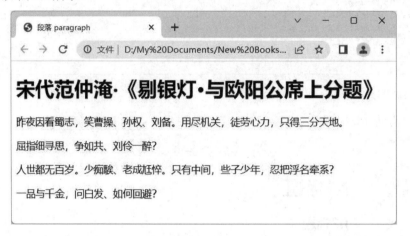

图 3-5

在上面的范例程序中，我们使用了 1 个标题标签和 4 个段落标签。通过 Chrome 浏览器提供的开发者工具（DevTools），可以很容易地看到浏览器是如何渲染页面元素的。

按 F12 键打开开发者工具，然后在页面上选择任意一个<p>标签所在的行，就可以在 Styles 面板中看到默认应用的 CSS 样式，如图 3-6 所示。其中，display: block 规定了这个元素将以块级元素的方式呈现；而 margin-block-start 和 margin-block-end 属性则定义了段落之间的间距，从而形成我们在浏览器上看到的段落效果。

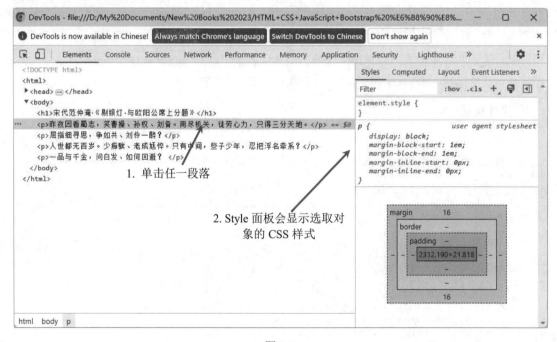

图 3-6

在 HTML 中，结束标签</p>可以省略不写。如果省略了结束标签，浏览器会自动在下一个段落标签之前插入结束标签</p>。例如，在范例程序中第 3 个段落和第 4 个段落的结束标记都没有显式地写出来，但是浏览器在渲染页面时会自动添加上</p>，如图 3-7 所示。

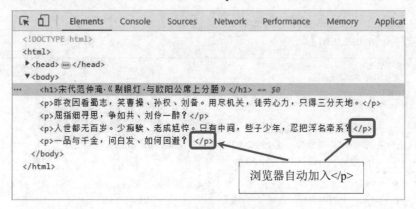

图 3-7

内联元素与区块元素

HTML 元素通常可以根据其显示模式大致分为两种类型：内联元素（inline element）和块级元素（block-level element）。

内联元素会在同一行内显示，不允许使用 CSS 设置宽度和高度（但可以使用 line-height 属性来改变高度），并且只能通过 CSS 设置左、右边距（margin）和填充（padding）。例如，<span>和<a>标签都是内联元素。

块级元素默认会在新行开始，宽度会占满整个父容器，可以使用 CSS 设置宽度和高度，并且可以使用 margin 和 padding 设置左、右边距和填充距离。

可以对<p>元素应用 CSS 样式来查看<p>元素区块的范围：

```
<p style="background-color:#A7FB9C">这是区块元素</p>
```

执行结果如图 3-8 所示。

这是区块元素

图 3-8

我们可以使用 CSS 的 display 属性来更改元素的显示模式，以呈现我们所需的排版效果。例如：

```
<span style="display:block;">我是内联元素</span>
```

原本 span 元素是内联元素，但如果将其设置为 display:block，则它会以区块元素的方式显示。

2. 换行标签

初学者经常会在编辑器中按 Enter 键来换行。然而，在 HTML 和 CSS 中，页面布局必须通过代码来实现。因此，在 HTML 文件中，空格和换行符都会被忽略，并不会对页面产生影响。如果想要在页面中实现换行效果，可以使用
标签。

标签的英文单词为 break，它是一个单标签，没有结束标签。下面是一个使用
标签的范例程序。

【范例程序：break.htm】

```
<!DOCTYPE HTML>
<html>
<head>
<title>换行<br></title>
</head>
<body>
<h1>宋代范仲淹·《剔银灯·与欧阳公席上分题》</h1>
昨夜因看蜀志，笑曹操、孙权、刘备。用尽机关，徒劳心力，只得三分天地。<br>
屈指细寻思，争如共、刘伶一醉？<br>
人世都无百岁。少痴騃、老成尪悴。只有中间，些子少年，忍把浮名牵系？<br>
一品与千金，问白发、如何回避？
</body>
</html>
```

执行结果如图 3-9 所示。

图 3-9

如果使用 Chrome 浏览器来启动上述范例程序，并按 F12 键打开开发者工具，就会发现
标签并没有被赋予任何 CSS 样式。这是因为
标签的主要作用是在页面中插入一个换行符，而不是调整样式或布局，如图 3-10 所示。

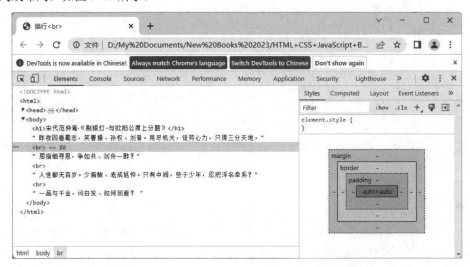

图 3-10

　　有些网页设计人员可能会在两个段落之间添加两个或更多的
标签，以此来实现分段效果。然而，这并不是一种适当的做法。在编写 HTML 代码时，最好能够使用语义化的 HTML 标记来定义页面内容。例如，在文本中插入换行符应该使用
标签，而不是将它用于排版和布局。如果觉得段落之间的距离不足，可以使用 CSS 的 margin 属性来控制段落之间的距离，而不是简单地插入多个
标签。

3.2　项目列表

　　项目列表标签可以通过列表的方式将网页数据呈现为清晰的条目视图。常见的项目列表标签有 3 种，分别是有序列表<ol>、<li>，无序列表<ul>、<li>和定义列表<dl>、<dt>、<dd>。

3.2.1　有序列表

　　<ol>和<li>标签用于表示一组有顺序性的列表，通常称为有序列表（ordered list）。<ol>标签表示整个有序列表容器，而<li>标签则用于定义每个具体的项目。两者都是双标签，具体说明见表 3-2。

表 3-2　有序列表标签

标　签	说　明
<ol>	每一项前面加上 1, 2, 3...数字
<li>	列表项目将依序排列

　　<li>标签可以加上 value 属性来指定序列的起始值，范例程序如下：

【范例程序：orderedLists.htm】

```
<!DOCTYPE html>
<html>
<head>
<meta charset="utf-8">
<title>有序列表</title>
</head>
<body>
<ol>
  <li>篮球</li>
  <li>棒球</li>
  <li>羽毛球</li>
  <li>高尔夫球</li>
  <li>足球</li>
</ol>
<ol>
  <li value=100>篮球</li>
  <li>棒球</li>
  <li>羽毛球</li>
  <li>高尔夫球</li>
  <li>足球</li>
</ol>
</body>
</html>
```

执行结果如图 3-11 所示。

图 3-11

在范例程序中，第二个<ol>标签中的<li>标签使用 value 属性将其序列的起始值设置为 100，因此该列表从 100 开始编号。除了数字外，<ol>标签还可以使用 CSS 的 list-style-type 属性来改变列表项的编号样式。例如：

```
<ol style="list-style-type: lower-alpha">
  <li>篮球</li>
  <li>棒球</li>
  <li>足球</li>
</ol>
```

a. 篮球
b. 棒球
c. 足球

执行之后就会得到如图 3-12 所示的编号样式。

表 3-3 列出 list-style-type 属性常用的属性值及其效果示例。

图 3-12

表 3-3   list-style-type 属性常用的属性值及其效果示例

list-style-type 属性值	应用效果
none	篮球 棒球 足球
cjk-ideographic	一、篮球 二、棒球 三、足球
decimal	1. 篮球 2. 棒球 3. 足球
decimal-leading-zero	01. 篮球 02. 棒球 03. 足球

（续表）

list-style-type 属性值	应用效果
lower-alpha lower -latin	a. 篮球 b. 棒球 c. 足球
lower-greek	α. 篮球 β. 棒球 γ. 足球
lower-roman	i. 篮球 ii. 棒球 iii. 足球
upper-alpha upper-latin	A. 篮球 B. 棒球 C. 足球
upper-roman	I. 篮球 II. 棒球 III. 足球

list-style-type: none 属性用于隐藏有序列表项的编号。但即使隐藏了编码，项目列表仍然会保留默认的外边距和内边距。如果不想要这些外边距和内边距，可以使用 CSS 添加 margin: 0 和 padding: 0 样式来清除它们。例如：

```
<ol style="list-style-type: none; margin: 0; padding: 0;">
```

<ol>标签的编号项目位置可以使用 CSS 的 list-style-position 属性进行调整。list-style-position 属性有两个值：inside 和 outside。

● inside：是指编号项目在<li>标签范围内部。
● outside：是指编号项目在<li>标签范围外部，此为默认值。

例如：

```
<ol style="list-style-position:inside">
  <li style="border-left: 1px solid red;">篮球</li>
  <li style="border-left: 1px solid red;">棒球</li>
  <li style="border-left: 1px solid red;">足球</li>
</ol>
<ol style="list-style-position:outside">
  <li style="border-left: 1px solid red;">篮球</li>
  <li style="border-left: 1px solid red;">棒球</li>
  <li style="border-left: 1px solid red;">足球</li>
</ol>
```

执行结果分别如图 3-13 和图 3-14 所示，可以清楚地看到两者的差别。

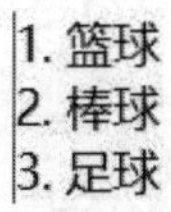

1. 篮球　　　　　　　　　　　　　1. 篮球
2. 棒球　　　　　　　　　　　　　2. 棒球
3. 足球　　　　　　　　　　　　　3. 足球

[list-style-position:Inside]　　　　　　　[list-style-position:outside]

图 3-13　　　　　　　　　　　　　　图 3-14

前面介绍的 list-style-type 和 list-style-position 属性可以通过 list-style 简写属性进行设置。使用 list-style 属性可以更加方便地同时设置这两个属性。例如，下面的 CSS 代码 list-style-type:lower-alpha 加上 list-style-position:inside，将创建一个带有小写字母编号并且编号位于<li>标签内部的有序列表：

```
<ol style="list-style: inside lower-alpha">
```

3.2.2 无序列表

<ul>和<li>标签用于表示一组没有顺序性的列表，通常称为无序列表（unordered list）。无序列表适用于需要强调项目之间的重要程度而不是其先后顺序的场合。<ul>标签表示整个无序列表容器，而<li>标签则用于定义每个具体的项目。两者都是双标签，具体说明如表 3-4 所示。

表 3-4 无序列表标签

标 签	说 明
<ul>	每一项前面加上●、○、■等符号，又称为符号列表
<li>	列表项目将以符号表示

与<ol>标签类似，<ul>标签也可以使用 CSS 的 list-style-type 和 list-style-position 属性来设置无序列表项的符号样式和位置。list-style-type 属性可设置的值如表 3-5 所示。

表 3-5 list-style-type 属性可设置的值

list-style-type 属性值	应用效果
circle	○ 篮球 ○ 棒球 ○ 足球
square	■ 篮球 ■ 棒球 ■ 足球

<ul>标签不仅可以使用实心圆形、空心圆形和方形等符号，还可以使用 CSS 的 list-style-image 属性将图像作为无序列表的项目符号。例如：

```
<ul style="list-style-image: url('star.png');">
```

项目列表中也可以包含其他的列表项目，也就是嵌套的项目列表，下面通过范例程序来看看具体的用法。

【范例程序：nestedLists.htm】

```
<!DOCTYPE HTML>
<html>
<head>
<title>嵌套项目列表</title>
<style>
ol {
  background: #FAE3E3;
  padding: 10px;
  list-style: cjk-ideographic inside;
}
```

```
ul {
  background: #F6FEAA;
  padding: 20px;
  list-style: url('star.png');
}
ul li {
  background: #FCE694;
  margin: 5px;
}
</style>
</head>
<body>
院系简介:
<ol>
  <li>工学院
     <ul>
        <li>机械系
        <li>化工系
     </ul>
  </li>
  <li>管理学院
     <ul>
        <li>资管系
        <li>企管系
     </ul>
  </li>
</ol>

</body>
</html>
```

执行结果如图 3-15 所示。

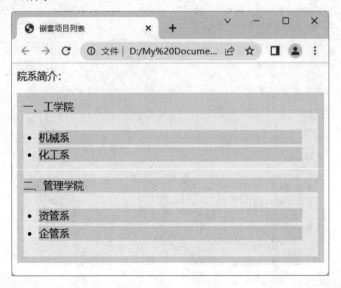

图 3-15

3.2.3 定义列表

<dl>、<dt>和<dd>标签都是双标签，用于创建定义列表（definition list），适合用于在列表中显

示主题和相应的描述信息。其中，<dd>标签内的文本通常会缩进以显示层次结构。<dl>标签是整个定义列表的容器，而<dt>和<dd>标签则用于表示单个定义项目。具体说明如表 3-6 所示。

表 3-6　定义列表的标签

标　签	说　明
<dl>	定义列表的开始与结束（definition lists）
<dt>	项目的主题（definition term）
<dd>	定义主题的描述（definition description）

接下来，通过范例程序来看看定义列表的用法。

【范例程序：definitionLists.htm】

```
<!DOCTYPE HTML>
<html>
<head>
<title>定义列表</title>
<style>
blockquote{
  border-top: 1px solid #959595;
  border-bottom: 1px solid #959595;
}
</style>
</head>
<body>
<dl>
 <dt>妙笔生花</dt>
  <dd>文思俊逸，写作能力特强。或称誉文章佳妙。</dd>
 <dt>一帆风顺</dt>
  <dd>泛指旅途平安无阻或事情进展顺利。</dd>
  <dd>【例】张先生有贵人相助，事业一帆风顺。</dd>
<dt>一诺千金</dt>
  <dd>形容信用高，一旦许诺别人，必定做到。语本《史记. 卷一〇〇. 季布传》。</dd>
  <dd>【例】他一向一诺千金，说了算数。</dd>
</dl>
 <p>以上内容来自教育云 教育百科网站</p>
</blockquote>
</body>
</html>
```

执行结果如图 3-16 所示。

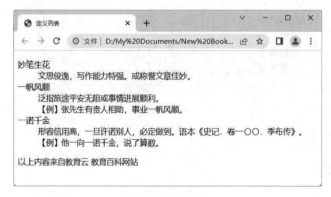

图 3-16

范例程序中使用了另一个 HTML 标签<blockquote>，blockquote 元素也是区块元素，用来标注引用来源。如果引用内容来自网络，则可以使用 cite 属性注明引用网址，并搭配 CSS 语法来设置它的样式。

3.3　表格与表单

表格（table）用于整理和呈现数据，使得数据能够直观地展示给用户。而表单（form）则用于调查和收集信息，例如问卷调查、测验和报名表等。通过表单对象，我们可以向后端程序（例如 PHP）传递所搜集到的数据，并将它们存储在后端数据库中。

3.3.1　表格

通过使用表格，我们可以更有效地安排和布局网页版面。除了可以输入文字之外，表格还可以嵌套图像等其他 HTML 元素。表 3-7 列出了 HTML 表格标签及其属性，这些标签都是双标签。

表 3-7　表格标签及其属性

标　签	说　明
<table>	表格的开始与结束
<caption>	表格标题
<thead>	定义表头内容
<tbody>	定义表身内容
< tfoot>	定义表格脚注（表尾）
<tr>	增加表格行
<th>	增加表格标题
<td>	增加表格列

caption 元素用于在 HTML 表格中显示标题，它应该是表格内的第一个元素。

thead、tfoot 和 tbody 元素是语义化的 HTML 元素，它们仅用于描述表格的结构，省略它们并不会影响表格的呈现效果。这 3 个元素适用于长表格。如果使用 thead 元素，则至少需要使用 tbody 元素来定义表格正文部分。建议按照 thead、tfoot、tbody 的顺序出现，这样浏览器就能够先绘制出表头和表尾，最后才是表身内容。这样的好处是，当表格长度超过浏览器的长度时，我们可以通过 JavaScript 将表身卷动起来，并让表头和表尾保持不动，从而提高表格的可读性和可用性。

有关表格标签的用法，可参考下面的范例程序。

【范例程序：table.htm】

```
<!DOCTYPE html>
<html>
<head>
<meta charset="UTF-8">
<title>表格</title>
<style>
table {
    border: 1px solid #000000; border-collapse: collapse;
```

```
    }
    th, td {
        border: 1px solid #000000;
        padding: 5px;
    }
    </style>
    </head>
    <body>

      <table>
        <caption>销售量调查表（单位:台）</caption>
        <thead>
        <tr>
          <td></td>
          <td>第一季</td>
          <td>第二季</td>
          <td>第三季</td>
          <td>第四季</td>
        </tr>
        </thead>
        <tbody>
        <tr>
          <td>电视机</td>
          <td>10</td>
          <td>8</td>
          <td>12</td>
          <td>15</td>
        </tr>
        <tr>
          <td>笔记本电脑</td>
          <td>13</td>
          <td>11</td>
          <td>9</td>
          <td>16</td>
        </tr>
      </tbody>
      <tfoot>
        <tr>
          <td>小计</td>
          <td>23</td>
          <td>19</td>
          <td>21</td>
          <td>31</td>
        </tr>
        <tfoot>
      </table>
    </body>
    </html>
```

执行结果如图 3-17 所示。

销售量调查表（单位: 台）				
	第一季	第二季	第三季	第四季
电视机	10	8	12	15
笔记本电脑	13	11	9	16
小计	23	19	21	31

图 3-17

3.3.2 表单

表单通常与 JavaScript、CGI 程序或 ASP、PHP 等编程语言一起使用，以实现与用户的交互。一个完整的表单通常以\<form>标签和\</form>标签作为起止，其中可以包含一种以上的表单组件以收集用户输入。

下面介绍 HTML 中的\<form>标签和常用的表单组件。\<form>标签的说明如表 3-8 所示。

表 3-8 \<form>标签

标 签	说 明
\<form>	表单标签

\<form>标签是双标签，具有下列属性：

1）action

当表单与 CGI、PHP 等服务器端脚本语言一起使用时，需要通过 action 属性指定表单提交的地址。例如，如果要将表单中填写的数据发送到 abc@mail.com.cn 这个邮箱地址，则可以将 action 属性设置为 action="mailto:abc@mail.com.cn"，这样就可以将表单数据传递到指定的邮箱。

2）method

method 属性用于指定表单数据的传输方式，常用的有 GET 和 POST 两种。使用 GET 方式提交表单时，表单数据会被直接附加在 URL 后面作为查询字符串（query string），因此可以在浏览器地址栏中看到表单数据，如图 3-18 所示。由于 GET 方式的安全性较差，因此不适合传输大量数据。

图 3-18

POST 方式将表单数据包装在 HTTP 请求的消息体中进行传输，因此可以容纳大量数据，适合用于传输较大的数据量。一般情况下，建议使用 POST 方式提交表单。表 3-9 是 GET 方式和 POST 方式的比较。

表 3-9　GET 方式和 POST 方式的比较

比 较 项	GET	POST
网址	网址会显示带有表单的参数与数据	包装在 HTTP 请求的消息体内传送，网址不会显示表单数据
数据量限制	URL 长度有限制，只适合少量参数	没有明确的限制，取决于服务器的设置和内存大小
Web cache	回应会被缓存	响应不会被缓存
安全性	URL 可以看到参数，安全性差	安全性较佳

　　GET 原本的设计就是为了取得数据，因此只要是相同的查询条件（传递的参数与参数值都相同），浏览器就默认数据应该会相同，浏览器的 cache 功能就会先把 HTTP 的响应数据暂存起来，之后读取相同网页的时候，直接从 cache 取出数据，就不需要重新下载。

　　相比之下，POST 用于传输数据而非获取数据，因此浏览器不会缓存 HTTP 响应数据，以避免可能出现的安全问题和数据混淆等情况。

 cache 称为快取或缓存，这里是指浏览器的缓存，它是暂时存放 HTTP 响应数据的缓存区，可以减少加载数据的时间和流量。然而，在某些情况下，缓存也可能会导致浏览器显示旧数据的问题。此时，可以通过清空浏览器的缓存来解决这个问题。

3）name

name 属性用于指定表单的名称。

下面通过范例程序来看看表单的基本结构。

【范例程序：forms.htm】

```
<!DOCTYPE html>
<html>
<head>
<meta charset="UTF-8">
<title>表单结构</title>
</head>
<body>
<form>
  <fieldset>
    <legend>这是表单</legend>
    <p>
      <label for="uid">账号</label>
     <input type="text" name="uid" id="uid" placeholder="请输入账号">
    </p>
    <p>
      <label for="pwd">密码</label>
     <input type="password" name="pwd" id="pwd" placeholder="请输入密码">
    </p>
    <p><button type="submit">提交表单</button></p>
  </fieldset>
</form>
</body>
</html>
```

执行结果如图 3-19 所示。

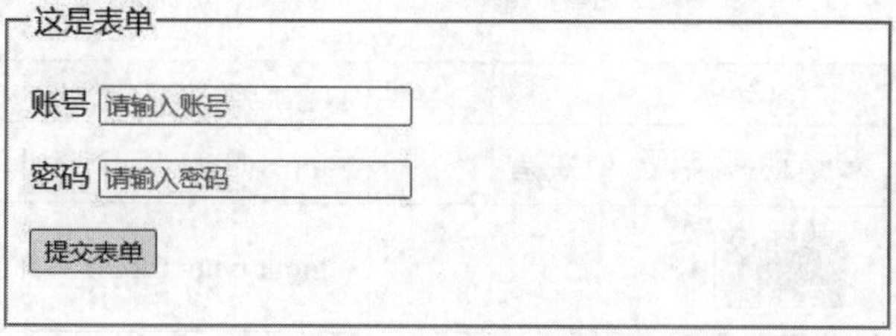

图 3-19

<form>标签定义一个表单，本身不会在网页中显示。可以使用<fieldset>标签将表单内容分组，并使用<legend>标签为每个分组添加标题。

下一小节，我们将介绍表单组件以及它们的用法。

3.3.3　表单组件

表单组件必须放在<form>与</form>标签之间，并设置适当的提交指令，才能将数据提交给服务器。下面是表单组件的基本语法结构：

```
<input type="text" name="T1" value="单行文字">
```

参数说明如下：

- input 组件：是内联元素，但它属于可替换元素（replaced element），因此具有内联区块元素的属性。可以使用 CSS 设置其 width、height 以及 margin、padding 等样式。
- type 属性：浏览器将根据 type 属性来确定输入组件的类型。例如，type="text"表示创建一个文本框，允许用户在其中输入文本内容。
- name 属性：用于为该组件指定一个唯一的名称，以便在提交表单时识别输入内容。
- value 属性：表示该组件的默认值或初始值。

常见的表单组件有以下几种，具体如表 3-10 所示。

表 3-10　常见的表单组件

表单组件名称	外　观	HTML 语法
单行文本框	单行文本框	`<input type="text" name="T1" value="单行文本框">`
密码输入框	•••	`<input type="password" name="T2" value="123">`
日期输入框	年 -月-日	`<input type="date">`
年月输入框	----年--月	`<input type="month">`
年周输入框	---- 年第 -- 周	`<input type="week">`
数字输入框	3	`<input type="number">`
搜索框	html ✕	`<input type="search">`
滑块	●────	`<input type="range">`
复选框（复选）	☑运动 □唱歌 □跳舞	`<input type="checkbox" name="C1" value="ON">`

（续表）

表单组件名称	外　观	HTML 语法
单选按钮（单选）	◉运动 ○唱歌 ○跳舞	`<input type="radio" value="V1" name="R1">`
颜色选择器		`<input type="color" value="#ff0000">`
按钮	按钮	`<button type="button">按钮</button>`

多行文本框	这是多行文本框	`<textarea name="textarea2" cols="20" rows="5">`
		这是多行文本框
		`</textarea>`

下拉列表（单选）	第一项 ∨
	第一项
	第二项
	第三项
		`<select size="1"name="D2">`
		`<option value="第一项">第一项</option>`
		`<option value="第二项">第二项</option>`
		`<option value="第三项">第三项</option>`
		`</select>`

下拉列表（复选）	第一项
	第二项
	第三项
		`<select size="4" name="D1" multiple>`
		`<option value="第一项">第一项</option>`
		`<option value="第二项">第二项</option>`
		`<option value="第三项">第三项</option>`
		`</select>`

除了 type="text"表示创建一个普通的文本框外，input 元素还支持其他类型，例如`<input type="email">`、`<input type="url">`和`<input type="tel">`，它们外观看起来与`<input type="text">`表示的文本框相同，不过加上 required 属性之后，提交表单时会检查是否有值并根据 type 属性进行字段值的检查。例如：

```
<input type="email" required>
```

当未输入值或者输入的值不符合 E-Mail 格式标准时，在 Google 的 Chrome 浏览器提交表单时就会出现如图 3-20 所示的提示信息。

图 3-20

required 属性值为布尔值，设置 required 等同于设置 required=true，这是 HTML 5 中新增的属性，在不支持 HTML 5 标签的浏览器中可能会忽略 required 设置。需要注意的是，不同的浏览器在验证表单时产生的提示信息也不尽相同，例如，在 Mozilla Firefox 浏览器中，如果未填写或填写不符合规范的电子邮件地址，将会出现如图 3-21 所示的提示信息。

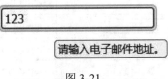

图 3-21

除了 required 属性之外，还有其他常用的属性可供使用，请参考表 3-11。

表 3-11　input 组件常用的属性

属　　性	说　　明
autocomplete	布尔值，自动完成
autofocus	布尔值，取得焦点
disabled	布尔值，禁用，组件会呈现下图的效果，不可选
max	指定最大值（数字或日期时间），不可小于 min 属性值
maxlength	适用类型为 text、email、search、password、tel 或 url，用来限制最大长度（可输入的字数）
min	指定最小值（数字或日期时间），不可大于 max 属性值
minlength	适用类型为 text、email、search、password、tel 或 url，用来限制最小长度
placeholder	当组件为空时显示的默认文字，例如：<input type="text" placeholder="请输入姓名"> 执行结果如下： 请输入姓名
readonly	布尔值，设置组件不可编辑
required	布尔值，字段值必填而且提交表单前会检查格式
size	适用类型为 text、email、search、password、tel 或 url，用来指定组件的大小（宽度），默认值为 20

表单组件的按钮除了<button>标签之外，还可以使用传统的按钮语法：

```
<input type="button" value="按钮" name="btn">
```

<button>标签可以包含文字和图片，支持换行和自定义样式，这是传统按钮无法做到的。

除了默认的按钮类型 type="button"之外，<button>标签还支持提交按钮（type="submit"）和重置按钮（type="reset"）两种类型。

1）提交按钮

在单击提交按钮之后，表单数据将会被发送到<form>标签中的 action 属性所指定的 URL 地址。

```
<button type=" submit">提交</button>
```

2）重置按钮

在单击重置按钮之后，表单域中的所有数据将被清除，恢复到各个表单组件的默认值。

```
<button type="reset ">清除</button>
```

建议将表单组件和<label>标签一起使用，以提高表单的可访问性和易用性。<label>标签不会对表单外观产生影响，但可以与表单元素进行关联，当单击<label>标签内的文字时，会将焦点转移到相应的表单元素上。

```
<label for="组件的 id">
```

for 属性值必须是组件的 id 值。

要进一步了解表单组件的使用方式，请参考下面的范例程序。

【范例程序：formElements.htm】

```
<!DOCTYPE html>
<html>
<head>
<meta charset="UTF-8">
<title>form 表单</title>
</head>
<body>
<form name="form" method="post" action="">
<p>
<label for="username">请输入姓名: </label>
<input type="text" name="username" id="username">
</p>
<p>
<label for="birthday">出生日期: </label>
<input name="birthday" id="birthday" type="date">
</p>
<fieldset>
<legend>兴趣</legend>
<input name="checkbox" id="sport" type="radio" value="运动" checked><label for="sport">
运动</label>
<input name="checkbox" id="travel" type="radio" value="旅游"><label for="travel">旅游
</label>
<input name="checkbox" id="music" type="radio" value="听音乐"><label for="music">听音
乐</label>
</fieldset>
<p>
<button type="submit" name="submitbtn">确定提交</button>
<button type="reset" name="resetbtn">取消重置</button>
</p>
</form>
</body>
</html>
```

执行结果如图 3-22 所示。

图 3-22

表单是与浏览者互动的基本方式之一。在后续章节中，我们将使用 JavaScript 来控制这些表单组件。

3.4　插入图片与超链接

在网页中插入图片的标签为\<img>，插入超链接的标签为\<a>\</a>。下面来看看这两个标签的用法。

3.4.1　插入图片

图片的英文单词是 image，插入图片的标签\<img>是取其中的三个字母来命名。\<img>是单标签，它和\<input>标签一样都是内联元素，属于可替换元素，可以利用 CSS 来设置 width、height、margin 和 padding 属性。

\<img>标签用于在 HTML 文件中创建一个放置图片的区域，并将图片链接到网页中以嵌入的方式展示。该标签的说明可参考表 3-12。

表 3-12　\<img>标签

标　签	说　明
\<img>	加入图片

\<img>属性如下：

1）src 属性

src 属性用于指定嵌入的图片文件路径。图片文件支持多种格式，例如 APNG、AVIF、BMP、GIF、ICO、JPEG、SVG、TIFF 和 WebP。

图片文件路径可以是相对路径或绝对路径的 URL。如果图片文件与 HTML 文件放在同一个目录下，则只需要提供图片文件的名称即可，否则就必须提供正确的路径，例如：

```
<img src="pic01.jpg">
<img src="images/pic01.jpg">
```

也可以使用绝对路径来指定图片的路径，例如：

```
<img src="https://www.example.com/images/pic01.jpg">
```

2）alt 属性

alt 属性提供一段描述性文字，用于在图片无法显示时展示。例如，当找不到图片文件时，放置图片的区域就会显示 alt 属性设置的文本，如图 3-23 所示。

图 3-23

alt 属性能帮助搜索引擎正确地索引图片，是对搜索引擎优化很有帮助的属性。

3）title 属性

title 属性用于设置图片的标题，在鼠标光标移到图片上时会显示 title 属性所设置的文本。例如：

```
<img src="logo.jpg" alt="治愈系多肉" title="治愈的多肉">
```

当鼠标光标移到图片上时，会显示 title 属性所设置的文本，如图 3-24 所示。

图 3-24

下面通过一个范例程序来说明<img>标签的属性的使用方式。

【范例程序：image.htm】

```
<!DOCTYPE html>
<html>
<head>
<meta charset="UTF-8">
<title>插入图片</title>
<Style>
article{
  width: 530px;            /* 宽度 530px */
  height:226px;            /* 高度 226px */
  margin: 0px auto;        /* 水平居中 */
  border:solid 1px gray;   /* 边框 */
  border-radius:5px;       /* 边框圆角 */
}
article section{
  width:150px;
  float: left;                 /* 靠左浮动 */
  text-align: center;          /* 文字水平居中 */
  margin:20px;                 /* 四周边距 20px */
}
figure{
  width:300px;
  float: left;
  margin:20px;
}

</style>
</head>
<body>
  <article>
    <section>
      <h1>清·张问陶</h1>
        新雨迎秋欲满塘，<br>绿槐风过午阴凉。<br>水亭几日无人到，<br>让与莲花自在香。
    </section>
    <figure>
    <img src="images/flower01.jpg" alt="莲花图" title="莲花图">
    </figure>
  </article>
</body>
</html>
```

执行结果如图 3-25 所示。

图 3-25

在网页制作中，图文并排一直是令人头痛的问题之一。要实现图文并排，可以使用 CSS 的 float 属性来控制元素浮动方向，并结合 width、height 和 margin 等属性来完成。如果未使用 float 属性，则页面中的区块元素会按上下顺序排列，如图 3-26 所示。

图 3-26

当添加 float: left;属性后，元素会靠左浮动并呈水平排列。除了使用 float: left;属性之外，还可以使用 CSS 的 flex 弹性布局来实现图文并排效果。有关排版技巧的详细说明将在第 5 章介绍。

3.4.2　超链接

超链接在互联网中扮演着不可或缺的角色。通过简单的超链接标签，即可轻松地链接到其他网页或文件。超链接标签的说明可参考表 3-13。

表 3-13　超链接标签

标　签	说　明
\<a\>	加入超链接

\<a\>\</a\>标签中的文本和图片都可以作为超链接，其属性有 href、name 和 target，下面分别进行说明。

1）href 属性

href 属性用于指定要链接的目标文件名称。常见的链接方式有下列 5 种：

（1）链接到外部 URL（例如：href="http://www.yahoo.com/"）。

（2）链接到内部网页（例如：href="index.htm"）。

（3）链接到同一网页中指定的锚点位置（例如：href="#top"）。

> **提示** 如果要链接到同一网页中指定的锚点位置，需要先使用 name 属性在页面中定义锚点。

（4）链接到其他协议（如 https://、ftp://、mailto:）。

（5）执行 JavaScript（例如：href="javascript:alert('Hi');"）。

2）name 属性

name 属性用于在页面中定义一个内部链接点，而这个链接点不会在屏幕上显示。要使用该链接点，需要与 href 参数一起使用。例如：

```
<a name="公司简介">...<a>；
<a href="#公司简介">...</a>。
```

其中"公司简介"就是自行设置的链接点（也称为锚点），而 href 属性必须以"#"号来标识。

3）target 属性

在单击链接后指定要在哪个窗口或框架中显示内容，可以使用 target 属性，并将它设置为表 3-14 中的值之一。

表 3-14　target 属性的设置值

属 性 值	说 明
target="框架名称"	将链接结果显示在某一个框架中，框架名称是事先由框架标签所命名的
target="_parent"	在父框架中打开链接
target="_blank"	在新窗口打开链接
target="_top"	在最上层显示目标，用于有设置框架的网页，表示忽略框架显示在最上层
target="_self"	在当前所在的窗口（框架）打开链接，此为 target 属性的默认值

要进一步了解<a>标签的属性的使用方式，可参考下面的范例程序。

【范例程序：hyperlink.htm】

```html
<!DOCTYPE html>
<html>
<head>
<meta charset="UTF-8">
<title>超链接</title>
<style>
a:link, a:visited {        /* 超链接的 link 样式与 visited 样式 */
  color: #000000;
}
a:hover, a:active {        /* li 元素内的超链接 hover 样式与 active 样式 */
 color: #FB9400;
 text-decoration: none;    /* 设为无底线 */
}
```

```
        </style>
        </head>
        <body>
        <p>
          <a href="image.htm">这是文字超链接</a>
        </p>
        <p>
          <a href="image.htm" target="_blank"><img src="images/view.jpg"></a>
        </p>
        </body>
        </html>
```

执行结果如图 3-27 所示。

图 3-27

该范例程序示范了文字和图形的超链接标记用法。其中，文字超链接没有设置 target 属性，因此当单击鼠标左键时，链接会在当前页面中打开；而图片链接的 target 属性设置为_blank，因此单击鼠标左键时，链接会在新页面中打开。

此外，该范例程序还使用了 CSS 的 4 个虚拟选择器来设置超链接的样式。在层级相同的情况下，后方的选择器会覆盖前方的选择器。这 4 个虚拟选择器必须按照 LVHA（即 Link-Visited-Hover-Active）的顺序如下所示：

```
        a:link{}
        a:visited{}
        a:hover{}
        a:active{}
```

在范例程序中，:link（未访问）与:visited（已访问过）状态下的超链接应用了相同的样式。我们可以使用逗号（,）将这两个选择器组合起来，共同使用一组 CSS 样式。另外，:hover（鼠标移过）和:active（鼠标按下）状态下的超链接也是类似的处理方式，如下所示：

```
        a:link, a:visited {...}
        a:hover, a:active{...}
```

3.4.3　内置框架

内置框架（inline frame，简称 iframe）可以在现有页面中添加框架，类似于在网页上创建一个包含另一个网页的框架。<iframe>是一个双标签元素，它属于内联可替换元素，具有区块的属性。可以使用 CSS 设置<iframe>元素的 width、height、margin 和 padding 等样式属性。<iframe>标签的说明可参考表 3-15。

表 3-15　<iframe>标签

标　签	说　明
<iframe>	内置框架标签

用法如下：

```
<iframe src="url" name="iframeName" title="description"></iframe>
```

iframe 具有下列属性：

1）src 属性

src 属性用于指定内嵌网页的路径，可以是相对路径或绝对路径的 URL。

2）name 属性

超链接可以指定 iframe 框架作为链接目标，其中 target 属性指定的就是 iframe 元素的 name 属性所设置的名称。例如：

```
<a href="page.htm" target="iframeName">
```

3）title 属性

title 属性可以用来描述 iframe 框架，它对搜索引擎优化有一定的帮助。例如，如果使用 iframe 嵌入视频，就可以使用 title 属性来描述该视频的内容。

4）frameborder 属性

用来设置内置框架的框线粗细。

5）width 和 height 属性

width 和 height 属性用来设置内置框架的宽和高。

6）allow 属性

allow 属性可以用来指定权限策略（permissions policy），它允许或禁止浏览器在 iframe 中使用某些属性和 API，确保 iframe 的安全性和隐私保护。例如，在默认情况下，跨源 iframe 是被禁止使用地理定位的。如果要启用地理定位功能，可以在 iframe 元素中添加 allow 属性，具体格式如下：

```
<iframe src="page.htm" allow="geolocation"></iframe>
```

7）allowfullscreen 属性

allowfullscreen 属性用于在 iframe 中启动全屏幕模式。具体使用方式如下：

```
<iframe src="page.htm" allowfullscreen></iframe>
```

在下面的范例程序中，我们将建立 iframe 框架并嵌入视频。

【范例程序：iframe.htm】

```
<!DOCTYPE html>
<html>
<head>
```

```
<meta charset="UTF-8">
<title>内置框架 iframe</title>
<style>
figure{
  border:2px dotted gray;
  padding:20px;
  border-radius: 15px;
  display: inline-block;
}
</style>
</head>
<body>
<figure>
  <h1>内置框架</h1>
<iframe width="560" height="315"
src="https://mbd.baidu.com/newspage/data/videolanding?nid=sv_18221405575671278829"
title="baidu video player" frameborder="0" allow="accelerometer; autoplay; clipboard-write;
encrypted-media; gyroscope; picture-in-picture" allowfullscreen></iframe>
</figure>
</body>
</html>
```

执行结果如图 3-28 所示。

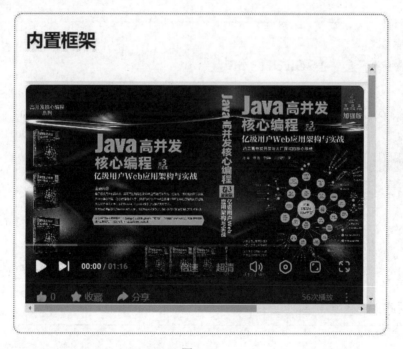

图 3-28

提示　**如何取得网上视频影片的链接网址？**

如果想要在网页嵌入网上的视频，需要先到相应的网站找到视频，再单击"分享"按钮，就会显示出各种分享媒体按钮，单击"复制链接"按钮（见图 3-29），就会将视频链接的 URL 复制下来，然后粘贴到对应的 HTML 文件中。

单击此按钮

图 3-29

3.5　<div>标签与<span>标签

<div>标签与<span>标签都是 HTML 中的容器元素，但是<div>标签是块级（block-level）标签，而<span>标签是内联元素。它们本身没有特定的语义含义，主要用于布局和样式控制。在没有合适的语义元素可用时，可以使用<div>或<span>标签作为通用容器（container）。

3.5.1　认识<div>标签

<div>标签经常被用于网页布局，它的语法如下：

<div>...</div>

<div>标签的使用请参考下面的范例程序。

【范例程序：div.htm】

```
<!DOCTYPE HTML>
<html>
 <head>
 <meta charset="UTF-8">
  <title> div 标签 </title>
  <style>
   div{
     width: 200px;
     height: 250px;
     margin: 10px;
     padding: 10px;
     text-align: center;
     float: left;
```

```
        border: 1px solid gray;
      }
    div:nth-child(odd){
      background-color:#ffccff
      }
  </style>
 </head>
 <body>
  <div role="content" aria-label="苹果">
    <p>苹果</p>
    <figure><img src="images/fruits/apple.png"></figure>
    <strong>apple</strong>
  </div>
  <div role="content" aria-label="草莓">
    <p>草莓</p>
    <figure><img src="images/fruits/strawberry.png"></figure>
    <strong>strawberry</strong>
  </div>
  <div>
    <p>木瓜</p>
    <figure><img src="images/fruits/papaya.png"></figure>
    <strong>papaya</strong>
  </div>
  <div>
    <p>奇异果</p>
    <figure><img src="images/fruits/kiwi.png"></figure>
    <strong>kiwi</strong>
  </div>
  <div>
    <p>葡萄</p>
    <figure><img src="images/fruits/grape.png"></figure>
    <strong>grape</strong>
  </div>
  <div>
    <p>菠萝</p>
    <figure><img src="images/fruits/pineapple.png"></figure>
    <strong>pineapple</strong>
  </div>
 </body>
</html>
```

执行结果如图 3-30 所示。

图 3-30

在该范例程序中<div>标签加上了 float:left 浮动属性，这些<div>标签就会从左往右依次排列；当空间不足时，这些<div>标签会自动换行到下一行进行排列。这是实现自适应网页（RWD）流动排版的常见技巧之一。

但需要注意的是，由于<div>标签本身没有明确的语义含义，无法被屏幕阅读器等辅助工具识别和解释，因此不符合无障碍网页规范（Web Accessibility Initiative），也不利于搜索引擎优化。为了提供有意义的语义信息，我们可以添加 WAI-ARIA 准则的 role 属性及 aria-label 属性来描述<div>标签的作用和内容，例如：

```
<div role="content" aria-label="苹果">
```

提示 认识 WAI-ARIA 无障碍网页应用

WAI-ARIA 是 Web Accessibility Initiative - Accessible Rich Internet Applications 的缩写，是由 W3C 制定的无障碍网页应用准则。当浏览器按照 HTML 生成 DOM 树时，同时也会生成 Accessibility Tree（可访问性树），以供辅助工具（如屏幕阅读器）阅读组件。但是像<div>、<span>这样没有语义含义的元素不会加入 Accessibility Tree 中，我们可以使用 ARIA 属性来为这些元素提供额外的语义信息，这样浏览器就会将这些元素及其相关信息添加到 Accessibility Tree 中。例如：

```
<div role="content" aria-label="苹果">
```

读者可以在浏览器中打开范例程序 div.htm，按 F12 键打开开发者工具（DevTools），然后依次单击选项"Elements→Accessibility"，接着单击第一个 div 元素，即可查看 Accessibility Tree 及其包含的 ARIA 属性。

在这个范例程序中，只有前两个 div 元素添加了 role 和 aria-label 属性。读者可以比较一下添加了 ARIA 属性和未添加 ARIA 属性的 div 元素在 Accessibility Tree 中的差异，参考图 3-31。

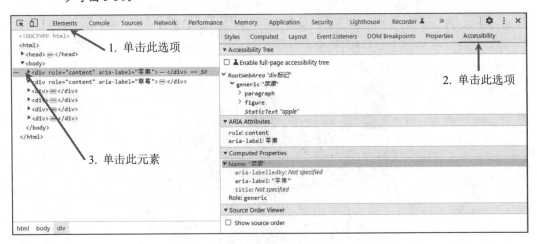

图 3-31

3.5.2　认识<span>标签

<span>标签与<div>标签类似，但二者主要区别在于<span>是内联标签，可与其他组件显示在同一行。

默认情况下，<span>标签无法指定宽度属性，而是由<span>标签里的文字或组件来决定宽度，其语法如下：

```
<span>...</span>
```

<div>标签通常用于表示一个区块，而<span>标签则主要用于单行文本或组件。通过下面的范例程序，读者可以更清楚地了解<div>和<span>标签的用法以及它们之间的差别。

【范例程序：span.htm】

```html
<!DOCTYPE HTML>
<html>
 <head>
 <meta charset="UTF-8">
  <title> span 标签 </title>
  <style>
  article{
    border: 2px dotted gray;
  }
  div{
    width:250px;
    border:1px solid red;
    background-color:#C7DFC5;
    margin: 20px;
  }
  span{
    width:250px;
    border:1px solid red;
    background-color:#C1DBE3;
    margin: 20px;
  }
 </style>
 </head>
 <body>
 <article>
  <div>
    <h3>李商隐 锦瑟</h3>
    锦瑟无端五十弦，
    一弦一柱思华年，
    庄生晓梦迷蝴蝶，
    望帝春心托杜鹃。
  </div>
  <span>
    沧海月明珠有泪，
    蓝田日暖玉生烟，
    此情可待成追忆，
    只是当时已惘然。
  </span>
 </article>
 </body>
 </html>
```

执行结果如图 3-32 所示。

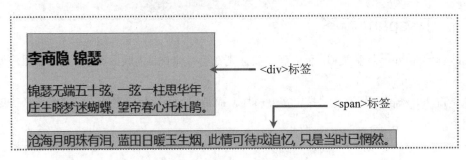

图 3-32

在这个范例程序中，<div>和<span>标签都应用了相同的 CSS 样式，只是背景颜色不同。我们可以看到，<span>标签无法指定宽度和高度，即使设置了 margin 属性，也只会影响左右边距。

如果想要改变<span>标签的宽度和高度，只需要添加 display:inline-block 或 display:block 属性，将<span>标签转换为块级元素，就可以设置其宽度和高度了。

3.5.3 给程序代码加上注释

在编写 HTML 和 CSS 代码时，我们经常需要添加注释来解释代码的作用，以免遗忘。为此，我们可以使用注释标签来注释代码段的用途。被注释标签包裹的内容将被浏览器忽略，因此不会在网页上显示。

1. HTML 注释

HTML 注释有单行注释和多行注释两种形式，均以"<!–"开头，以"-->"结束。单行注释的格式如下：

```
<!-- 注释文字 -->
```

多行注释的格式如下：

```
<!--第一行注释文字
第二行注释文字 -->
```

2. CSS 注释

CSS 注释有单行注释和多行注释两种形式，均以"/*"开头，以"*/"结束。单行注释的格式如下：

```
/*注释文字*/
```

多行注释的格式如下：

```
/*第一行注释文字
第二行注释文字*/
```

注释的实际用法请参考下面的程序代码。

```
<!DOCTYPE HTML>
<html>
 <head>
 <meta charset="UTF-8">
  <title> 注释 </title>
  <style>
```

```
  div{
    color: red;  /*这是CSS注释*/
  }
</style>
 </head>
 <body>
  <!--这是HTML注释-->
  <div>这是div区块</div>
 </body>
</html>
```

3.5.4　使用特殊符号及 Emoji 字符集

1. 使用特殊符号

在 HTML 标签中，常用到小于号（<）、大于号（>）、双引号（"）和&等字符。如果想要在文件中显示这些字符，需要使用对应的转义字符,否则浏览器将会把它们当作HTML标签进行解析,导致无法正常显示。表 3-16 是特殊符号的代码表。

表 3-16　特殊符号的代码表

特殊符号	HTML 表示法
©	&copy;
<	&it;
>	&gt;
"	&quot;
&	&amp;
半角空白	

例如下面的语句：

```
<p>Beautiful World</p>
```

当我们想将上面这句语句显示在浏览器上时，就可以这样表示：

```
&lt;p&gt;Beautiful World&lt;/p&gt;
```

除此之外，这里还要特别介绍如何在网页中"留白"。读者可能会觉得奇怪，按键盘上的空格键不就可以了吗？但事实上，无论我们在 HTML 文件中输入多少个空格，最终在浏览器中只会显示一个空格。

如果想要在网页上显示多个空格，需要使用特殊字符 " " 来表示空格。

提示　除了在 HTML 文件中使用 " " 表示空格之外，还可以使用全角空格（先切换到全角模式再按空格键）。但是为了方便日后的程序维护，建议仍然使用 " " 来表示空格。

2. 插入 Emoji

Emoji 符号是人们在社交网络或即时通信中使用的图案符号，而 HTML 文件也可以使用 Emoji 符号。它们看起来像图案，但实际上并不是图片文件，而是十进制（Dec）或十六进制（Hex）的

Unicode 编码。

在 HTML 文件中，我们可以使用"&#nnn;"的格式来显示特定的字符，其中 nnn 代表该字符的十进制 Unicode 编码。如果使用十六进制，则只需要在 nnn 之前加上 x 字符即可。表 3-17 列出了一些常见的 Emoji 字符及其对应的十进制和十六进制编码。

表 3-17   常见的 Emoji 字符及其对应的十进制和十六进制编码

Emoji	十进制（Dec）	十六进制（Hex）
😀	&#128512;	&#x1F600;
😁	&#128513;	&#x 1F601;
😂	&#128514;	&#x 1F602;
😃	&#128515;	&#x 1F603;
😄	&#128516;	&#x 1F604;

【范例程序：Emoji.htm】

```
<!DOCTYPE HTML>
<html>
<head>
<meta charset="UTF-8">
<title>Emoji</title>
</head>
<body>
&#128512;   <!--十进制 Unicode 码-->
&#128513;   <!--十进制 Unicode 码-->
&#x1F981;   <!--十六进制 Unicode 码-->
&#x1F992;   <!--十六进制 Unicode 码-->
</body>
</html>
```

执行结果如图 3-33 所示。

图 3-33

由于 Emoji 符号非常多，因此无法一一列举。读者可以在网上搜索 Emoji 表情的列表来查找自己喜欢的 Emoji 符号。

一般 Emoji 列表所提供的是十六进制的 Unicode 编码，使用时只需要先在表中找到对应的符号，然后查找其对应的 Unicode 编码，最后将 Unicode 编码转换成 HTML 的十六进制代码格式即可在 HTML 文件中显示该 Emoji 符号。

例如，想要插入 😷 符号，先找到此符号，之后往左查看得到"U+1F63x"，往上查看得到"7"，将"U+1F63x"的最后一个编码 x 改成 7，再将"U+"替换成"&#x"，并在末尾加上";"，就会得到"😷"，具体可以参考图 3-34。

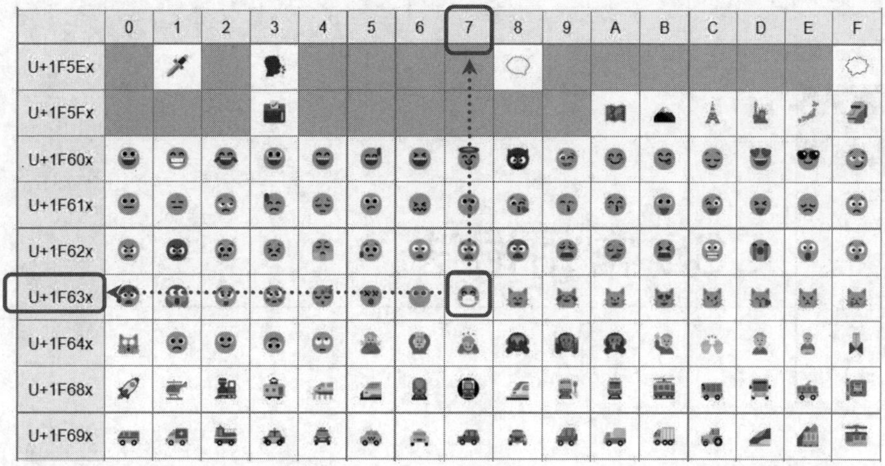

图 3-34

第 4 章

CSS 常用语法

4

一个网站通常会包含多个页面，为了让这些页面之间的样式和设计风格保持一致，开发人员需要花费大量的时间和精力来编写 CSS 样式表。通过在 HTML 文档中使用 CSS 语法，可以轻松地定义和管理页面的样式和布局。目前最流行的响应式网页设计（RWD）也需要使用 CSS 技术来实现。CSS 3 是 CSS 语言的第 3 个版本，本章就来介绍 CSS 3 的常用语法。

4.1 文字与段落样式

文字与段落设置是网页设计的基础。HTML 生成的文字比较单调乏味，通过 CSS 样式设定，可以让文字看起来更加生动活泼。

4.1.1 文字样式

表 4-1 列出了常用的字体。

表 4-1 常用的字体

设 置 值	性质名称	说 明
{font-family:字体 1、字体 2...}	字体类型	可以设置一种或多种不同的字体，字体间用逗号（,）隔开
{font-size:60px | <绝对大小> | <相对大小> }	字体大小	<绝对大小> 包括 xx-small | x-small | small | medium | large | x-large | xx-large。 <相对大小>包括 larger | smaller
{font-style:Normal | Italic | Oblique}	斜体	Normal：默认值。 Italic：斜体。 Oblique：斜体程度

（续表）

设 置 值	性质名称	说　明
{font-weight: Normal | Bold | Bolder | Lighter | 100 ~ 900 }	字体粗细	最细 100~最粗 900。 Bold：粗体，相当于 700。 Bolder：原字体加粗 100。 Lighter：原字体减细 300
{ font-variant : Normal | Small-caps }	字母大小写	Normal：小写字母转换成大写字母。 small-caps：小写字母转换成字体较小的大写字母

设置字体很简单，只需在 CSS 中使用 font-family 属性并指定一个或多个字体名称，多个字体之间用逗号隔开。当浏览器加载页面时，将从第一个指定的字体开始检查，如果没有可用的字体，则继续检查下一个字体，直到找到为止。如果没有任何可用的字体，则会使用计算机默认字体。例如：

```
body{
  font-family: Helvetica, Arial, 微软雅黑, "Microsoft Yahei", sans-serif;
}
```

如果字体名称中有空格，则必须用双引号引起来。

对于中文字体，通常需要同时指定中文和英文名称，例如"微软雅黑"，英文是 Microsoft Yahei，以确保在不同系统上都能正确显示。此外，为了提高兼容性，可以设置通用字体族（generic-family），包括衬线字体（serif）、无衬线字体（sans-serif）、等宽字体（monospace）、草书体（cursive）和幻想体（fantasy）5 种，其中最常用的是 sans-serif 字体。

提示　font-family 的字体顺位

通常在设置字体时，我们会先指定英文字体，再指定中文字体。这是因为许多中文字体包含了英文字符集，但英文字体不一定包含中文字符集。如果先指定中文字体，则浏览器找到该字体后就不会继续往下查找其他字体，此时如果要显示英文字母，就会使用中文字体来代替，显得不够美观。而如果先指定英文字体，则即使其中包含的中文字符集有限，浏览器仍会继续查找下一个中文字体或默认字体来正确显示中文。例如：

```
font-family:"Gabriola","楷体";
font-family:"楷体","Gabriola";
```

这两条语句执行之后会得到如图 4-1 所示的执行结果。

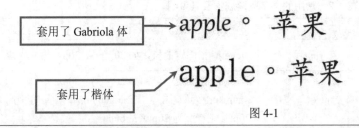

套用了 Gabriola 体 ➝ apple。苹果

套用了楷体 ➝ apple。苹果

图 4-1

【范例程序：font.htm】

```
<!DOCTYPE HTML>
<html>
 <head>
```

```
    <meta charset="UTF-8">
 <title> CSS font 样式 </title>
    <style>
    body{
        font-size:50px;
        font-family:"Garamond", "楷体";
        text-align:center;
    }
    .p_chinese{
        color:#ff0000;
    }

    .p_english{
        color:#0000cc;
    }

  </style>
 </head>
<body>

<p class="p_chinese">每日一苹果，医生远离我</p>
<p class="p_english">An apple a day keeps the doctor away</p>
</body>
</html>
```

执行结果如图 4-2 所示。

每日一苹果，医生远离我

An apple a day keeps the doctor away

图 4-2

4.1.2　文字段落样式

1. 文字段落属性

除了指定字体外，还可以通过 CSS 样式来调整字距、行高和文本对齐等方面。常用的文字段落属性及其说明如表 4-2 所示。

表 4-2　常用的文字段落属性及其说明

设 置 值	属性名称	说　明
{Letter-spacing:Normal | <lenght>}	字符间距	<length>指固定的值，如 20(=pt)、20px
{Line-height:Normal | <length> | <number>}	行高	<length>指固定的值，如 20(=pt)、20px。<number>为数字，如 line-height:3，若此时字高为 20pt，则行高为 20pt×3=60pt
{Text-indent:<length>}	段落缩排	<length>指固定的值，如 20(=pt)、20px

（续表）

设 置 值	属性名称	说　明
{Text-decoration:None | Overline | Underline | Line-through | Blink}	文字效果	None：默认值。 Overline：顶线。 Underline：底线。 Line-through：删除线。 Blink：闪烁文字
{Text-align:Left | Center | Right | Justify}	文字水平对齐	Left：左对齐。 Center：居中对齐。 Right：右对齐。 Justify：两端对齐
{Text-transform:None | Lowercase | Uppercase | Capitalize}	大小写转换	None：默认值。 Lowercase：字母转换成小写。 Uppercase：字母转换成大写。 Capitalize：首字母大写

上述字符间距、字距以及段落缩排，请参考如图 4-3 所示的示意图。

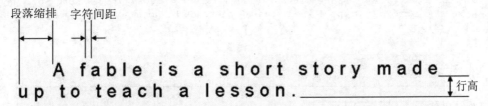

图 4-3

【范例程序：Letter-spacing.htm】

```
<!DOCTYPE HTML>
<html>
 <head>
 <meta charset="UTF-8">
  <title> CSS line </title>
    <style>
    .letter_spacing{
            color:#000099;
            Letter-spacing:10px;
    }
    .text_indent{
            color:#ff0000;
            Text-indent:50px;
    }
    .line_height{
            color:#33CC00;
            Line-height:2;
    }
    .text_decoration{
            color:#0000FF;
            Text-decoration:Underline;
    }
```

```
        .text_transform{
                color:#669900;
                Text-transform:Uppercase;
        }
        .text_align{
                color:#CC0000;
                Text-align:right;
        }
    </style>
  </head>
  <body>

    <p class="letter_spacing">Some of the stories we know and like are many hundreds of years
old.</p>
    <p class="text_indent">Among them are Aesop's fables. A fable is a short story made up
to teach a lesson.Most fables are about animals. In them animals talk.</p>
    <p class="line_height"> Many of our common sayings come from fables. "Sour Grapes" is
one of them.It comes from the fable "The Fox and the Grapes." In the story a fox saw a bunch
of grapes hanging from a vine. </p>
    <p class="text_decoration">They looked ripe and good to eat. But they were rather
high.</p>
    <p class="text_transform">He jumped and jumped, but he could not reach them. At last
he gave up.</p>
    <p class="text_align">As he went away he said.<br> "Those grapes were sour anyway."
<br>Now we say, <br>Sour Grapes! when someone pretends he does not want something he tried
to get but couldn't. </p>


  </body>
  </html>
```

执行结果如图 4-4 所示。

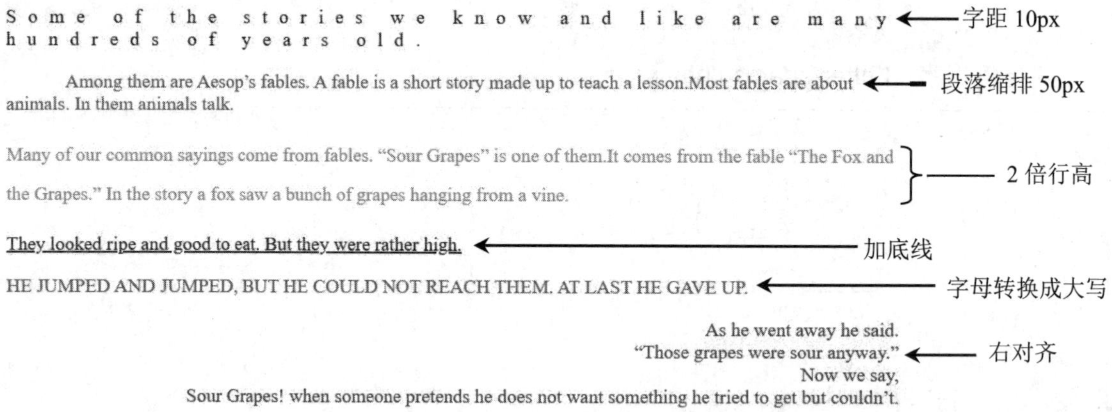

Some of the stories we know and like are many ←——字距 10px
hundreds of years old.

　　Among them are Aesop's fables. A fable is a short story made up to teach a lesson.Most fables are about ←—— 段落缩排 50px
animals. In them animals talk.

Many of our common sayings come from fables. "Sour Grapes" is one of them.It comes from the fable "The Fox and

the Grapes." In the story a fox saw a bunch of grapes hanging from a vine. ｝—— 2 倍行高

They looked ripe and good to eat. But they were rather high. ←———————— 加底线

HE JUMPED AND JUMPED, BUT HE COULD NOT REACH THEM. AT LAST HE GAVE UP. ←————— 字母转换成大写

As he went away he said.
"Those grapes were sour anyway." ←——— 右对齐
Now we say,
Sour Grapes! when someone pretends he does not want something he tried to get but couldn't.

图 4-4

2. 背景相关属性

当我们使用 HTML 语法将图片作为网页背景时，图片会被重复平铺以填满整个背景。如果只想
让图片在水平或垂直方向上排列，则需要使用 CSS 样式来指定。常用的背景相关的属性及其说明如
表 4-3 所示。

表 4-3　常用的背景相关的属性及其说明

设 置 值	属性名称	说 明
background-image:none|URL（图片路径）	设置背景图案	可使用 JPG、GIF、PNG 三种格式
background-repeat:repeat|repeat-x|repeat-y	背景图案显示方式	repeat：填满整个网页（默认值）。 repeat-x：水平方向重复。 repeat-y：垂直方向重复
background-attachment:scoll|fixed	滚动或固定背景图案	scroll：滚动条滚动时背景也跟着移动（默认值）。 fixed：滚动条滚动时背景固定不动
background-position:(x y)	背景图案位置	x 表示水平距离 y 表示垂直距离

background 属性可以集合起来，一次设置完成，如下所示：

```
background: url(images/bg04.gif) fixed;
```

虽然已经设置了网页背景图案，但最好还是同时设置背景颜色。这样当网络连接失败无法显示图片时，仍可以看到背景颜色。设置方法如下：

```
background-color: #bbff00;
```

background-color 属性的默认值为 transparent（透明）。可以使用颜色名称、RGB 颜色、RGB 颜色百分比或十六进制表示法来指定背景颜色。

4.1.3　边框

HTML 中的所有区块组件都可以设置边框属性。常用的边框属性有 3 种：margin（外边距）、padding（内边距）和 border-width（边框宽度），如图 4-5 所示。

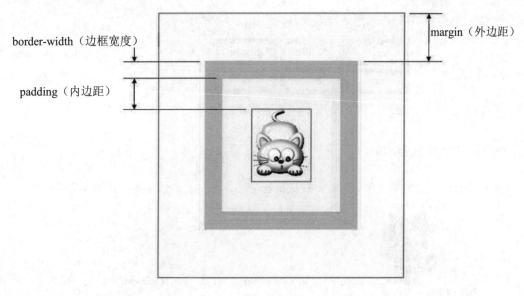

图 4-5

设置边框宽度很简单，只需要指定一个宽度值即可，如下所示：

```
div{
margin:10px;
padding:10px;
border-width:10px;
}
```

表示 margin、padding 与 border 的值都是 10px。我们也可以分别指定 4 个边界的值，其属性如表 4-4 所示。

表 4-4　与边框相关的属性

属性名称	说　明
margin	**外边距**
margin-top	上外边距
margin-right	右外边距
margin-bottom	下外边距
margin-left	左外边距
padding	**内边距**
padding-top	上内边距
padding-right	右内边距
padding-bottom	下内边距
padding-left	左内边距
border-width	**边框宽度**
border-top-width	上边框宽度
border-right-width	右边框宽度
border-bottom-width	下边框宽度
border-left-width	左边框宽度

有多种边框样式可供选择，常用的样式及其说明如图 4-6 所示。

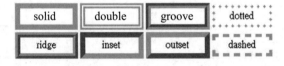

图 4-6

4.1.4　图片和文字环绕

当网页上的图片与文字排列在一起时，默认情况下图片与文字基线对齐，如图 4-7 所示。

Some of the stories we know and like are many hundreds of years old.

图 4-7

可以使用 CSS 中的 float 属性将图片设置为左浮动或右浮动，从而实现图片与文字环绕的效果。同时，可以使用 clear 属性来清除元素的浮动设置。通过这两个属性的组合，可以让网页版面呈现出多种不同的样式。图片和文字环绕相关的属性及其说明如表 4-5 所示。

表 4-5　图片和文字环绕相关的属性及其说明

属　性	属性名称	说　明
float:right | left	允许文字与图片排列	Left：图在左侧。 Right：图在右侧
clear:left | right | both	清除 float 设置	Left：清除 float:left 的设置。 Right：清除 float:right 的设置。 Both：清除 float:left 与 float:right

【范例程序：float.htm】

```
<!DOCTYPE HTML>
<html>
 <head>
 <meta charset="UTF-8">
  <title> float & clear </title>
     <style>
     #img01{
         float:left;
         width:150px;
     }
     #img02{
         float:right;
         width:150px;
     }
     div{clear:both}
  </style>
 </head>
<body>

<IMG SRC="images/cat.gif" id="img01">Some of the stories we know and like are many
hundreds of years old.
    Among them are Aesop's fables. A fable is a short story made up to teach a lesson.Most
fables are about animals. In them animals talk.
    Many of our common sayings come from fables. "Sour Grapes" is one of them.It comes from
the fable "The Fox and the Grapes." In the story a fox saw a bunch of grapes hanging from
a vine.
    They looked ripe and good to eat. But they were rather high.
    He jumped and jumped, but he could not reach them. At last he gave up.

<IMG SRC="images/15.gif" id="img02">
<div>As he went away he said. "Those grapes were sour anyway." Now we say, "Sour Grapes!"
when someone pretends he does not want something he tried to get but couldn't. </div>

</body>
</html>
```

执行结果如图 4-8 所示。

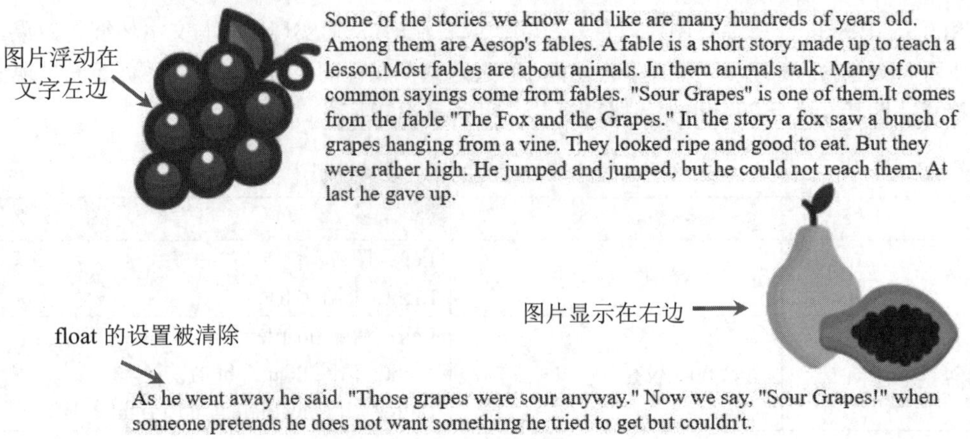

图片浮动在
文字左边

Some of the stories we know and like are many hundreds of years old. Among them are Aesop's fables. A fable is a short story made up to teach a lesson.Most fables are about animals. In them animals talk. Many of our common sayings come from fables. "Sour Grapes" is one of them.It comes from the fable "The Fox and the Grapes." In the story a fox saw a bunch of grapes hanging from a vine. They looked ripe and good to eat. But they were rather high. He jumped and jumped, but he could not reach them. At last he gave up.

图片显示在右边 →

float 的设置被清除

As he went away he said. "Those grapes were sour anyway." Now we say, "Sour Grapes!" when someone pretends he does not want something he tried to get but couldn't.

图 4-8

在范例程序中，最后一个 div 元素设置了 clear:both 属性，这意味着它将清除之前的浮动设置。因此，在 img02 元素设置了 float:right 属性时，div 元素不会受到影响。如果没有添加 clear:both 属性，则 div 元素可能会出现在 img02 元素的左侧，如图 4-9 所示。

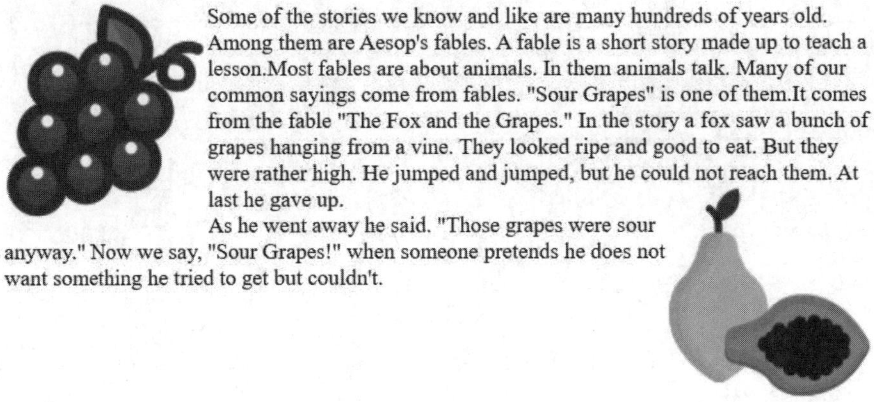

Some of the stories we know and like are many hundreds of years old. Among them are Aesop's fables. A fable is a short story made up to teach a lesson.Most fables are about animals. In them animals talk. Many of our common sayings come from fables. "Sour Grapes" is one of them.It comes from the fable "The Fox and the Grapes." In the story a fox saw a bunch of grapes hanging from a vine. They looked ripe and good to eat. But they were rather high. He jumped and jumped, but he could not reach them. At last he gave up.
As he went away he said. "Those grapes were sour anyway." Now we say, "Sour Grapes!" when someone pretends he does not want something he tried to get but couldn't.

图 4-9

4.2　掌握 CSS 定位

在网页中，不必让组件一个接一个排列，可以通过 CSS（position）定位属性来使组件浮动或定位。属性与元素的定位方式有很大关系。下面介绍 CSS 定位属性及其用法。

4.2.1　网页组件的定位

网页的定位与图层（layer）的概念非常相似。在一个 HTML 文件中，可以有多个图层，它们可以重叠在一起，如图 4-10 所示。

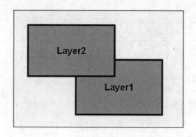

图 4-10

CSS 的 position 属性用于指定元素的定位方式，常用的属性值有以下 5 种：

- **static（静态定位）**：当元素依照常规流（normal flow）排列时，其 top、right、bottom、left 和 z-index 属性都无效。
- **absolute（绝对定位）**：当元素脱离常规流之后，它原本所在的位置会被占据，同时 top、right、bottom 和 left 属性则相对于最近的非 static 定位祖先元素来指定距离。
- **relative（相对定位）**：当元素按照常规流进行排列时，元素会先放置在尚未定位前的位置上，然后在不改变布局的前提下调整它们的位置（即保留元素原本的位置），同时 top、right、bottom 和 left 属性可用于设置元素的偏移距离。需要注意的是，这些属性对于 table-*-group、table-row、table-column、table-cell 和 table-caption 元素无效。
- **fixed（固定定位）**：当元素脱离常规流后，可以直接在视口（viewport）中指定元素的固定位置。即使滚动条滚动，元素的位置也不会改变。
- **sticky（粘性定位）**：元素会随着用户滚动而定位。在一般情况下，元素为相对定位（position:relative）。当元素超出目标区域时，则变成固定定位（position:fixed）。需要注意的是，IE/Edge15 并不支持粘性定位属性。

top、left、right 和 bottom 属性可以用于设置元素在页面中的位置偏移量，例如：top:100px; left:120px;表示将元素向下移动 100px、向右移动 120px，如图 4-11 所示。

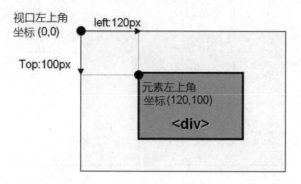

图 4-11

提示　需要特别注意的是，在网页中，原点位于窗口的左上角，因此，top 属性往下为正值，left 属性往右为正值。

【范例程序：position.htm】

```
<!DOCTYPE HTML>
<html>
<head>
<meta charset="UTF-8">
<title>position 与 relative</title>
<style>
*{font-size:25px}
.box1 {
  display: inline-block;
  width: calc(100% / 5);
  height:100px;
  background: red;
  color: white;
}
.box2 {
  display: inline-block;
  width: calc(100% / 5);
  height: 100px;
  background: #0099cc;
  color: white;
  line-height:100px;
  vertical-align:baseline;
}
#two {
  position: relative;
  top: 30px;
  left: 30px;
  background: #ffcc00;
}
#seven {
  position: absolute;
  top: 180px;
  left: 150px;
  background: #33ffcc;
}
</style>
</head>
<body>
<div class="box1" id="one">1</div>
<div class="box1" id="two">2</div>
<div class="box1" id="three">3</div>
<div class="box1" id="four">4</div>
<div class="box2" id="five">5</div>
<div class="box2" id="six">6</div>
<div class="box2" id="seven">7</div>
<div class="box2" id="eight">8</div>
</body>
</html>
```

执行结果如图 4-12 所示。

在范例程序中，编号 2 的<div>元素使用了相对定位（relative），并向下偏移了 30px。这样做可以保留元素原本所在的位置。而编号 7 的<div>元素使用了绝对定位（absolute），向上偏移了 180px，并向左偏移了 150px。这样做会使元素脱离常规流，不再占据原本的位置，因此，编号 8 的<div>元素就顺着常规流占据了原本编号 7 的<div>元素的位置。

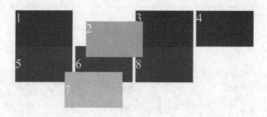

图 4-12

在范例程序中，使用了 CSS 中独特的计算功能（calc）来设置元素的宽度。下一小节将详细介绍函数 calc() 的用法。

粘性定位是一种比较新的定位方式。要使它发挥作用，必须指定 top、right、bottom 或 left 属性。需要注意的是，IE/Edge15 并不支持粘性定位，而 Safari 则需要添加 "-webkit-" 前缀才能正常使用 this 定位属性。

【范例程序：sticky.htm】

```
<!DOCTYPE HTML>
<html>
<head>
<meta charset="UTF-8">
<title>sticky 定位</title>
<style>
*{font-size:25px}
.box1 {
  width: 300px;
  height: 50px;
  background: #FFD23F;
  color: white;
  margin:10px;
}
.box2 {
  width:  300px;
  height:  50px;
  background: #3BCEAC;
  color: white;
  margin:10px;
}
#three {
  position: -webkit-sticky;  /*Safari*/
  position: sticky;
  top:10px;
  border:5px solid #000000;
  background: #540D6E;
}
</style>
</head>
<body>
<div class="box1"></div>
<div class="box2"></div>
<div class="box1" id="three">sticky</div>
<div class="box2"></div>
<div class="box1"></div>
<div class="box2"></div>
<div class="box1"></div>
<div class="box2"></div>
```

```
    </body>
    </html>
```

执行结果如图 4-13 所示。

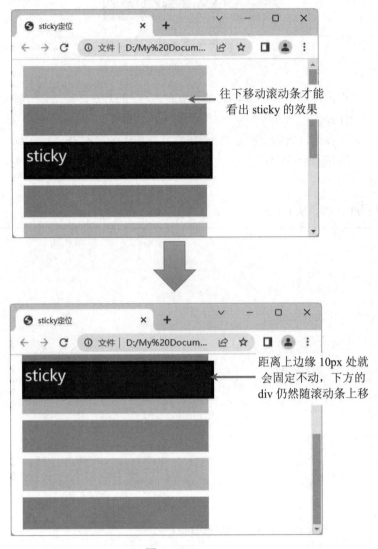

图 4-13

4.2.2   立体网页的定位

利用 CSS 中的 z-index 属性可以创建立体空间效果，将网页划分为多个图层，互相叠加在一起。每个图层都有一个编号值，z-index 值较大的元素会覆盖 z-index 值较小的元素。如图 4-14 所示，左侧为平面视图，右侧为立体视图，清晰地展示了 3 个图层之间的高度关系。

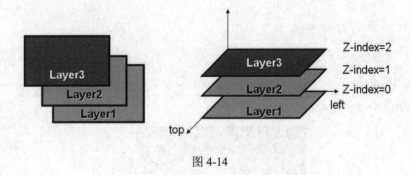

图 4-14

z-index 语法如下：

```
z-index: n
```

z-index 属性可以用于定位方式为 absolute、relative 和 fixed 的元素。其属性值可以为 auto 或数字，数字可以为正整数或负整数，而默认值为 auto。

在同一定位层级中，z-index 值较大的元素会显示在较上方。如果元素没有指定 position 属性，则即使设置了 z-index 也不会有任何效果。

【范例程序：z-index.htm】

```html
<!DOCTYPE HTML>
<html>
<head>
<meta charset="UTF-8">
<title>z-index</title>
<style>
*{font-size:25px}
#fruit{
    position:absolute;
    z-index:1;
    left:65px;
    top:85px;
}
#one {
  display: inline-block;
  width: 300px;
  height: 300px;
  background: #C16E70;
  color: white;
  position: absolute;
}
#two {
  display: inline-block;
  width: 200px;
  height: 200px;
  left:150px;
  top:50px;
  background: #DC9E82;
  color: white;
  opacity: 0.5;
  position: absolute;
}

</style>
```

```
</head>
<body>
<img src="images/grape.png" id="fruit">
<div id="one">1</div>
<div id="two">2</div>
</body>
</html>
```

执行结果如图 4-15 所示。

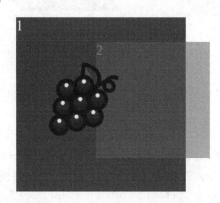

图 4-15

在范例程序中，组件会按照顺序依次叠加。如果希望将葡萄图放在最上层，则只需要给它添加 z-index: 1 的属性即可。

4.2.3　好用的 calc() 函数

在 CSS 中，如果没有 calc() 函数，想要让 4 个 <div> 元素等分一个区域，则需要将每个元素的 width 属性设置为 25%。有了 calc() 函数之后，只需设置为 calc(100%/4)，CSS 就会自动帮我们计算出每个元素的宽度。

calc() 函数可以用于任何需要数值的地方，包括长度、角度、时间、数字等单位。可以使用 px、%、em 和 rem 这些常见的单位。它的语法如下：

```
calc(expression)
```

expression（表达式）可以与 "+-*/" 组合运用，例如：

```
width: calc(100% - 80px);
```

加号（+）与减号（-）运算符号前后必须有空格。

【范例程序：calc.htm】

```
<!DOCTYPE HTML>
<html>
<head>
<meta charset="UTF-8">
<title>calc 计算</title>
<style>
*{text-align:center}
.box{
    height: 300px;
```

```
        line-height:300px;
    }
    #one{
        float: right;
        width: 20%;
        background:#F6FEAA;
    }
    #two{
        float: left;
        width: 20%;
        background:#FCE694;
    }
    #three{
        width: calc(100% - (20%*2) - 2em);
        margin: 0 auto;
        background:#C7DFC5;
    }
    </style>
    </head>
    <body>
        <div class="box" id="one">20%</div>
        <div class="box" id="two">20%</div>
        <div class="box" id="three">calc(100% - (20%*2) - 2em)</div>
    </body>
    </html>
```

执行结果如图 4-16 所示。

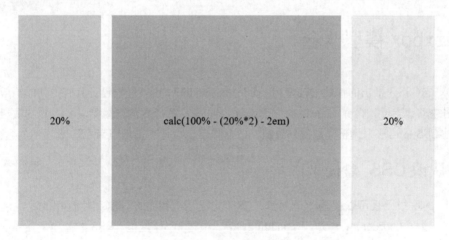

图 4-16

第 5 章

CSS flexbox 响应式排版

5

随着智能手机上网的普及，响应式网页逐渐兴起。响应式网页中，弹性排版技术十分重要，使用该技术可以让网页布局随着窗口尺寸的变化而自动改变，CSS 的 flexbox（弹性盒）也成为流行的排版技术之一。即便是著名的 CSS 框架 Bootstrap 也使用 CSS 的 flexbox 技术来实现自适应排版效果。本章将介绍 CSS 的 flexbox 技术。

5.1 flexbox 模型概念

flexbox 是 CSS 3 推出的弹性盒模型（flexible box model），可以轻松设计具有弹性的响应式布局，而无须使用浮动或定位。在介绍 flexbox 之前，让我们先了解 CSS 的盒模型。HTML 的块级元素之所以可以通过 CSS 的语法来调整元素的外边距、边框和内边距等，正是因为 CSS 有所谓的盒模型。

5.1.1 认识 CSS 盒模型

HTML 的块级元素可以视为一个盒子，CSS 定义了盒模型来控制其位置和外观，包括外边距（margin）、边框（border）、内边距（padding）等。根据 W3C 规范，CSS 的盒模型如图 5-1 所示。

图 5-1

为了正确地设置元素在浏览器中的宽度和高度，我们必须了解盒模型是如何工作的。下面用一个范例程序来进行说明。

【范例程序：boxModel.htm】

```
<!DOCTYPE html>
<html>
<head>
    <meta charset="UTF-8">
    <meta name="viewport" content="width=device-width, initial-scale=1">
    <title>CSS Box Model</title>
    <style>
        div {
            background-color: #ffff99;
            width: 150px;
            border: 5px solid #ff6600;
            padding: 50px;
            margin: 25px;
        }
    </style>
</head>
<body>
    <div>
        这是内容
    </div>
</body>
</html>
```

执行结果如图 5-2 所示。

图 5-2

范例程序中的 div 组件应用 CSS 样式设置了 background-color、width、margin、border 和 padding 等属性。读者可以在 Google Chrome 浏览器中打开此范例文件，并启动开发者工具 DevTools（按 F12 键），然后在 Elements 面板中查看盒模型的示意图。为了查看 div 组件的样式信息，请单击开发者工具左上角的 ⌖ 按钮，然后选中网页中的 div 组件，步骤请参考图 5-3。

通过开发者工具，我们可以清晰地查看该 div 组件应用的 CSS 样式以及其盒模型，如图 5-4 所示。

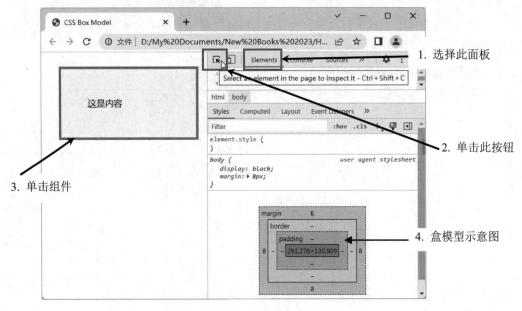

图 5-3

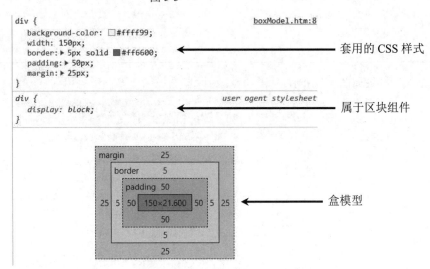

图 5-4

因此，虽然该 div 组件使用 CSS 指定了宽度（width: 150px），但其实际占用的总宽度和总高度应计算为：

总宽度 = 左外边距 ＋ 左边框 ＋ 左内边距 ＋ 宽度 ＋ 右内边距 ＋ 右边框 ＋ 右外边距

总高度 = 上外边距 ＋ 上边框 ＋ 上内边距 ＋ 高度 ＋ 下内边距 ＋ 下边框 ＋ 下外边距

提示　旧版的 CSS 写法和 CSS 3 写法可能存在差异，呈现出来的排版效果也不同。因此，在 HTML 文档中应该在第一行添加 DOCTYPE 声明（Document Type Definition, DTD），以确保 HTML 和 CSS 遵循相同的结构。例如，HTML 5 页面应声明为 <!DOCTYPE html>。如果网页设置了正确的 DTD，则大多数浏览器都会按照上述提到的盒模型来呈现内容。

可以使用 box-sizing 属性来定义元素的宽度和高度是否包括内边距和边框。

box-sizing 属性有两个值：content-box 和 border-box。

1）box-sizing: content-box

默认值为 content-box，也是前面介绍的宽度和高度计算方式。在此模式下，width 和 height 仅包含元素内容本身的宽度和高度，不包括边框、内边距和外边距。

例如，以下 CSS 代码：

```
div {
    box-sizing:content-box;
    width:200px;
    border:20px solid #ffcc00;
    padding:15px;
    background-color:lightblue;
}
```

就宽度而言，如果设置 width 为 200px、border 为 20px、padding 为 15px，则呈现的效果如图 5-5 所示。

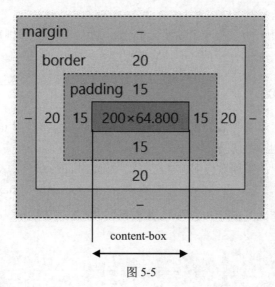

图 5-5

2）box-sizing: border-box

当 box-sizing 属性值为 border-box 时，width 和 height 属性将包括内容、内边距和边框，但不包括外边距。

例如，以下 CSS 代码：

```
div {
    box-sizing: border-box;
    width:200px;
    border:20px solid #ffcc00;
    padding:15px;
    background-color:lightblue;
}
```

就宽度而言，如果将 box-sizing 属性设置为 border-box，然后将 width 设置为 200px、border 设

置为 20px、padding 设置为 15px，则呈现的效果如图 5-6 所示。

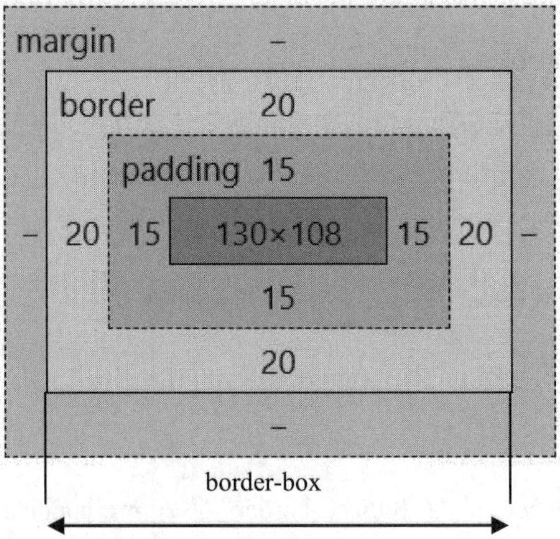

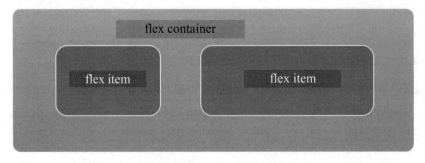

图 5-6

如果 width 设置为 200px，并且使用了 box-sizing: border-box 属性值，则宽度将包括元素的内容、内边距和边框。因此，剩下的可用空间（即内容的宽度）为 200-20-15-15-20=130px。

5.1.2   认识 flexbox

在出现 flexbox 之前，网页排版大多采用 float、position 或直接使用 table 进行布局。这种方式不仅修改困难，而且代码也更加复杂。

flexbox 是 CSS 3 推出的弹性盒模型，通过定义主轴（main axis）和交叉轴（cross axis）来实现容器内项目的灵活伸缩。当一个 HTML 元素将 display 属性设置为 flex 时，该元素就成为了一个弹性容器（flex container），由外层容器（flex container）和内部子元素（flex item）组成，如图 5-7 所示。

图 5-7

flexbox 模型的规范可以参考 W3C flex Layout Box Model，如图 5-8 所示。

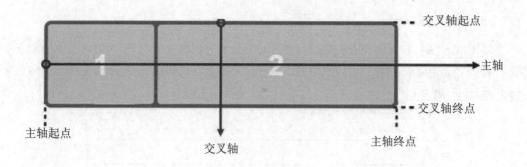

图 5-8

flexbox 通过主轴和交叉轴来分配和排列弹性元素，弹性容器是包含这些子元素的元素。弹性元素沿着主轴或交叉轴从起点到终点方向排列。

要使用 flexbox 很简单，只需要将 HTML 元素的 display 属性设置为 flex 或 inline-flex。

1）display:flex

flexbox 弹性盒在默认情况下，如果没有设置容器的宽度，则其宽度将占据整个屏幕宽度，如图 5-9 所示（参考范例网页程序：flexNoWidth.htm）。

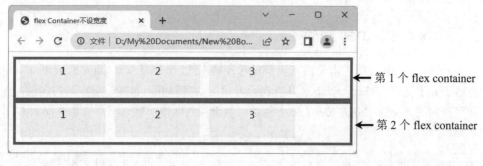

图 5-9

当设置了容器的宽度时，第 1 个 flex 容器仍将占据整行空间，即使右侧有足够的剩余空间，第 2 个 flex 容器也会被移动到下一行，如图 5-10 所示（参考范例网页文件：flexHasWidth.htm）。

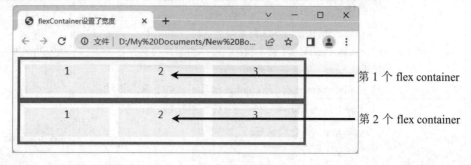

图 5-10

提示　flex 容器可以利用 flex-wrap: nowrap 属性将呈现方式由多行变为一行。

2）display:inline-flex

当将 display 属性设置为 inline-flex 时，即使没有设置容器的宽度，只要右侧有足够的剩余空间，第 2 个弹性容器也会跟在第 1 个容器后面，放在同一行上，如图 5-11 所示（参考范例网页文件：inlineFlex.htm）。

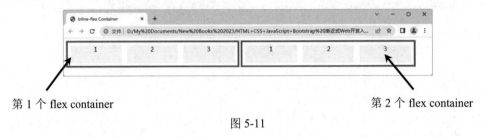

第 1 个 flex container   第 2 个 flex container

图 5-11

5.2 flexbox 属性

flexbox 属性能够帮助我们设置 flex 对象的排列方向和对齐方式。弹性容器和弹性元素各自具有不同的属性。下面我们先介绍弹性容器的属性。

5.2.1 flex container 属性

在上一章中，我们介绍了水平对齐和垂直对齐的语法，分别是 text-align 和 vertical-align。然而，这两种语法并不适用于 flex。flexbox 具有自己专属的对齐属性，包括外层容器的属性，主要用于设置子元素排列的方向和对齐方式。表 5-1 包含可供设置的属性（默认网页文字方向为 LTR）。

表 5-1 flexbox 可设置的属性

属　　性	说　　明	用　　法
display	设置 flex 排版方式，设置值如下： • flex：区块元素。 • inline-flex：内联元素	display: flex;
flex-direction	弹性元素的布局方向，设置值如下： • row：默认值，从左到右排列。 • row-reverse：与 row 相反，是从右到左排列。 • column：自上而下排列。 • column-reverse：与 column 相反，是自下而上排列	flex-direction: row;
flex-wrap	设置 flex 容器是单行还是多行，设置值如下： • nowrap：不自动换行。 • wrap：多行。 • wrap-reverse：多行，且与 wrap 的起点和终点相反	flex-wrap: wrap;
flex-flow	同时设置 flex-direction 和 flex-wrap 属性	flex-flow: row nowrap;

（续表）

属　性	说　明	用　法
justify-content	设置弹性元素在主轴的对齐方式，设置值如下： • flex-start：靠主轴起点对齐。 • flex-end：靠主轴终点对齐。 • center：居中对齐。 • space-between：平均分配宽度，头尾两个元素贴齐边缘。 • space-around：平均分配宽度和间距	justify-content: center;
align-items	设置弹性元素在行内交叉轴的对齐方式，如果弹性元素设置了 align-self 属性，则 align-items 就会无效。 设置值如下： • flex-start：靠交叉轴起点对齐。 • flex-end：靠交叉轴终点对齐。 • center：居中对齐。 • baseline：按弹性元素内容基线对齐。 • stretch：将弹性元素拉伸对齐交叉轴起点与终点	align-items: center;
align-content	设置弹性元素在整体交叉轴的对齐方式，设置值如下： • flex-start：靠交叉轴起点对齐。 • flex-end：靠交叉轴终点对齐。 • center：居中对齐。 • space-between：平均分配宽度，头尾两个元素贴齐边缘。 • space-around：平均分配宽度和间距。 • stretch：拉伸至整个空间	align-content: space-between;

flex-direction 和 flex-wrap 是用来改变弹性元素的方向和决定是否换行的属性，它们常常会搭配使用。另外，也可以使用 flex-flow 属性一次性地设置 flex-direction 和 flex-wrap 属性。仅凭文字描述不容易理解这两个属性的作用，因此下面通过示意图加以说明。

（1）flex-direction 属性用于改变弹性元素的布局方向，可设置为以下 4 种值。

● 　row：默认值，从左到右排列。

● 　row-reverse：与 row 相反，从右到左排列。如图 5-12 所示。

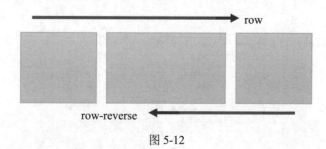

图 5-12

● 　column：自上而下排列。

● 　column-reverse：与 column 相反，自下而上排列。如图 5-13 所示。

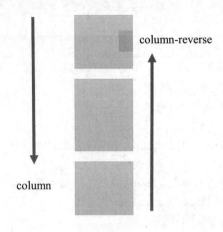

图 5-13

（2）flex-wrap 属性用于设置 flex 容器是单行还是多行，可设置为以下 3 种值。

● nowrap: 不自动换行，效果如图 5-14 所示。

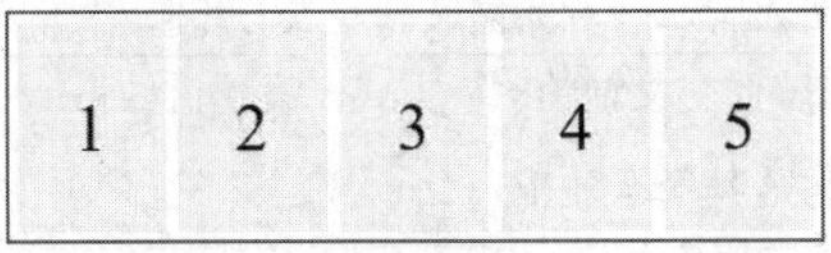

图 5-14

● wrap: 多行，效果如图 5-15 所示。

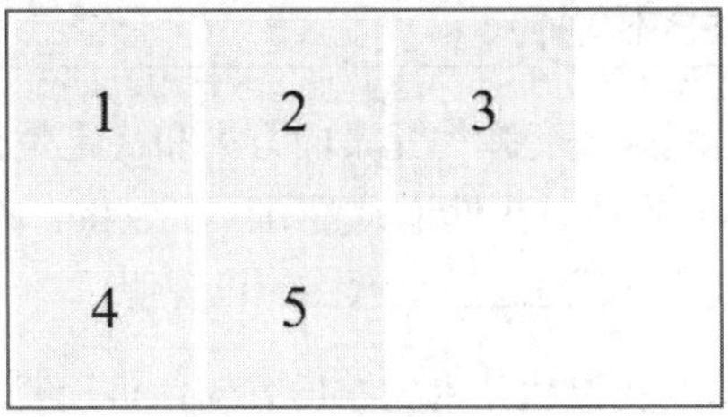

图 5-15

● wrap-reverse: 多行，且与主轴起点和终点相反，效果如图 5-16 所示。

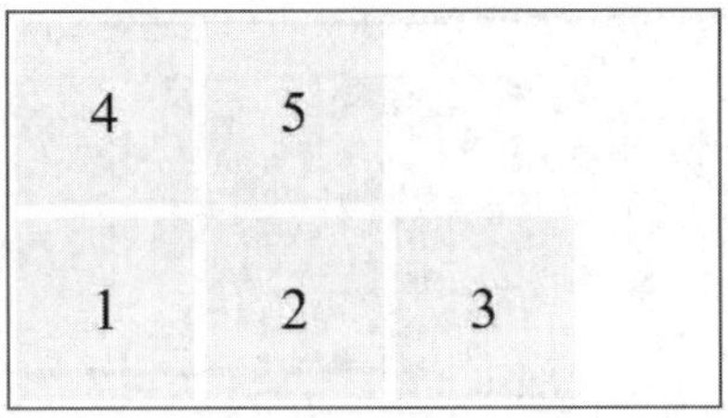

图 5-16

（3）align-items 属性用于设置弹性元素在行内交叉轴的对齐方式，可以设置为以下 5 种值：

- align-items: flex-start: 对齐交叉轴的开始处，如图 5-17 所示。

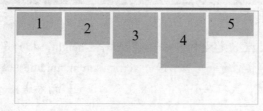

图 5-17

- align-items: flex-end;: 对齐交叉轴的末端，如图 5-18 所示。

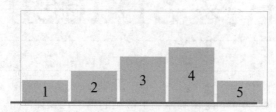

图 5-18

- align-items: center;: 垂直居中对齐，如图 5-19 所示。

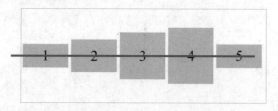

图 5-19

- align-items: baseline;: 对齐文字的基线，如图 5-20 所示(细节请参考下方的"学习小教室")。

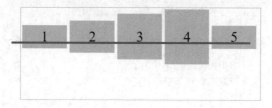

图 5-20

- align-items: stretch;: 拉伸至整个垂直空间，如图 5-21 所示。

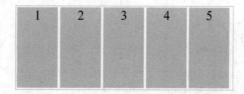

图 5-21

学习小教室

CSS 的行高与基线

在 CSS 中，文字高度的定义中有一个概念叫作 x-height，指的是小写字母 x 的高度。而 x 的下缘就是基线。常见的垂直居中语句 vertical-align: middle 中的 middle 指的就是基线往上 1/2 x-height 高度，大概在小写字母 x 交叉的位置。请参考图 5-22。

图 5-22

接下来，我们将利用 flex container 来制作一个常见的扁平化设计网页。

【范例程序：flexContainer.htm】

```html
<!DOCTYPE html>
<html>
<head>
    <meta charset="UTF-8">
    <meta name="viewport" content="width=device-width, initial-scale=1">
    <title>flex Container 练习</title>
    <link rel="stylesheet" href="css/style.css">
</head>
<body>
<!-- flex Container -->
<div class="d-flex flex-direction-column">
  <header class="d-flex align-items-center">
    <div class="d-flex align-items-center p-1">
      <img src="images/logo.png" alt="logo">
      <span class="f-span">佩奇小猪多肉市集</span>
    </div>
    <div class="d-flex align-items-center justify-content-flex-end">
      <ul class="list-style-none d-flex">
        <li class="li">回主页</li>
        <li class="li">关于我们</li>
        <li class="li">多肉介绍</li>
        <li class="li">购买多肉</li>
      </ul>
    </div>
  </header>
  <!-- 主内容 -->
  <main>
    <h3>欢迎光临佩奇小猪多肉市集</h3>
    <img class="d-block w-100" src="images/f1.jpg" alt="pic">
  </main>
  <!-- footer -->
  <footer class="d-flex">
    <div class="d-flex align-items-center">
    Copyright © 2022 佩奇小猪多肉市集。
    </div>
    <div class="d-flex align-items-center justify-content-flex-end pr-1">
```

```
    <ul class="list-style-none d-flex">
      <li class="li">回主页</li>
      <li class="li">关于我们</li>
      <li class="li">多肉介绍</li>
      <li class="li">购买多肉</li>
    </ul>
    </div>
  </footer>
</div>
</body>
</html>
```

执行结果如图 5-23 所示。

图 5-23

以往的网页设计常常会添加一些不必要的线条和装饰，而现在流行的设计趋势是"扁平化设计"，即在网页上避免使用浮夸的按钮、分隔线和各种造型文字，而是采用简单且对比度高的色块和简洁的文字，使得用户能够快速地理解网站的动线和重点。

在使用 flex 语句时，通常需要结合多个属性一起使用。例如：

```
<div style= "display: flex; align-items: center; justify-content: flex-end;">
```

在 CSS 样式中，属性和值之间通常会使用冒号和分号进行分隔，这种写法有时候确实不太易于阅读。因此我们可以将常用的属性建立成自己的 class，并给予具有意义的名称。这样，在使用时只需要添加相应的 class 名称即可。例如：

```
.d-flex {
  display: flex;
}
.align-items-center {
  align-items: center;
}
.justify-content-flex-end {
  justify-content: flex-end;
}
```

当应用样式于组件时，只需要将相应的 class 名称以空格分隔添加到组件的 HTML 元素上即可。例如：

```
<div style="d-flex align-items-center justify-content-flex-end">
```

也可以将常用的 CSS 样式存储在外部文件中，日后使用时只需要加载相应的 CSS 外部文件即可，非常方便。

例如，我们可以将 CSS 存储在名为 style.css 的文件中，其内容如下：

```
html,body {
  width: 100%;
  height: 100%;
  padding: 0;
  margin: 0;
}

header{
  background-color: #3C0000;
  color: #ffffff;
  /*box-shadow: offset-x | offset-y | blur-radius | spread-radius | color */
  box-shadow: 2px 0 6px 6px #3C0000;
  padding-right: 60px;
  font-size:1rem;
}
div{
    width: 100%;
    height: 100%;
}
span{
    display: block;
    white-space:nowrap;
    display:inline-block;
    width:auto;
    overflow:hidden;
}
footer{
    width: 100%;
    background-color: #D69F7E;
    color: #000000;
    padding-right: 20px;
    padding: 5px 20px;
    font-size:1rem;
}

main{
  max-width: 1000px;
  width: 100%;
  height: 100%;
  margin: 0 auto;
```

```
    padding:10px;

}

.w-100 {
  width: 100%;
}

.h-100 {
  height: 100%;
}

.d-flex {
  display: flex;
}

.justify-content-flex-end {
  justify-content: flex-end;
}

.align-items-center {
  align-items: center;
}

.flex-direction-column {
  flex-direction: column;
}

.list-style-none {
  list-style: none;
}

.p-1 {
  padding: 0.5rem;
}

.pr-1 {
  padding-right: 0.5rem;
}

.li {
  padding-right: 20px;
}

.d-block{
    display: block;
}
}
```

5.2.2　flex items 属性

上一小节介绍了 flex container 弹性容器可以使用的属性。现在，我们来介绍一下 flex item 弹性元素有哪些可用的属性，参考表 5-2。

表 5-2　flex item 弹性元素可用的属性

属　性	说　明	用　法
align-self	调整单个子元素在交叉轴的位置，属性值与 align-item 相同	align-self: center;
flex-basis	设置初始宽度或高度。 flex-direction:row、flex-basis 确定 width，flex-direction:column、flex-basis 确定 height，设置值如下： • auto：根据自身尺寸缩放（默认值）。 • width/height：数值或百分比	flex-basis: 80px; flex-basis: auto; flex-basis: 10em;
flex-grow	分配弹性盒剩余空间的伸展权重，设置值为大于或等于 0 的数值，默认为 0	flex-grow: 3; flex-grow: 0.6;
flex-shrink	分配弹性盒不足空间的压缩权重，设置值为大于或等于 0 的数值，默认为 1	flex-shrink: 2; flex-shrink: 0.6;
flex	同时设置 flex-grow、flex-shrink 和 flex-basis。 • flex-grow：默认值为 0。 • flex-shrink：默认值为 1。 • flex-basis：默认值为 auto	flex: 10em; flex: 1 30px; flex: 2 2 10%;
order	设置 flex items 的排列顺序，数值为整数，可以是负值，默认值为 0	order: 2;

1）align-self 属性

align-self 属性与 align-items 类似，不同之处在于它适用于单个 flex item 弹性元素。如图 5-24 所示，在第 2 个项目中添加了 align-self:flex-start 属性，因此只有第 2 个项目会在垂直方向上对齐到起始位置。

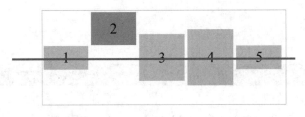

图 5-24

2）flex-basis 属性

flex-basis 属性用于设置 flex 弹性盒子的初始宽度或高度，默认值是 auto，即会根据内容自动缩放。通常情况下，将 width 属性应用于 flex 弹性盒是没有效果的，然而，当 flex-basis 设置为 auto 时，width 属性就会生效。

当 flex-basis 和 width 均被设置为具体的数值时，代码如下：

```
.box1 {
width:100px;
flex-basis:150px;
}
```

此时 box1 元素的宽度将以 flex-basis 的值为准。

3）flex-grow 属性

flex-grow 属性用于分配弹性盒中剩余空间的伸展权重。如果所有子项目都使用相同的 flex-grow 值，那么它们将会平均分配剩余空间；否则，剩余空间的分配将根据每个子项目所设置的 flex-grow 比例进行分配。默认值为 0。

例如，一个 flex container 的 HTML 代码如下：

```
<div class="container">
    <div class="box1">1</div>
    <div class="box2">2</div>
    <div class="box3">3</div>
</div>
```

假设一个 flex container 的宽度为 500px，其中有 3 个子元素 box，每个子元素的宽度均为 100px。那么，这 3 个子元素的总宽度为 300px，因此剩余空间的宽度为 200px，如图 5-25 所示。

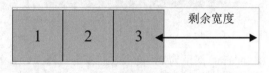

图 5-25

如果我们在 box1 元素中添加了 flex-grow: 1 属性，这意味着剩余空间 200px 将全部分配给 box1 元素，执行结果如图 5-26 所示。

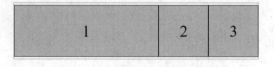

图 5-26

如果分别在 box1 和 box2 元素中加入以下的 flex-grow 设置：

```
.box1 {
    flex-grow:1;
}
.box2 {
    flex-grow:2;
}
```

表示将剩余空间 200px 均分成 3 份，其中 1 份分配给 box1 元素，2 份分配给 box2 元素，执行结果如图 5-27 所示。

图 5-27

4）flex-shrink 属性

flex-shrink 属性用于分配弹性盒中不足空间的压缩权重，默认值为 1，即所有子项目的压缩比例相同。例如，一个 flex container 的 HTML 代码如下：

```
<div class="container">
    <div class="box1">1</div>
    <div class="box2">2</div>
    <div class="box3">3</div>
</div>
```

container 的宽度为 500px，每个子元素 box 的宽度为 200px，共有 3 个 box，宽度应该会超出 100px，但由于 flex-shrink 默认值为 1，因此这 3 个子元素会以同样的压缩比容纳在 flex container 里，执行结果如图 5-28 所示。

图 5-28

如果将 3 个子元素的 flex-shrink 都设为 0，表示它们不会被压缩，那么这些子元素就会超出 flex container 的宽度，如图 5-29 所示。

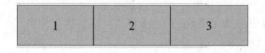

图 5-29

当 3 个子元素均设置不同的 flex-shrink 值时，它们将按照权重来压缩。例如下面的 HTML 代码：

```
.box1 {
    flex-shrink:0;
}
.box2 {
    flex-shrink:1;
}
.box3 {
    flex-shrink:2;
}
```

表示 box1 不压缩，box2 压缩比为 1，box3 压缩比为 2，执行结果如图 5-30 所示。

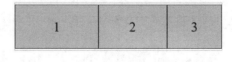

图 5-30

5）flex 属性

flex 属性将 flex-grow、flex-shrink 和 flex-basis 组合在一起，其顺序为 flex-grow、flex-shrink 和 flex-basis。默认值为 0 1 auto，即当容器有剩余空间时不会伸展，空间不足会压缩，尺寸会随着内容缩放。这三个属性可以组合应用，以下是 flex 属性接收的一些属性值：

```
/*flex:auto 相当于 flex: 1 1 auto */
flex: auto;
/* flex:none 相当于 flex: 0 0 auto*/
flex: none;
/* 1 个整数值，表示 flex-grow，相当于 flex: 1 1 0% */
flex: 1;
/* 1 个带单位数值，表示 flex-basis */
flex: 50px;
/* 1 个整数值及 1 个带单位数值，表示 flex-grow 与 flex-basis */
flex: 1 50px;
/* 2 个整数值，表示 flex-grow 与 flex-shrink */
flex: 1 1;
/* 3 个值，表示 flex-grow、flex-shrink 与 flex-basis */
flex: 1 1 50px;
```

flex items 元素很适合用于制作卡片式（Cards）布局。卡片式布局能够在网页中填充一个个固定间隔的方块，这些方块通常包含图片、标题和内容等元素。如图 5-31 所示就是一种卡片式布局设计方式。

图 5-31

卡片式布局能够在页面上放置多个固定间隔的方块，同时让各个方块的内容独立，从而传达清晰易懂的信息并强化视觉重点。因此，卡片式布局常见于购物网站的商品展示、图片分享网站（例如京东、视觉中国等）等场景中。

图 5-32 是京东购物网站的商品展示页面，采用固定大小的方块，给浏览者带来直观的视觉效果。

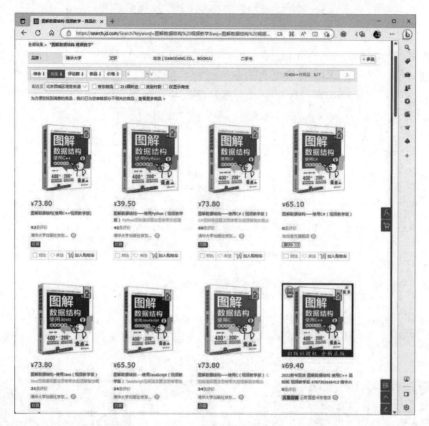

图 5-32

下面是一个使用 flexbox 实现固定大小的卡片式网页的范例程序。

【范例程序：flexItems.htm】

```
<!DOCTYPE html>
<html>
<head>
    <meta charset="UTF-8">
    <meta name="viewport" content="width=device-width, initial-scale=1">
    <title>flex items 属性练习</title>
<style>
*{
  box-sizing: border-box;
}

body, html {
    font-family: 'Roboto Slab', serif;
    margin: 0;
    width: 100%;
    height: 100%;
    padding: 0;
}
body {
  background-color: #dce3e4;
  display: flex;
  justify-content: center;    /*靠主轴中心点对齐（居中对齐）*/
  align-items: center;        /*交叉轴居中对齐（垂直居中对齐）*/
```

```css
}
.cards {
 width: auto;
 height:100%;
 display: flex;
 flex-wrap:wrap;  /*设置flex容器可以自动换行*/
 justify-content: flex-start;  /*靠主轴起点对齐（左对齐）*/
 align-items: center; /*交叉轴居中对齐（垂直居中对齐）*/
}
.card {
 margin: 25px;
 background-color: #fff;
 width: 250px;
 min-width:250px;
 height:500px;
 min-height:450px;
 border-radius: 12px;
 box-shadow: 0px 13px 10px -7px rgba(0, 0, 0,0.1);
}
.card:hover {
    box-shadow: 0px 30px 18px -8px rgba(0, 0, 0,0.1);
   transform: scale(1.1, 1.1);
    cursor:pointer;
}
.card-title {
   margin-top: 5px;
   margin-bottom: 10px;
   font-family: 'Roboto Slab', serif;
}
.card-cost {
   font-size: 15px;
   font-family: 'Raleway', sans-serif;
   font-weight: 500;
}
.card-text {
   font-family: 'Raleway', sans-serif;
   text-transform: uppercase;
   font-size: 13px;
   letter-spacing: 2px;
   font-weight: 500;
    color: #868686;
}
.card-img {
    width: 100%;
   height: 335px;
   border-top-left-radius: 12px;
   border-top-right-radius: 12px;
}
.card-body{
    padding:10px;
}
.item{
    display: flex;
}
button {
   align-self: center;
    border-radius: 5px;
   padding: 5px;
   margin-left: .1rem;
    border:1px solid #c0c0c0;
```

```
        }
    button:hover {
        transform: scale(1.1, 1.1);
        cursor:pointer;
    }
    .flex-none {
        flex: none;    /*相当于 flex: 0 0 auto (不伸展、不压缩、随内容重设大小) */
    }
    .flex-1 {
        flex: 150px; /*只设置宽度 (flex-basis)，flex-grow 与 flex-shrink 为默认值*/
    }
    </style>
    </head>
    <body>
    <div class="cards">
        <div class="card">
            <img class="card-img" src="images/c1.jpg" alt="拿铁咖啡">
            <div class="card-body">
                <h5 class="card-title">拿铁咖啡</h5>
                <div class="item">
                    <p class="card-text">富含坚果及果酸风味的浓缩咖啡为基底，冲入温热微甜鲜奶，口感丝
滑顺口。</p>
                    <button>查看</button>
                </div>
                <span class="card-cost">¥ 120</span>
            </div>
        </div>
        <div class="card">
            <img class="card-img" src="images/c2.jpg" alt="美式咖啡">
            <div class="card-body">
                <h5 class="card-title">美式咖啡</h5>
                <div class="item">
                    <p class="card-text">结合经典浓缩咖啡及热水，带来浓郁丰富的咖啡滋味。</p>
                    <button class="flex-none">查看</button>
                </div>
                <span class="card-cost">¥ 90</span>

            </div>
        </div>
        <div class="card">
            <img class="card-img" src="images/c3.jpg" alt="卡布奇诺">
            <div class="card-body">
                <h5 class="card-title">卡布奇诺</h5>
                <div class="item">
                    <p class="card-text">融合浓缩咖啡及现蒸牛奶，加上丰厚细致的奶泡，呈现醇厚咖啡风味。
</p>
                    <button class="flex-1">查看</button>
                </div>
                <span class="card-cost">¥ 150</span>
            </div>
        </div>
    </div>
    </body>
    </html>
```

执行结果如图 5-33 所示。

图 5-33

在该范例中，使用 div 元素来建立卡片，并分别为每个 div 元素设置了名为 card 的 class 名称，如图 5-34 所示。

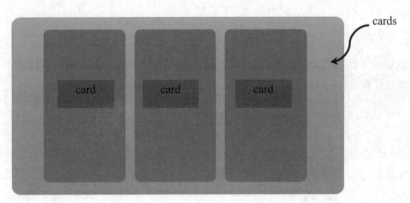

图 5-34

外围容器 cards 应用的 CSS 语句如下：

```
.cards {
  width: auto;
  height:100%;
  display: flex;
  flex-wrap:wrap;  /*设置 flex 容器可以自动换行*/
  justify-content: flex-start;  /*靠主轴起点对齐（左对齐）*/
  align-items: center;  /*交叉轴居中对齐（垂直居中对齐）*/
}
```

将外围容器 cards 的宽度设置为 auto，表示其宽度会随着内部的元素自动调整。在<body>中也应用了 flex 属性，例如下面的 CSS 代码：

```
body {
  background-color: #dce3e4;
  display: flex;
  justify-content: center;   /*靠主轴中心点对齐（居中对齐）*/
  align-items: center;       /*交叉轴居中对齐（垂直居中对齐）*/
}
```

cards 中的每张卡片所使用的元素及 class 名称如图 5-35 所示。

图 5-35

其中 class 属性为 item 的对象包含了一个<p>对象与<button>对象，对应的 HTML 语句如下：

```
<div class="item">
    <p class="card-text">结合经典浓缩咖啡及热水，带来浓郁丰富的咖啡滋味。</p>
    <button class="flex-none">查看</button>
</div>
```

由于.item 容器中的对象也需要左右排列，因此同样将.item 设置为 flex，button 对象利用 flex 属性来调整排列方式。范例中默认有 3 个 card，第 1 个 card 的 button 没有应用 item 容器内部的 class（即排版方式）。

```
<button>查看</button>
```

上述代码执行的结果如图 5-36 所示。

第 2 个 card 的 button 应用了 flex-none 属性，对应的 HTML 代码如下：

```
<button class="flex-none">查看</button>
```

.flex-none 的 CSS 代码如下：

```
.flex-none {
    flex: none;   /*相当于 flex: 0 0 auto（不伸展、不压缩、随内容重设大小）*/
}
```

上述代码执行的结果如图 5-37 所示。

图 5-36

第 2 个 card 的 button 应用了 flex-1 属性，对应的 HTML 代码如下：

```html
<button class="flex-1">查看</button>
```

.flex-1 的 CSS 代码如下：

```css
.flex-1 {
    flex: 150px;  /*只设置宽度(flex-basis)，flex-grow 与 flex-shrink 为默认值*/
}
```

上述代码执行的结果如图 5-38 所示。

图 5-37   图 5-38

范例 cards 中有多个 card，如果 card 较多且超出了窗口宽度，则由于 cards 的 CSS 程序代码加入了 flex-wrap:wrap 属性，因此超出的 card 就会换到下一行。如果拉宽当前的网页，那么下面一行的第 1 个 card 就会回到上一行，如图 5-39 所示。

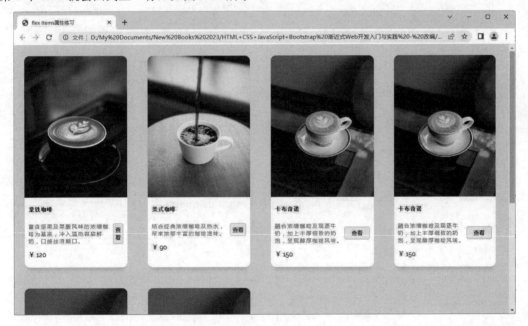

图 5-39

另外，该范例中使用了 CSS 的 transform（变形）语句，其格式如下：

```css
transform: 变形方法;
```

transform 属性用于对元素进行变形操作，分为 2D 变形与 3D 变形，常用的 2D 变形方法可参考表 5-3。常用的 3D 变形方法可参考表 5-4。

表 5-3   常用的 2D 变形方法

语　法	说　明	用　法
translate(x,y)	根据提供的 X 轴与 Y 轴距离移动元素	transform: translate(50px, 100px);
rotate(deg)	根据提供的角度旋转元素	transform: rotate(20deg);
scaleX(w)	根据提供的宽度比例缩放元素宽度	transform: scaleX(0.5);
scaleY(h)	根据提供的高度比例缩放元素高度	transform: scaleY(3);
scale(w, h)	根据提供的比例缩放元素宽度与高度	transform: scale(0.5, 0.5);
skewX(deg)	根据提供的 X 轴角度倾斜元素	transform: skewX(20deg);
skewY(deg)	根据提供的 Y 轴角度倾斜元素	transform: skewY(20deg);
skew(X-deg, Y-deg)	根据提供的 X 与 Y 轴角度倾斜元素	transform: skew(20deg, 10deg);

表 5-4   常用的 3D 变形方法

语　法	说　明	用　法
rotateX(deg)	根据提供的角度绕着 X 轴旋转元素	transform: rotateX(150deg);
rotateY(deg);	根据提供的角度绕着 Y 轴旋转元素	transform: rotateY(150deg);
rotateZ(deg);	根据提供的角度绕着 Z 轴旋转元素	transform: rotateZ(90deg);

第 6 章

善用网络资源

在制作网站时，除了网页编程技术之外，网页素材也是很重要的一环，例如页面布局、图片、按钮、颜色等方面，每一个细节都会影响网站的整体体验。在规划网站时，一些网络上随手可得的网页素材、工具以及设计参考网站可以为我们提供帮助，让我们能有源源不绝的创意与资源。

6.1　图库素材分享平台

网络上有许多素材分享网站，收录了大量且丰富的图标或影像，付费及免费的都有，对设计师和开发者来说非常便利。但需要注意的是，网络分享的资源并不表示可以任意使用，如果没有得到授权或违反了著作权法，可能会受到法律制裁。下一节，就来介绍知识共享（Creative Commons，CC）。

6.1.1　认识 CC 授权

著作权法规定，使用任何著作都必须先取得著作权人的同意，否则可能会涉及侵犯著作权的问题。不过，如果一项著作采用了知识共享授权，就表示著作权人已经事先同意符合授权条件的任何人可以自由地重制、发布和使用这项著作。

"知识共享"是 Creative Commons 在中国大陆地区的通用译名，一般简称为 CC。CC 既是该国际组织的名称缩写，也是一种版权授权协议的统称。Creative Commons 是一个非营利组织，它建立一套"保留部分权利"的授权条款机制，让著作权人可以通过简单的标志来针对自己同意的范围进行授权。也就是说，著作权人可以在自己的作品上标示授权条款，表示愿意在授权范围内将作品提供给大众使用。

CC 授权有四个要素，根据这些要素，共组成了六种授权条款。授权四要素如表 6-1 所示。

表 6-1　CC 授权标志

标　志	意　义	缩　写	说　明
	署名 （Attribution）	BY	必须给予原作者适当的署名
	禁止演绎 （No Derivatives）	ND	不得修改、转换或者基于该作品进行创作
	非商业性使用 （Noncommercial）	NC	不得将作品用于商业目的（谋利）
	相同方式共享 （Share Alike）	SA	基于本作品进行创造时，必须采用相同的授权条款进行分享

这四种授权要素共组成六种授权条款，各条款的授权标章及使用条件如表 6-2 所示。

表 6-2　CC 六种授权条款

授权条款	授权标章	说　明
署名（BY）		允许用户复制、发布、传输以及修改著作（包括商业性利用），但使用时必须按照著作人或授权人指定的方式给予原作者适当的署名
署名—非商业性 BY-NC		允许用户重制、发布、传输以及修改著作，但不得用于商业目的。使用时必须按照著作人指定的方式给予原作者适当的署名
署名—非商业性 —相同方式分享 BY-NC-SA		允许用户复制、发布、传输以及修改著作，但不得用于商业目的。若用户修改该著作，则只能按本授权条款或与本授权条款类似的方式来发布该衍生作品。使用时必须按照著作人指定的方式给予原作者适当的署名
署名—禁止演绎 BY-ND		允许用户复制、发布、传输著作（包括商业性利用），但不得修改该著作。使用时必须按照著作人指定的方式给予原作者适当的署名
署名—非商业性 —禁止演绎 BY-NC-ND		允许用户复制、发布、传输著作，但不得用于商业目的，也不可修改该著作。使用时必须按照著作人指定的方式给予原作者适当的署名
署名—相同方式分享 BY-SA		允许用户复制、散布、传输以及修改著作（包括商业性利用）。若用户修改该著作，则只能按本授权条款或与本授权条款类似的方式来发布该衍生作品。使用时必须按照著作人指定的方式给予原作者适当的署名

还有一种授权方式是"不保留权利"的授权，被称为公共领域贡献声明（CC0）。这种授权方式允许任何人自由使用、修改、发布和传播作品，包括商业性利用，无须标明作者姓名（参考表 6-3 的说明）。

表 6-3 CC "不保留权利" 的授权

标　志	授权要素	缩　写	说　明
⓪	公共领域贡献声明	CC0	自由使用

> 提示　虽然 CC0 授权的素材可以自由使用，但在选择使用时应该注意素材可能涉及的肖像权和商标权等问题。最好避免使用包含人物、徽标（Logo）或商品等的素材，以免侵犯他人的合法权益。

CC 授权的当前最新版本是 4.0，其中新增了一个条款，即在违反授权条款后，有 30 天的改正宽限期。也就是说，只要在被提醒的 30 天内改正自己的违规行为，便可恢复使用 CC 授权。

6.1.2 搜索 CC 授权素材

网络上有一些提供 CC 素材的搜索引擎，很方便就可以搜索到适合的素材，例如 WordPress Openverse。WordPress Openverse 搜索引擎是一个由 WordPress 基金会开发和维护的全新的、基于开放数据的图片搜索引擎，旨在为用户提供更广泛、更多样化的 CC 授权素材，网址为 https://wordpress.org/openverse/。

在 Openverse 主页的搜索框中输入关键词就可以搜索到想要的图片，如图 6-1 所示。

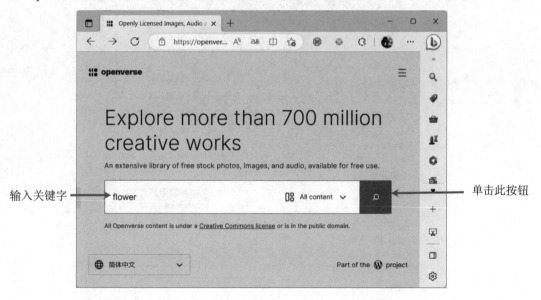

图 6-1

只要在搜索结果中将鼠标悬停在图片上方，就会显示该图片的 CC 授权方式，如图 6-2 所示。

如果该图片使用时必须标明作者姓名，那么单击图片后会显示详细信息，包括标示作者姓名的字符串或 HTML 语句，如图 6-3 所示。

图 6-2

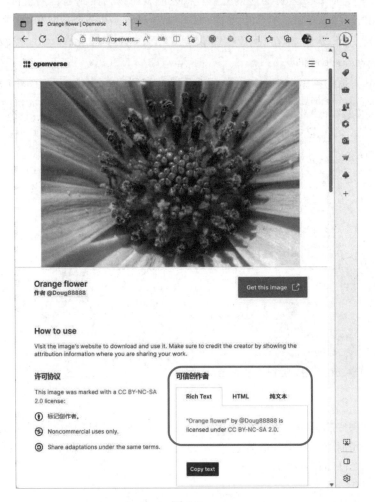

图 6-3

6.1.3　Iconfinder-icon 图库

网页制作时经常会使用图标（icon），对此，Iconfinder 网站提供了多种尺寸的图标，非常方便。Iconfinder 网站网址是 https://www.iconfinder.com/。进入该网站，我们会看到一个搜索框，下拉菜单中除 Icons 外，还有 Illustrations（插图）、3D Illustrations（3D 插图）和 Stickers（贴纸），如图 6-4 所示。我们在搜索框中输入关键词，然后按 Enter 键，即可显示与该关键词相关的图标。

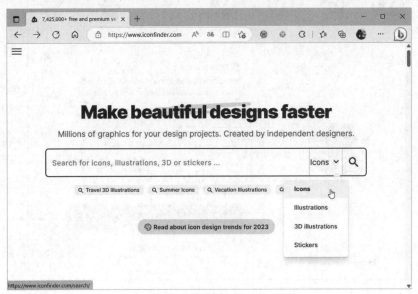

图 6-4

搜索结果包含付费的图标和免费的图标，我们可以在左侧选项中选择 Free，以筛选出可供免费下载的图标，如图 6-5 所示。

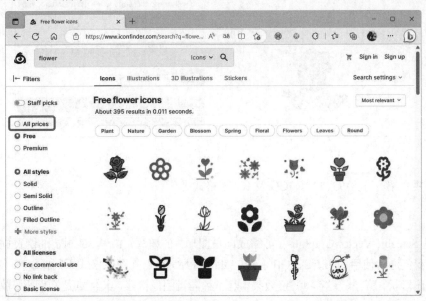

图 6-5

选择要下载的图标后，会出现一个下载对话框。首先，选择要下载的图标格式，因为不同图标可能提供不同的格式选项。以笔者所选的玫瑰图为例，可选择的格式包括 PNG、SVG 以及 Other 选项中的 AI、ICO 和适用于 MacOS 的 ICNS 格式。在 PNG 格式中，还可以选择不同的尺寸。选好后，单击"Download in PNG"按钮，即可将 PNG 文件保存到本机，如图 6-6 所示。

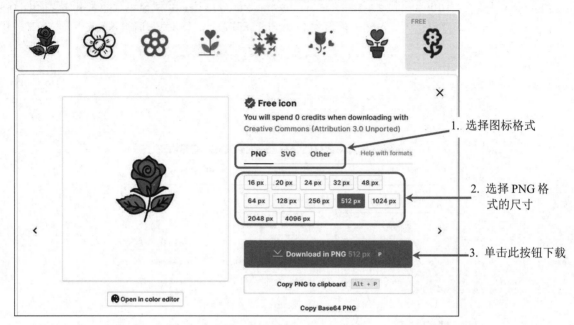

图 6-6

如果选择了 Other 选项，将会看到 AI、ICO 和 ICNS 格式，如图 6-7 所示。

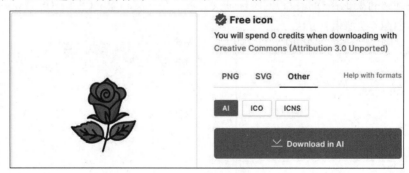

图 6-7

下面简要介绍一下 SVG、AI、ICO 及 ICNS 格式。

1. SVG 格式

SVG 是 Scalable Vector Graphics（可缩放向量图形）的缩写，由 W3C 制定的网页向量图形及动画标准。与我们通常使用的 JPEG、GIF、WBMP 和 PNG 等点阵图像格式不同，SVG 使用 XML 程序代码来描述形状、路径、文字和滤镜效果，是一种向量图像格式。其优点是文件小、放大不失真。

如果使用程序编辑器打开 SVG 格式的文件，就可以看到其中的 XML 程序代码。

2. AI 格式

AI格式是 Adobe Illustrator 这一套向量图编辑软件所输出的文件格式,同样具有向量图像文件小、放大不失真的优点。只要是向量图形编辑软件（如 CorelDRAW、Inkscape）都可以编辑 AI 文件。

3. ICO 格式和 ICNS 格式

ICO 格式是 Windows 系统的图标格式，常用于网页浏览器的 Logo 图标、Windows 系统桌面以及 IOS 或 Android 系统的应用系统图标。ICO 图标都是正方形，可以是单一尺寸也可以是多种不同尺寸的集合。操作系统在显示图标时，会自动选择最适合当前环境的图标。如果 ICO 文件只有单一尺寸，那么系统将进行缩放，这可能会导致图像因放大或缩小而模糊。

一般 ICO 图标尺寸有 16px×16px、32px×32px、48px×48px、64px×64px、128px×128px、256px×256px 等，颜色可以是黑白、16 色、256 色及全彩。图案以外的区域是透明的。

ICNS 是 Mac 专用的图标文件格式，与 ICO 一样由一个或多个图案组成。

Iconfinder 网站提供的 ICO 格式大多只包含一个图案，而 ICNS 则由多个不同尺寸的图案组成。我们可以使用 icofx 软件编辑 ICO 和 ICNS 文件，并进行 ICNS 格式与 ICO 格式的转换。范例文件夹 ch06 中的 rose.ico 文件包含了 64px×64px、128px×128px 和 256px×256px 大小的图案，使用 icofx 软件打开即可看到不同尺寸的图案，如图 6-8 所示。

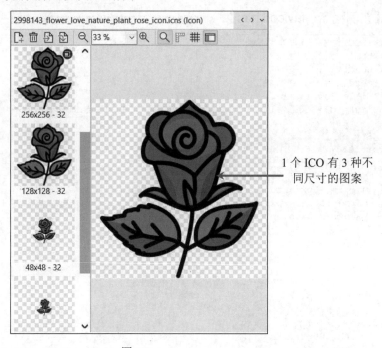

图 6-8

6.1.4　替网站加入 Logo 图标

将 Logo 图标加入网站非常简单，只需在网站根目录中放置一个 favicon.ico 文件即可。这样，在浏览器标签页上就会显示这个 Logo 图标，如图 6-9 所示。

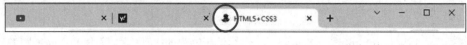

图 6-9

favicon.ico 文件名中的 favicon 是 Favorites Icon 的缩写，建议的像素为 16×16、32×32 和 48×48。设置它有两种方式：

1. 将 favicon.ico 文件放在网站内

只需将 favicon.ico 文件放到网站服务器的根目录，浏览器就会自动识别并使用它。

 提示　这种方法仅在将 favicon.ico 文件放到网站服务器的根目录时才会生效。在本地测试时，请使用<link>标签来设置 favicon 图标。

2. 使用<link>标签加入 head 区块

只需在网页的<head>和</head>标签之间添加以下代码：

```
<link rel="icon" href="ico 文件路径">
```

使用这种方法添加图标时，不一定需要将文件命名为 favicon.ico，可以自定义文件名。

【范例程序：favicon.htm】

```
<!DOCTYPE html>
<html>
<head>
<meta charset="UTF-8">
<title>Favorites Icon</title>
<link rel="icon" href="favicon.ico">   <!--加入 favicon.ico-->

<Style>
article{
  width: 530px;           /* 宽度 530px */
  height:226px;           /* 高度 226px */
  margin: 0px auto;       /* 水平居中 */
  border:solid 1px gray;  /* 边框 */
  border-radius:5px;      /* 边框圆角 */
}
article section{
  width:150px;
  float: left;            /* 靠左浮动 */
  text-align: center;     /* 文字水平居中 */
  margin:20px;            /* 四周边距 20px */
}
figure{
  width:300px;
  float: left;
  margin:20px;
}

</style>
</head>
<body>
  <article>
    <section>
      <h1>清·张问陶</h1>
```

```
        新雨迎秋欲满塘，<br>绿槐风过午阴凉。<br>水亭几日无人到，<br>让与莲花自在香。
    </section>
    <figure>
    <img src="images/flower01.jpg" alt="莲花图" title="莲花图">
    </figure>
  </article>
</body>
</html>
```

执行结果如图 6-10 所示。

图 6-10

6.2　实用的网页应用生成器

在制作网页时，需要考虑很多因素，如网页的布局、颜色方案和所需元素等。虽然使用 HTML 和 CSS 就可以制作网页，但网页的外观和吸引力也是一个重要的考虑因素。本节将介绍几个网页应用程序生成器，这些生成器可以协助我们创建更专业更美观的网页，并节省制作网页的时间。

6.2.1　CSS Layout 生成器

在上一章中，我们介绍了 CSS 的布局，理解了网页的"页面布局"。然而，对于初学者来说，单独依靠 CSS 语法编写理想的布局并不容易。借助 CSS Layout 生成器，可以轻松快速地创建网页布局。

目前市面上有许多种 CSS 布局生成器，只要在网上搜索"CSS 页面布局"就可以找到很多。这里介绍一款简单易用的 CSS 布局生成器——Layoutit!- CSS Grid Generator。网址是 https://grid.layoutit.com/。

Layoutit!网站提供了一些前端工具，其中 CSS Grid Generator 是一个简单易用的 CSS 布局生成器。该工具采用 CSS Grid 布局，在进入 CSS Grid Generator 主页后，就会看到一个预设为九宫格布局的界面，如图 6-11 所示。可以单击左侧面板中的 add 按钮在九宫格中添加行或列，单击 X 按钮在九宫格中删除行或列，并通过拖动网格来合并它们；右侧面板显示 HTML 和 CSS 代码。单击 CodePen 按钮即可在 CodePen 平台上预览 HTML 和 CSS 效果。并显示完整的 HTML 和 CSS 代码，我们只需将完整的 HTML 和 CSS 代码复制到 HTML 文件即可完成基本的网页布局。

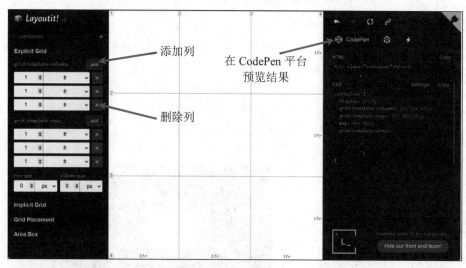

图 6-11

例如，要创建以下布局：页面分为页眉（header）、正文（body）和页脚（footer）3 行，正文又分为左侧（left）、中间（center）和右侧（right）3 列，如图 6-12 所示。这是一种经典的布局方式，特别适用于博客网页。通常，在左侧放置导航菜单，在右侧放置广告或文章列表，而中央则是主要内容区域。这种布局被称为圣杯布局（Holy Grail Layout）。

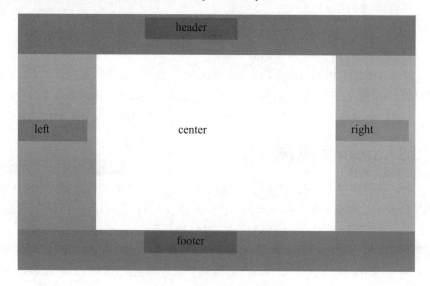

图 6-12

现在我们来看看如何使用 CSS Grid Generator 创建圣杯布局。

【范例程序：holyGrail.htm】

步骤01 将左上角的网格拖动到右侧，使上方的网格合并为一个单元格。然后，在 Area Name 中输入 header，再单击 Save 按钮，如图 6-13 所示。

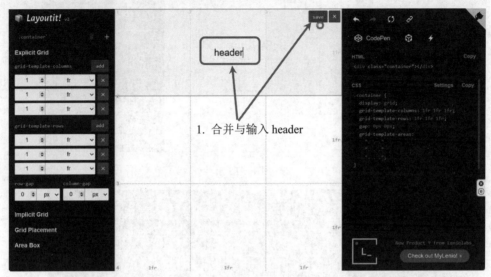

图 6-13

步骤02 重复上述步骤以完成 footer、left、center 和 right 区块，如图 6-14 所示。

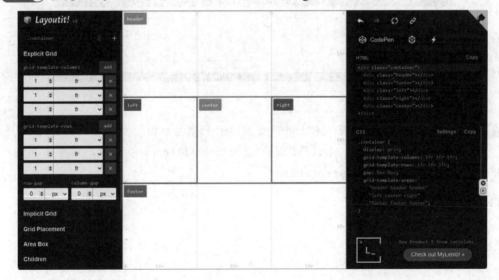

图 6-14

步骤03 调整 left 和 right 区块的网格线以确定它们的宽度。我们可以通过拖曳网格线或在左侧面板的 grid-template-columns 区域中调整数字来实现这一点。完成设置后，单击 CodePen 按钮，如图 6-15 所示。

步骤04 在 CodePen 平台上预览 HTML 和 CSS 效果，并查看完整 HTML 和 CSS 代码，如图 6-16 所示。

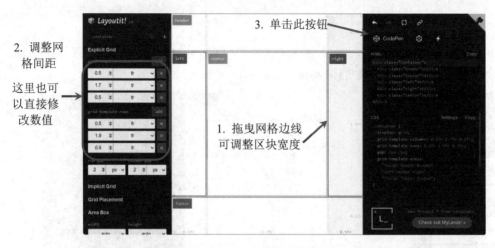

图 6-15

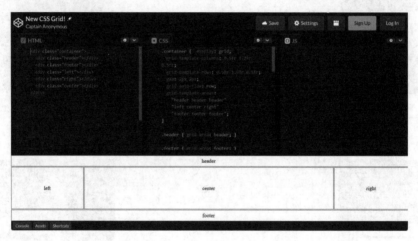

图 6-16

步骤 05　创建一个新的 HTML 文件，并建立 HTML 的基本结构。然后，将 CSS 代码复制并粘贴到<style>标签内，将 HTML 代码复制并粘贴到<body>标签内，如图 6-17 所示。最后，将文件保存为 holyGrail.htm。

执行结果如图 6-18 所示。

图 6-17

图 6-18

CodePen 是一款云端程序代码编辑器（见图 6-19），可实时测试和展示 HTML、CSS 和 JavaScript 程序代码。用户可以免费注册会员并保存或导出代码。CodePen 也是一个前端开发技术交流平台，用户可以在上面展示自己的作品，并参与每周的主题挑战。对于前端开发新手来说，这是一个很好的学习和观摩平台。

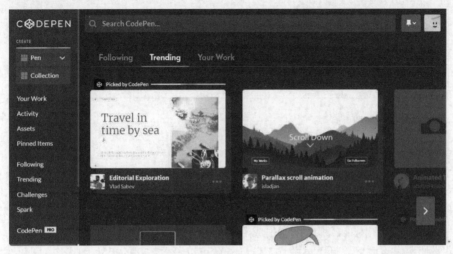

图 6-19

如果加入 CodePen 成为了会员，就可以将自己喜欢的范例源程序导出。例如，我们刚才创建的范例也可以直接从 CodePen 导出其源代码，操作非常简单：单击 Save 按钮，在下方的工具栏中单击 Export 按钮，然后选择 Export.zip 即可下载 Export.zip 文件，如图 6-20 所示。

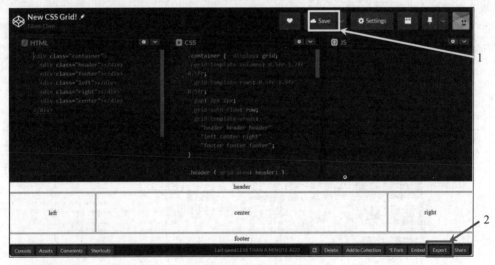

图 6-20

然后，解压下载回来的 Export.zip 文件。解压缩后，我们将看到如图 6-21 所示的 HTML 和 CSS 源代码文件。通过这种方式，就可以跳过步骤 05，无须自己建立 HTML 架构，非常方便。

图 6-21

6.2.2　按钮生成器

按钮是网站中非常重要的元素，无论表单、对话框还是超链接等，都需要用到按钮。以往，我们可能需要使用绘图软件来绘制按钮图标；现在，只需使用 CSS 语法即可创建高品质的按钮。如果读者在颜色搭配方面存在困难，那么按钮生成器就是一个好帮手。

通过免费的按钮生成器，只需单击几下鼠标，就可以设置按钮的尺寸、阴影、圆角、字体、渐变颜色等外观。完成设计后，复制 CSS 代码并将它们放入 HTML 文件中即可简单快速地完成按钮的创建。下面介绍 2 个按钮生成器：Button Generator 和 Button Optimizer。

1. Button Generator

网址：https://www.bestcssbuttongenerator.com/。

首先，进入按钮生成器的主页；然后，从左侧面板中选择自己喜欢的按钮样式。接下来，可以使用右侧面板来调整按钮内的文字、字体、大小、边框、阴影、圆角等细节样式，如图 6-22 所示。

图 6-22

当我们将鼠标光标悬停在颜色块上时，会显示提示信息，告诉我们该颜色块表示哪个部分的颜色。单击该颜色块后，会出现调色板，让我们选择喜欢的颜色，如图 6-23 所示。

在调色板上更改颜色

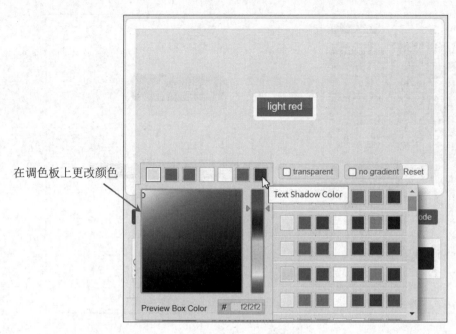

图 6-23

完成设置后，单击 GetCode 按钮即可生成按钮的超链接语句和 CSS 代码，如图 6-24 所示。

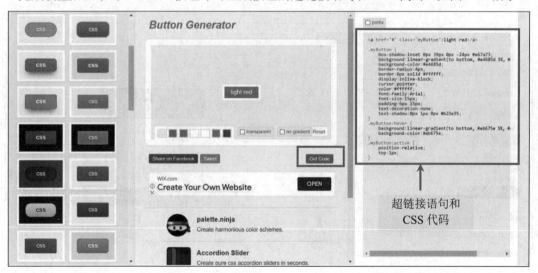

超链接语句和
CSS 代码

图 6-24

2. Button Optimizer

网址：https://buttonoptimizer.com/。

首先，进入 Button Optimizer 的主页，然后选择按钮的颜色，如图 6-25 所示。

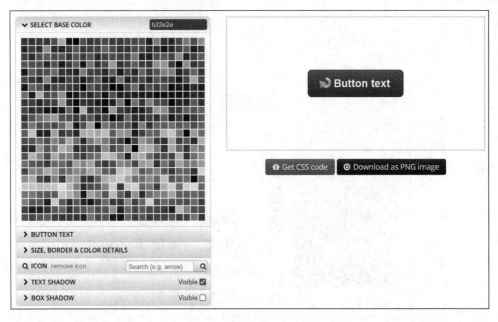

图 6-25

接下来，输入按钮内的文字，并调整字体、大小、边框颜色、圆角角度和边界样式，如图 6-26 所示。

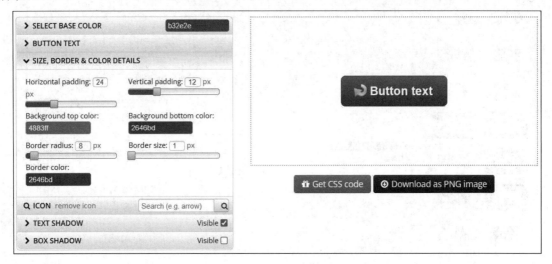

图 6-26

Button Optimizer 与 Button Generator 生成的按钮大同小异，但二者最大的区别在于 Button Optimizer 可以在按钮文字前或后放置小图标，即可创建带有图标的按钮。我们只需在 ICON 搜索框中输入关键词即可找到相关的图标，如图 6-27 所示。

单击此按钮
可删除图标

选择图标显示在文字
之前还是之后

输入关键词，
再单击此按钮

图 6-27

接下来，设置文字和方块阴影的偏移量、圆角度数和颜色。如果不想显示阴影，则取消对 Visible 选项的勾选即可，如图 6-28 所示。

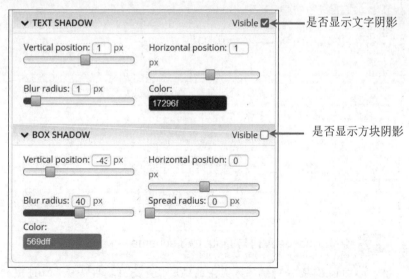

是否显示文字阴影

是否显示方块阴影

图 6-28

完成设置后，单击"Get CSS Code"按钮即可复制所需的 CSS 代码。然后，将该代码粘贴到 HTML 文件中，如图 6-29 所示。

图 6-29

在将 CSS 代码粘贴到 HTML 文件中时，读者可能会注意到：按钮中使用的图标 URL 没有指向任何路径，而是嵌入了一段 Base64 编码。这种文件格式称为 Data URI schema，如图 6-30 所示。

```
.button:before{
    content:  "\0000a0";
    display: inline-block;
    height: 24px;
    width: 24px;                           Data URI schema
    line-height: 24px;
    margin: 0 4px -6px -4px;
    position: relative;
    top: 0px;
    left: 0px;
    background: url("data:image/png;base64,iVBORw0KGgoAAAANSUhEUgAAABgAAAAYCAYAAADgdz34AAAACXBIWXMAAA7EAAAOxAGVKw4bAAAEyUlEQVRIia2VWWxUVRjHf3eZdtpO22mBllLoxmJlqYQoYGgCQRQTECsEeYFEARMNlAhqDMENH/TBGE0gMUaECIlRHwgoS9WoUUJo2NlBDFlonZeje6Uw7nX3mTu/c48O9YG3ApAlf8uXmnvO//8t/3/3M/hWlazQIKquew6tFcZsgpYiMaieli/K9dfb9wlBi+JoT7oghc/VhrO/78tR92/gtzPbM3DdP3qq3SO0n0CAFoKUAYi7iwBkLdyQtm2/8WUg/KGnto5LAPnVAf/obuLUwj/f1n9Hd2wIf/P8NNa5rL88fNf8W2XYdM+PUF+3qAAAABHRU5ErkJggg==") no-repeat left center transparent;
    background-size: 100% 100%;
}
```

图 6-30

提示 认识 Base64 编码与 Data URI schema

Base64 是一种编码方式，编码过程是先将数据转换为二进制数据，然后转换为由 64 个可打印字符组成的字符串。这 64 个字符包括 A~Z、a~z、0~9 和两个符号。这两个符号因系统而异，常见的是加号（+）和斜杠（/）。如果生成的 Base64 编码位数不足，则会在末尾添加"="。例如，"hello"字符串经过转换之后得到的 Base64 编码是"aGVsbG8="。

Data URI Scheme 是一种文件格式，数据在进行 Base64 编码后，以字符串形式表示。该字符串可以直接嵌入 HTML 或 CSS 代码中，无须从外部加载图像文件。其优点在于可以减少 HTTP 请求，避免访问外部资源可能遇到的权限控制问题。

Data URI Scheme 格式如下：

```
data:[< MIME type>][;base64],<data>
```

上述格式中的 MIME type 是互联网媒体类型，MIME 是 Multipurpose Internet Mail Extensions 的缩写。最初，它用于 SMTP 协议的电子邮件中，其目的是让程序能够识别附带在邮件中的多媒体数据类型。

MIME 类型由两部分组成，以斜杠(/)分隔。前面是数据类型，如应用程序（application）、声音（audio）、图像（image）、文本（text）、视频（video）等；后面是子类型。例如，PNG 图像文件的 MIME 类型是"image/png"。该格式的 Data URI Scheme 表示法如下所示：

```
data:image/png;base64,iVBORw0KGgoAAAAN...
```

Web 常见的 MIME 类型可参考表 6-4。

表 6-4 MIME 类型

MIME 类型	文件类型	扩 展 名
application/msword	Microsoft Word 文件	.doc
application/vnd.openxmlformats-officedocument.wordprocessingml.document	Microsoft Word (OpenXML)	.docx
application/pdf	PDF 文件	.pdf
application/zip	ZIP 文件	.zip
audio/aac	AAC 音频文件	.aac
audio/mp4	MP4 音频文件	.mp4
audio/mpeg	MP3 音频文件	.mp3
font/woff	网页开放字体格式（Web Open Font Format）	.woff
image/gif	GIF 图像文件	.gif
image/jpeg	JPEG 图像文件	.jpeg .jpg
image/png	PNG 图像文件	.png
image/webp	Webp 图像文件	.webp
text/css	CSS 文件	.css
text/html	HTML 文件	.htm .html
text/json	JSON 字符串	.json
text/plain	纯文本文件	.txt
text/xml	XML 文件	.xml
video/mpeg	MPEG 视频文件	.mpeg

下面的范例程序介绍如何将从 Button Optimizer 网站复制的 CSS 代码应用于 HTML 文件。

【范例程序：button.htm】

步骤 01 在 Button Optimizer 网站设置按钮样式。在此范例程序中，我们修改了按钮的颜色、图标以及方框阴影，如图 6-31 所示。

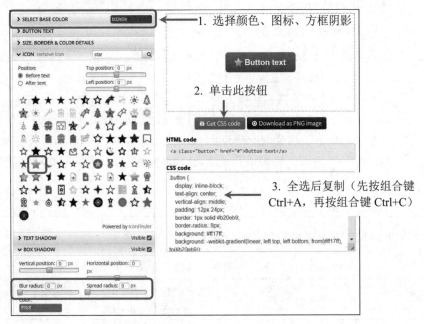

图 6-31

步骤 02 启动文本编辑器，新建空白文件，将复制的 CSS 程序代码粘贴（按组合键 Ctrl+V）进来，并把该文件存储为 button.css，如图 6-32 所示。

图 6-32

步骤 03 打开范例文件夹 ch06 中的 original.htm 文件，修改<title>标签中的文字，如图 6-33 所示。

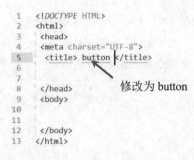

图 6-33

步骤 04 加入在图片中做好的 CSS 文件，并分别创建 3 个按钮，将文件存储为 button.htm，如图 6-34 所示。

```
1    <!DOCTYPE HTML>
2    <html>
3      <head>
4      <meta charset="UTF-8">
5       <title> button </title>
6
7       <link href="button.css" rel="stylesheet" type="text/css">
8                              外嵌 CSS 文件
9      </head>
10     <body>
11
12     <a class="button" href="#">button</a>
13     <button type="button" class="button">button</button>
14     <input type="button" class="button" value="button">
15
16     </body>
17     </html>              3 种按钮的语句
```

图 6-34

执行结果如图 6-35 所示。

图 6-35

在上述范例程序中，我们创建了 3 个不同的按钮，分别使用\<a href>、\<button>和\<input type="button">标记。所有这些按钮都具有共同的 class 属性"button"，因此它们都将应用 CSS 文件中定义的.button 样式。

\<a href>和\<button>标记可以在元素内部放置图像，因此它们会显示星形图标。由于\<input>标记是一个空标签，浏览器根据其 type 属性来呈现组件，无法在其中添加其他元素，因此 CSS 文件中的.button:before 伪元素不会生效。

6.2.3　网站配色

颜色在给人的第一印象中扮演着重要的角色。营销学中的"7 秒颜色理论"指出，人们在短短的 7 秒钟内看到的颜色可以决定他们的第一印象。良好的配色方案不仅能吸引用户的注意力，还能将品牌理念传达给访客。如果读者想提高自己的配色美感，建议多参考其他网站的设计作品。FWA、

Awwwards、CSS Design awards、CSS Winner、CSSREEL 等网站都是非常不错资源，它们汇集了许多优秀的网站设计作品。例如，图 6-36 展示了 FWA 网站分享的一些优质网站设计作品。这些作品具有出色的配色方案，看起来非常令人愉悦。

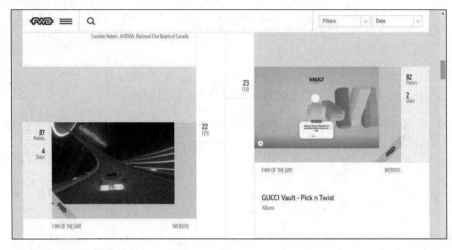

图 6-36

针对不同的目标客群、性别和年龄层，网站的配色规划也会有所不同。在颜色搭配方面，有一个实用的黄金法则——60：30：10，即主色占 60%，次颜色占 30%，强调色占 10%。主色占据了大部分颜色，例如网页的背景；次颜色可以引导访客区分出网站的主题与内容，例如标题、菜单和区块等；强调色适合用于小元素，例如超链接、按钮和图标等。

专业的 UI 设计师经过长期训练才能精通颜色运用。如果我们是第一次配色，可能搭配的颜色看起来会让人觉得不太舒服。对此，网络上有许多配色工具可以帮助我们选色。笔者提供一个自己经常使用的选色或配色工具 Coolors，供大家参考。Coolors.co 的网址是 https://coolors.co/。

Coolors 是一个在线免费配色工具，可以快速生成各种美观和令人愉悦的配色方案。当我们进入网站时，会看到两个按钮，如图 6-37 所示，其中 Start the generator 按钮可用于使用配色生成器来生成颜色方案；Explore trending palettes 按钮则展示了流行的配色方案，我们可以直接从中选择喜爱的配色。

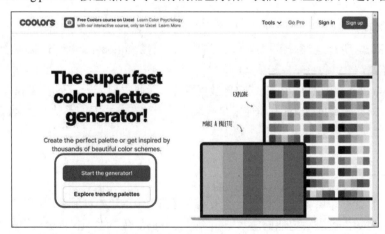

图 6-37

让我们来看一下如何使用配色生成器。首先，单击 Start the generator 按钮进入 Coolors 网站的配色生成器页面。进入该页面后，网站会自动生成一组随机的颜色方案，并标注每种颜色的十六进制编码和颜色名称，如图 6-38 所示。如果想要重新生成新的颜色方案，可以按空格键，网站就将自动为我们生成新的颜色方案。

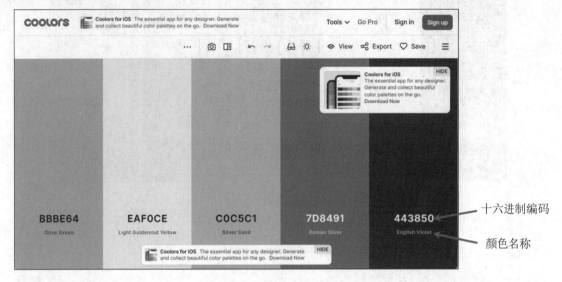

图 6-38

如果不喜欢随机生成的颜色方案中的某种颜色，可以单击该颜色并在出现的调色板中选择自己喜欢的颜色。单击右侧的 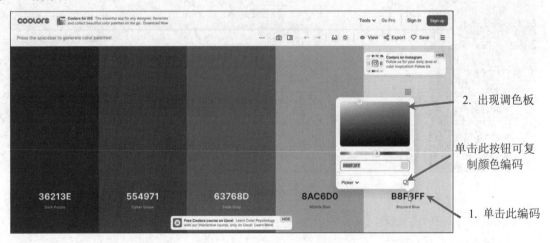（Copy）按钮，可以将该颜色的十六进制编码复制到剪贴板中，如图 6-39 所示。

图 6-39

如果只喜欢随机生成的颜色方案中的某种颜色，而对其他颜色不满意，可以将鼠标悬停在喜欢的颜色上，并单击该颜色旁边的（锁形）按钮。这将锁定所选颜色并防止它被更改。当按下空格键时，Coolors 将保留被锁定的颜色来自动生成新的配色方案，如图 6-40 所示。

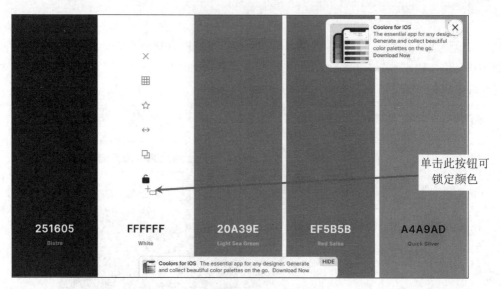

单击此按钮可
锁定颜色

251605
Bistre

FFFFFF
White

20A39E
Light Sea Green

EF5B5B
Red Salsa

A4A9AD
Quick Silver

图 6-40

　　如果 5 种颜色不够用，就可以将鼠标悬停在两个颜色之间，单击出现的"+"图标，在两个颜色之间插入一个新颜色，如图 6-41 所示。

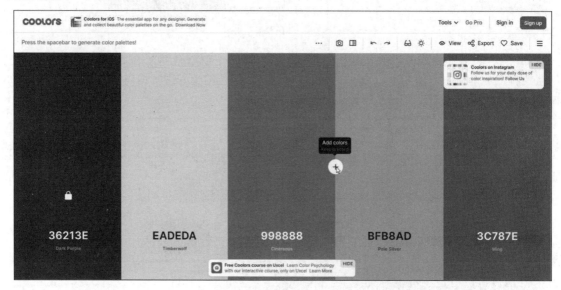

36213E
Dark Purple

EADEDA
Timberwolf

998888
Cinereous

BFB8AD
Pale Silver

3C787E
Ming

图 6-41

　　在用鼠标移入喜欢的颜色之后就可以对这些颜色进行一些操作，例如删除颜色、查看色阶、加入最爱（需登录）、保存颜色、左右移动、复制十六进制（HEX）颜色编码、锁定颜色等，如图 6-42 所示。

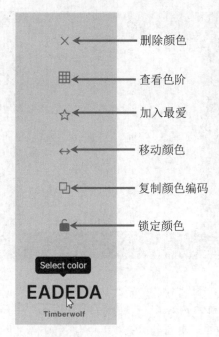

图 6-42

在选择完自己喜欢的颜色方案后，可以单击 View 按钮快速预览颜色方案，如图 6-43 所示。

图 6-43

单击 Export 按钮就能按照用途来输出颜色方案，如图 6-44 所示。

图 6-44

单击 Code 按钮，就会显示出多种颜色的应用方法，包括网页使用的十六进制编码表示法（以#开头的颜色编码）、数组、对象、扩展数组以及 XML 等，单击 Copy 按钮或 Download 按钮就可以直接应用了，如图 6-45 所示。

图 6-45

第 7 章

整合练习——诗词展示网页的设计与实现

本章将通过实现古典诗词主题的练习来巩固之前学习过的 HTML 与 CSS 语法。本章将练习 HTML 及 CSS 语法、排版、顶端固定导航菜单以及添加百度贴吧、微信、抖音等社交媒体的图标。

7.1 网页结构说明

本网页采用单页式呈现，本节介绍该网页的结构和使用的元素。

7.1.1 网页结构图

网页结构的规划如图 7-1 所示。

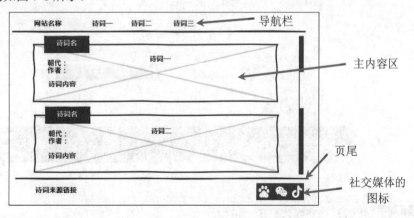

图 7-1

网页需求有以下 4 点：

（1）顶部的导航栏和页尾采用固定式，也就是滚动滚动条时导航栏与页尾会分别固定在上方和下方，不跟着滚动。

（2）导航栏必须有网站名称及每一首诗词的链接按钮，当单击诗词按钮时会链接到主内容区对应的诗词区域。

（3）页尾必须有诗词的来源声明链接，当单击诗词来源声明链接时将来源网站导向新窗口（本练习使用的诗词来源为"读古诗词网"，网址：https://dugushici.com/）。

（4）页尾必须有社交媒体的图标，这些图标的作用是跳转至网站所有者个人的社交媒体主页。稍后将会介绍如何使用图标字体（如 fontawesome）创建社交媒体的图标按钮。

完成的网页如图 7-2 所示，读者执行范例程序文件夹中的 ch07/index.htm 网页文件，即可查看执行结果。

图 7-2

提示　什么是社交媒体（Social Media）？

传统的媒体包含报纸、广播、电视等，传播的内容都是由业者制作和提供，用户只能单方面接收这些信息，信息更新也相对较慢。

社交媒体是 Web 2.0 的产物，它通过网络平台让用户能建立自有的网络社区或群，分享信息、推广品牌，进行沟通和互动。由于信息实时更新的特性，许多传统媒体、企业或商家会聘请专业的社群经营人员，也就是俗称的"小编"来经营社区，通过与网友的互动（例如点赞、分享和留言），将想要传达的信息散播到朋友圈。知名的社交平台有微信、微博、QQ、抖音、快手及 B 站（哔哩哔哩）等。

7.1.2　选择合适的 HTML 标签

HTML 标签繁多，尤其是 HTML 5 开始重视语义化，引入了许多语义标签。如何选择合适的标签呢？且看以下说明。

在这个范例中笔者规划了 3 个主要区块，从上到下按序是导航栏、主内容区及页尾的信息声明区，因此使用<header>、<main>和<footer>3 个语义标签来建立这 3 个区块，如图 7-3 所示。

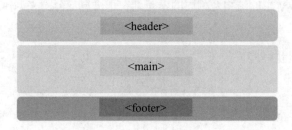

图 7-3

其中，<main>标签是主内容区块，原则上每个页面应该只使用一个<main>标签，最好是独立区块，也就是说不要将它放在<header>、<nav>、<article>、<footer>里面。

下面逐一说明这 3 个区块内使用的标签。

（1）<header>区块主要作用是创建导航栏，包含页标题及诗词按钮，使用的标签组件如图 7-4 所示。

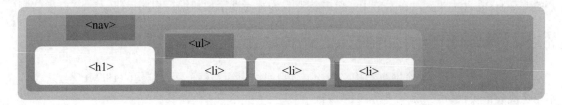

图 7-4

网页内只要是导航区块，都适合使用<nav>标签，通常会搭配<ul>和<li>标签来制作导航菜单。

（2）<main>区块是诗词主要的内容区，每一首诗词都使用一个<section>标签，标签组件如图 7-5 所示。

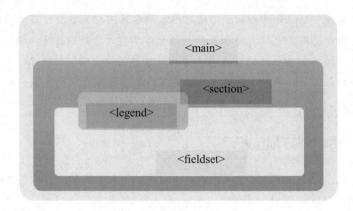

图 7-5

（3）页尾与顶端导航栏的结构是相同的，差别在于页尾部分的来源声明使用的是<h3>标签，如图 7-6 所示。

图 7-6

7.2   编写 HTML 与 CSS 程序代码

本范例程序所使用的三首诗词选自"读古诗词网"（https://dugushici.com/），包括唐代李白的《别山僧》和《过崔八丈水亭》，以及唐代温庭筠的《侠客行》。诗词全文可以在范例文件夹 ch07 中的诗词.txt 文件中找到。在本节中，笔者将逐步为读者展示如何编写程序代码。

7.2.1   编写网页结构的 HTML 语句

上一节已经介绍了整个网页结构，读者可以自己练习编写整个网页结构的 HTML 程序代码，先不用考虑超链接部分。

下面是包含网页结构的 HTML 程序代码，供读者参考。

【范例程序：HTMLCode.htm】

```
<!DOCTYPE html>
<html>
<head>
<meta charset="UTF-8">
<title>整合练习——诗词展示网页</title>
</head>
<body>
<header>
<nav>
```

```
  <h1>诗词赏析</h1>
  <ul>
    <li>别山僧</li>
    <li>过崔八丈水亭</li>
    <li>侠客行</li>
  </ul>
</nav>
</header>
<main>
<section>
<fieldset>
  <legend><p>别山僧</p></legend>
<p>朝代: 唐代<br>作者: 李白</p>
<p>原文: <br>
何处名僧到水西，乘舟弄月宿泾溪。<br>
平明别我上山去，手携金策踏云梯。<br>
腾身转觉三天近，举足回看万岭低。<br>
谑浪肯居支遁下，风流还与远公齐。<br>
此度别离何日见，相思一夜暝猿啼。
</p>
</fieldset>
</section>
<section>
<fieldset>
  <legend><p>过崔八丈水亭</p></legend>
<p>朝代: 唐代<br>作者: 李白</p>
<p>原文: <br>
高阁横秀气，清幽并在君。檐飞宛溪水，窗落敬亭云。<br>
猿啸风中断，渔歌月里闻。闲随白鸥去，沙上自为群。
</p>
</fieldset>
</section>
<section>
<fieldset>
  <legend><p>侠客行</p></legend>
<p>朝代: 唐代<br>作者: 温庭筠</p>
<p>原文: <br>
欲出鸿都门，阴云蔽城阙。<br>
宝剑黯如水，微红湿馀血。<br>
白马夜频嘶，三更霸陵雪。
</p>
</fieldset>
</section>
</main>
<footer>
  <nav>
  <h3>诗词来源: 读古诗词网</h3>
  <ul>
    <li></li>
    <li></li>
    <li></li>
  </ul>
  </nav>
</footer>
</body>
</html>
```

执行结果如图 7-7 所示。

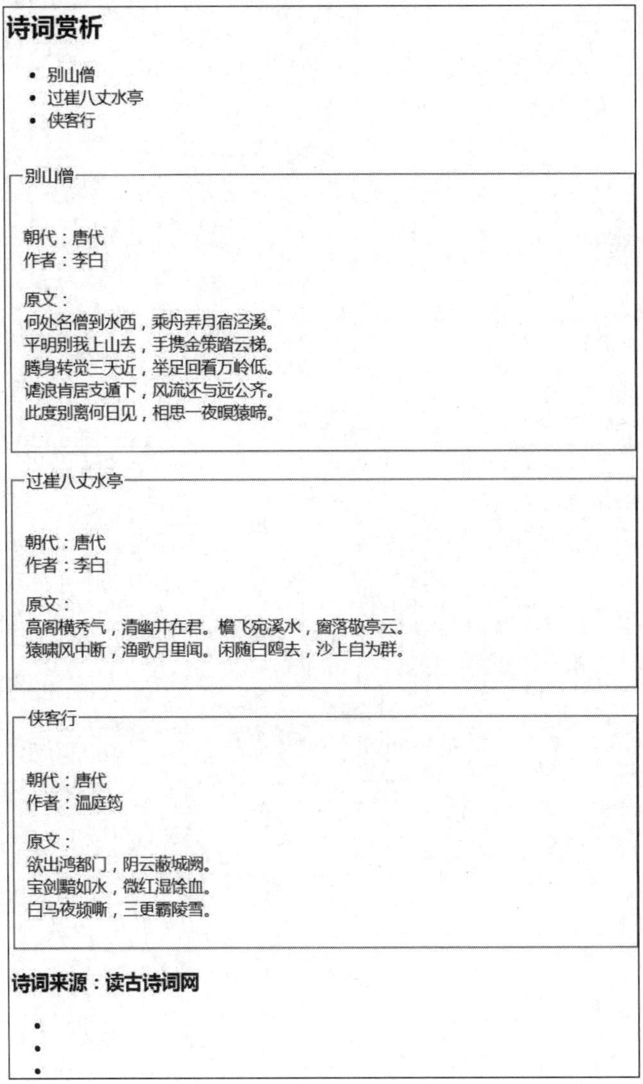

图 7-7

接下来，我们先加入超链接部分。

7.2.2　加入超链接

该范例程序使用两种超链接，一种是导航栏按钮链接到本页主内容区的诗词的锚点超链接，另一种是页尾诗词来源链接到外部网页（读古诗词网）的外部超链接。

1. 锚点超链接

我们以《别山僧》为例来进行说明。

锚点超链接的目标是主内容区的诗词区域，我们可以先为该区域创建锚点。由于主内容区的诗词由<section>标签包住，因此只需在每个<section>标签中添加 id 属性，并给予一个锚点名称，就可以创建锚点了，示例如下：

```
<section id="别山僧">
```

锚点创建好了之后，给导航栏的"别山僧"文字按照以下格式添加锚点超链接：

```
<a href="#锚点名称">...</a>
```

因此，"别山僧"按钮的锚点超链接语句为：

```
<a href="#别山僧">别山僧</a>
```

另外两个诗词也以同样的方式创建锚点超链接。完成后，使用浏览器进行测试。当用户单击这些文字超链接时，页面会自动跳转到主内容区相应的区域，如图 7-8 所示。

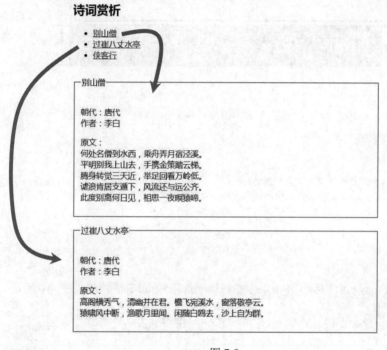

图 7-8

2. 外部超链接

添加外部超链接非常简单，只需在标签中设置 href 属性并将它设置为超链接的目标网址即可，如下所示：

```
<a href="https://fanti.dugushici.com/">读古诗词网</a>
```

7.2.3　加入 CSS 语法

完成 HTML 程序代码的编写后，就可以开始美化网页了，此时就要加上 CSS 语句。由于 HTML 程序代码已经很长了，因此我们可以将 CSS 语句放在外部文件中，这样不仅可以使程序代码简洁，而且在编辑或修改 HTML 或 CSS 程序代码时也更为方便。

本范例程序的 CSS 文件命名为 style.css，CSS 外部文件的链接语句通常会放在 HTML 文件的 <head> 标签中，链接语句如下：

```
<link rel="stylesheet" href="style.css">
```

下面将逐一描述每一组组件的 CSS 样式规则，并提供 CSS 代码示例。需要注意的是，CSS 代码并不是只有一种标准答案，建议读者根据自己的想法来动手练习。

1. 固定式导航栏

首先，顶端导航栏跟页尾要分别固定在浏览器页面的上方及下方不被卷动，只需设置为固定定位即可。以<header>为例，CSS 规则为采用固定定位（定位于上方）、宽度 100%、高度 80px，背景颜色为#904E55，文字颜色为#FAE4C4，如图 7-9 所示。

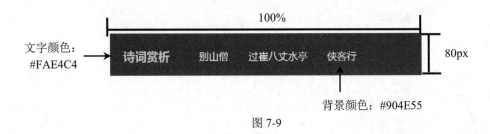

图 7-9

CSS 语句如下：

```
header{
  position: fixed;          /*固定定位*/
  top: 0;                   /*与父元素的上边缘距离设置为0*/
  width: 100%;              /*宽度*/
  height: 90px;            /*高度*/
  background-color: #904E55;  /*设置背景颜色*/
  color: #FAE4C4;           /*设置文字颜色*/
}
```

<header>中使用<nav>包住标题的<h3>标签与诗词选项的<ul>标签，如图 7-10 所示。

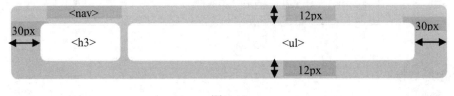

图 7-10

网页组件通常按照自上而下的顺序排列。如果想要更改元素的排列方式，可以使用 CSS 的排版语句。本范例程序采用 flexbox 布局，<nav>元素与父组件顶部和底部之间的垂直间距为 12px，水平间距为 30px。CSS 语句如下：

```
header > nav{
  display: flex;            /*flex 排列*/
  align-items: center;      /*垂直居中*/
  padding: 12px 30px;       /*内边距: 上下 12px　左右 30px*/
}
```

本范例程序中有两个<nav>元素，它们内部的组件排版位置不同，因此我们不能直接使用nav{...}，而必须指定是 header 组件里的<nav>。

<nav>右边区块的导航链接单选按钮使用<ul>标签定义范围，并使用<li>标签定义列表中的每个

项目。<ul>是列表功能，因此默认使用圆点项目符号，每个项目自上而下垂直排列，如图 7-11 所示。

想要改成横向水平排列，可以使用 CSS 的 float 语句，并且需要删除<ul>标签的项目符号。使用<li>标签所定义的每个项目上下距离为 10px，左右间距为 20px，字体大小为 20px，如图 7-12 所示。

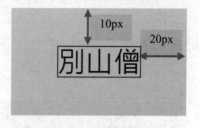

- 别山僧
- 过崔八丈水亭
- 侠客行

图 7-11　　　　　　　　　　　　　　　　　　图 7-12

CSS 语句如下：

```
ul{
  margin: 0;                  /*四周边距设为 0*/
  list-style-type: none;      /*删除 ul 的项目符号*/
}
li{
  padding: 10px 20px;
  float: left;                /*设置为靠左浮动*/
  font-size:20px;             /*文字大小*/
}
```

在网页中存在两组<ul>和<li>标签，它们的样式相同，因此只需要使用<ul>和<li>标签名称来定义 CSS 样式，就可以应用到整个页面中的<ul>和<li>标签。

设置完成之后用浏览器执行，结果如图 7-13 所示。

图 7-13

诗词链接按钮已经按照我们所希望的横向排列，但是超链接默认的文字颜色太暗了，下一步，我们需要通过设置 CSS 样式来调整它们的颜色。

所有未访问过的超链接（link）和已访问过（visited）的超链接的文字颜色都设置为白色（#FFFFFF），无底线。对于<ul>标签中的超链接，当鼠标悬停在上面时，文字颜色变为黄色(#FFFF00)；对于<li>标签中的超链接，当鼠标悬停在上面时，文字颜色变为橘色（#FB9400）。

还未访问过的超链接和已访问过的超链接会设置为相同的样式，因此可以使用逗号（,）将它们连接起来作为 CSS 选择器。鼠标悬停（hover）和正在被单击（active）的链接也是一样的。完整的语句如下：

```
a:link, a:visited {    /*超链接的 link 样式与 visited 样式*/
  color: #FFFFFF;
  text-decoration: none;    /*设为无底线*/
}
a:hover, a:active {    /*超链接的 hover 样式与 active 样式*/
  color: #FFFF00;
```

```
}
li a:hover, li a:active { color: #FB9400;} /*li 元素里的超链接 hover 样式与 active 样式*/
```

至此，header 区块就完成了。

2. 页尾区块

<footer>的 CSS 规则与<header>类似，都采用固定定位，固定在浏览器页面的底部，宽度为 100%，高度为 60px，背景颜色为#564E58，文字颜色为#FAE4C4，执行结果如图 7-14 所示。

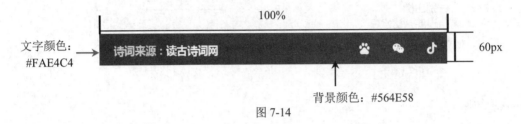

图 7-14

这里我们不再赘述页尾的制作过程，直接给出 CSS 代码：

```
footer{
  position: fixed;
  bottom: 0;          /*与父元素的下边缘距离设置为 0*/
  width: 100%;
  height: 60px;
  background-color: #564E58;
  color: #FAE4C4;
}
```

在 footer 组件的<nav>标签中，右侧区块的社交媒体按钮也是使用<ul>标签定义范围，<li>标签定义每个项目，但我们想要这些社交媒体超链接靠右排列，如图 7-15 所示。

图 7-15

使用 flexbox 的 justify-content 属性可以设置主轴线的排版方式。如果将它设置为 space-between，就可以采用两端对齐的方式，将第一项和最后一项贴齐边缘。相应的 CSS 代码如下：

```
footer > nav{
  display: flex;            /*flex 排列*/
  justify-content: space-between;
  align-items: center;  /*垂直居中*/
  padding-left:30px;
}
```

下一小节将介绍社交媒体超链接的制作方法，现在我们先来看一下主内容区的样式。

3. 主内容区块

主内容区块的位置在顶部导航栏和页尾之间，通过<main>标签进行定义。为了避开顶部导航栏，我们在上下分别预留了 100px 的距离，在页面上呈现如图 7-16 所示的效果。

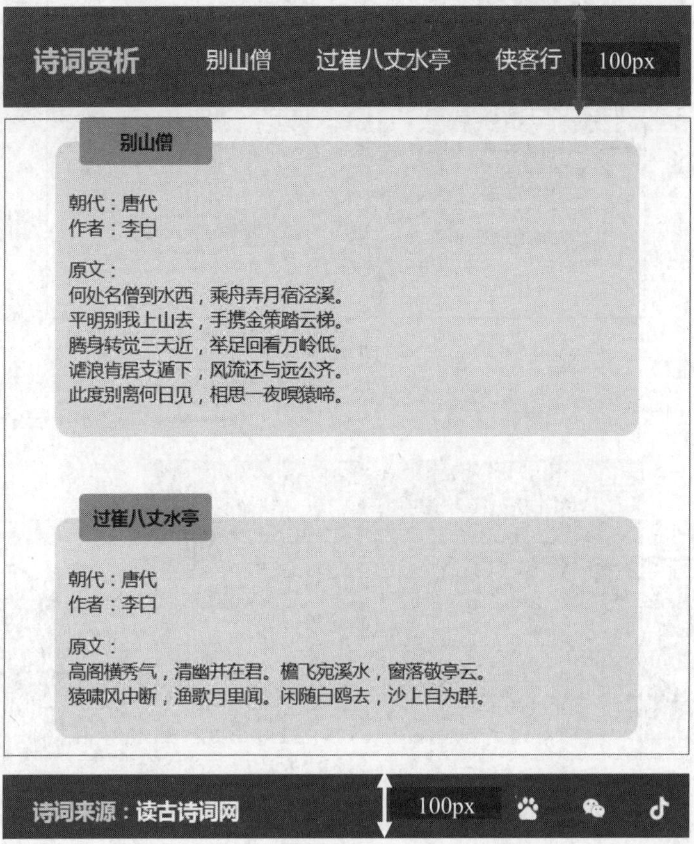

图 7-16

<main>标签应用了以下 CSS 样式：

```
main{
  margin: 100px 0;    /*上下边距为 100px 左右边距为 0*/
}
```

在<main>标签中，每个诗词组包含标题、朝代、作者和诗词正文。最简单的方式是使用表单组件的<fieldset>和<legend>标签来创建组。

我们将<fieldset>的背景颜色设置为#F2EFE9，外边距设为 50px，圆角设为 15px，边框设为无，如图 7-17 所示。

legend 组件的宽度设置为 100px，背景颜色设置为#BFB48F，内边距为 10px，左外边距为 10px，圆角为 5px，如图 7-18 所示。

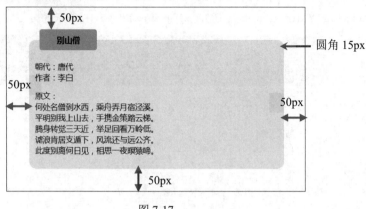

图 7-17

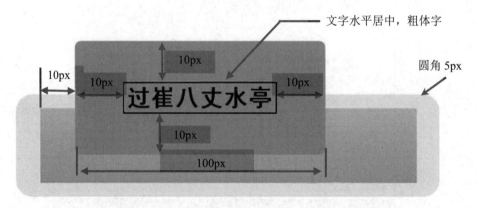

图 7-18

在设置 legend 组件的左外边距时，应注意到 fieldset 组件本身具有内边距（padding），因此，当我们设置 margin-left 属性时，也要考虑 fieldset 的左内边距。我们可以打开 Chrome 浏览器开发者工具（DevTools），在 Elements（元素）标签中查看 fieldset 组件默认的 CSS 样式，如图 7-19 所示。

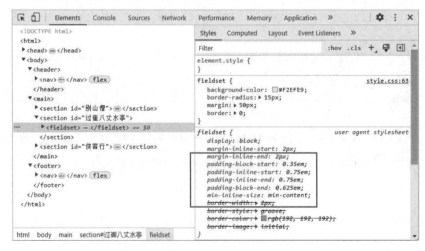

图 7-19

提示　对于 Google 的 Chrome 浏览器或 Microsoft 的 Edge 浏览器，只要按 F12 键就会启动开
发者工具（DevTools）。注意，Edge 中的翻译略有不同，叫作开发人员工具。

fieldset 组件与 legend 组件的 CSS 语句如下：

```
fieldset{
  background-color: #F2EFE9;
  border-radius: 15px;  /*圆角*/
  margin: 50px;
  border: 0;    /*设置为无边框*/
}
legend{
  background-color: #BFB48F;
  padding: 10px;        /*内边距*/
  margin-left: 10px;   /*左外边距*/
  width: 100px;
  border-radius: 5px;
}
legend p{
  margin: 0;           /*边距为 0*/
  text-align: center; /*文字水平居中*/
  font-weight: bold;  /*文字设为粗体*/
}
```

完成后，可以在浏览器中打开网页，查看所有元素是否应用了 CSS 样式，是否看起来美观。我
们可以逐一单击顶部导航栏的"诗词"超链接，并尝试浏览页面，看看效果如何（参考如图 7-20 所
示的执行结果）。

图 7-20

细心的读者会发现，顶部固定导航栏的高度为 90px。当我们单击锚点超链接并跳转到该锚点定
义的诗词区域时，该区域会出现在屏幕顶部，被导航栏遮挡了。如图 7-21 所示是单击"别山僧"按
钮后的屏幕截图。

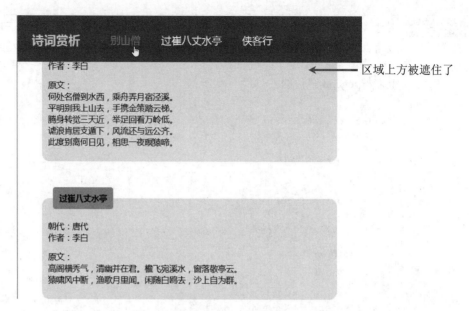

图 7-21

　　我们可以在单击超链接时，在该诗词区域上方自动添加一个高度为 90px 的空白元素，也就是之前提到的伪元素。这样一来，诗词区域就会向下移动，不再被导航栏遮挡。接下来的一节，我们将讲解如何添加伪元素。

7.2.4　添加伪元素

　　CSS 中常使用的伪元素有两种：::before 和::after。这两种伪元素都是内联元素（inline），通常需要与 content 属性一起使用。

　　::before 是在指定的选择器"之前"插入内容，语法如下：

　　选择器::before ｛ CSS 样式 ｝

　　::after 是在指定的选择器"之后"加入内容，语法如下：

　　选择器::after ｛ CSS 样式 ｝

　　下面的范例程序中有一个<p>元素，其中的文本内容为"HELLO WORLD"，文本水平居中，并带有 1px 红色实线边框。我们使用::before 伪元素，在<p>元素内部的文本内容之前插入一个爱心符号；使用::after 伪元素，在<p>元素内部的文本内容之后插入一个蓝色太阳符号。

　　【范例程序：pseudo-elements.htm】

```
<!DOCTYPE HTML>
<html>
<head>
<meta charset="UTF-8">
<title> pseudo-elements 伪元素 </title>
<style>
p{
    color:red;
    border:1px solid red;
```

```
        text-align:center;
    }
    p:before {
        content: "♥";
    }
    p:after {
        content: "☀";
        color:blue;
    }
    </style>
    </head>
    <body>

    <p>HELLO WORLD</p>

    </body>
    </html>
```

执行结果如图 7-22 所示。

♥HELLO WORLD☀

图 7-22

> 提示　在 CSS 2 中，伪元素以单个冒号（:）开头表示，而在 CSS 3 中，为了区分伪类选择器和伪元素，伪元素以双冒号(::)开头表示。不过，不管是使用"::before"还是":before"，大多数现代浏览器都能正确解析和执行。

在掌握了伪元素的用法后，我们可以回到本章练习的问题，思考如何在诗词区域之前添加 90px 的空白。

CSS 中有一个伪类选择器叫作:target，它可以用来选择当前被锚定元素的目标元素。因此，我们可以使用伪元素来创建一个 90px 的空白区块，并将它添加到锚点（诗词区域）之前。代码如下：

```
:target:before {
    content: "";
    display: block;
    height: 90px;
}
```

将 HTML 文件存盘，把本范例程序保存到 index.htm 文件中。接下来，让我们来看看如何生成社交媒体的图标。

7.2.5　使用图标字体生成社交媒体的图标

在制作网页时，因为版面限制或为了美观，可以使用图标来替换文字，让网站访客通过图标就能清楚地知道其用途。以往，要制作图标就必须到网络上搜集图片文件或请设计人员制作，费时费力。当网页图片文件太多时，也会造成网页加载速度缓慢。因此，我们可以使用图标字体(Icon Fonts)来制作图标。它的原理是将图标制作成字体，然后通过 CSS 或 JavaScript 语句来调用这些图标字体。这种方式具有以下优点：

（1）图标放大或缩小都不失真。

（2）图标的大小、颜色及阴影能够使用 CSS 或 JavaScript 进行调整。

（3）图标字体可以被打包成一套字体，如同 CSS Sprites 一样，只需下载一次，减少了 HTTP 请求的次数。

网上提供图标字体的网站很多，其中一些知名的有 Font Awesome、Google Fonts 的 Material Icons 和 IcoMoon App 等。

1. Font Awesome

网址：https://fontawesome.com/。

Font Awesome 最新版本是 6 版，需要用户注册账户以获取代码（称为 Kit Code），然后就可以在 HTML 文件中直接引用官方提供的 JS 文件。免费版限制每个月网页浏览量为 10000 次。

2. Material Icons

网址：https://fonts.google.com/icons。

Material Icons 开源且可免费使用，它的图标格式有 SVG、PNG 和 Icon Font 3 种类型，可惜社交媒体方面的图标较少。

3. IcoMoon App

网址：https://icomoon.io/app/。

IcoMoon App 已经默认加载 IcoMoon-Free 图标库，其中大部分图标采用 CC0 授权或 CC BY 4.0。进入主页后，可滚动页面至最底端找到 Add Icons From Library…链接，从 Library 中加载更多图标库。Library 提供免费和付费的图标库，不同的图标库可能有不同的授权方式。在使用之前，请先查看 License 授权方式，如图 7-23 所示。

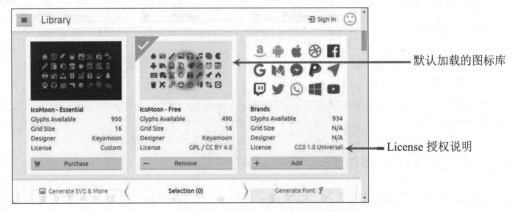

图 7-23

IcoMoon App 可以将多个图标打包成一套字体文件，本章范例程序中的百度百科、微信和抖音的图标将通过 IcoMoon App 来获取，接下来将介绍 IcoMoon App 的下载与使用方法。

1）下载 IcoMoon App

先进入 https://icomoon.io/app/网页，在"Search..."输入框中输入 baidu，单击搜索到的图标，

这时下方的 Selection 区域会显示(1)，表示已选择了一个图标，如图 7-24 所示。

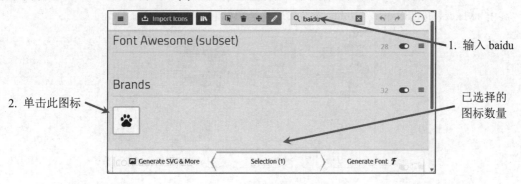

图 7-24

重复上述步骤加入微信（WeChat）和抖音（TikTok）的图标，完成后，Selection 区域会显示"(3)"，表示已选择了 3 个图标。单击 Generate Font 按钮以生成字体文件，如图 7-25 所示。

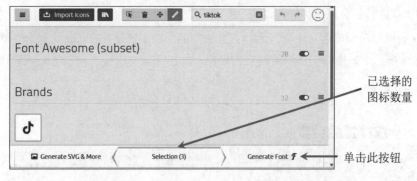

图 7-25

这时画面会显示已选的 3 个图标，图标名称可自定义。以图标名称"baidu"为例，将生成一个 class 名称为"icon-baidu"的对象。确认无误后，单击 Download 按钮即可下载字体的压缩文件（ZIP 格式），如图 7-26 所示。

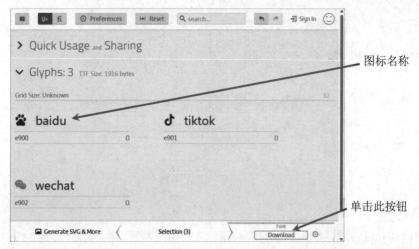

图 7-26

下载后，得到压缩文件 icomoon.zip，把这个文件解压缩之后，会有如图 7-27 所示的文件夹与文件，其中 style.css 是 CSS 样式，fonts 文件夹中就是图标的字体文件。

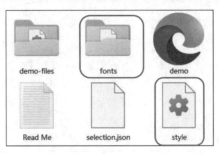

图 7-27

稍后再来说明如何在 HTML 文件中使用这些文件。现在，我们先来了解一下在 IcoMoon App 中如何编辑图标以及取消已选的图标。

2）取消已选的图标

回到选择图标页面（注意，此时上方的功能按钮应该是在 Select（选择）模式），找到已选的图标，单击已选的图标即可取消对它的选择，如图 7-28 所示。

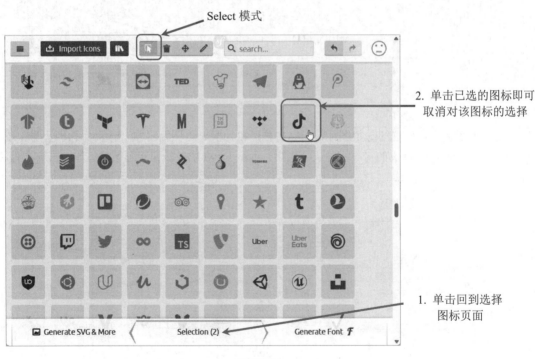

图 7-28

3）编辑图标

切换到 Edit 模式，单击想要编辑的图标，如图 7-29 所示。

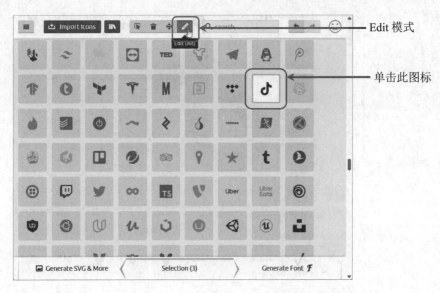

图 7-29

在出现的编辑面板中，我们可以执行一些简单操作，例如修改（旋转或镜像）标签，更改图标的网格大小等，如图 7-30 所示。

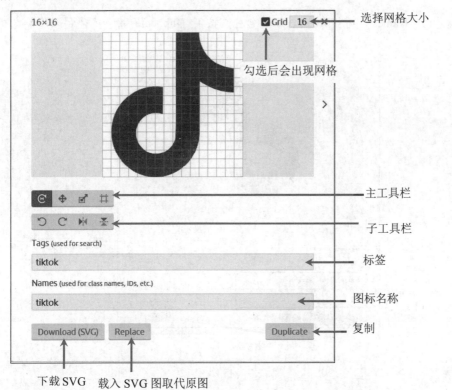

图 7-30

画布上的线条或点可以单独选取进行旋转、镜像、移动、缩放、删除、移至上层或移至下层等操作。单击主工具栏上的按钮就会出现对应的子工具栏供进一步编辑使用，如图 7-31 所示。

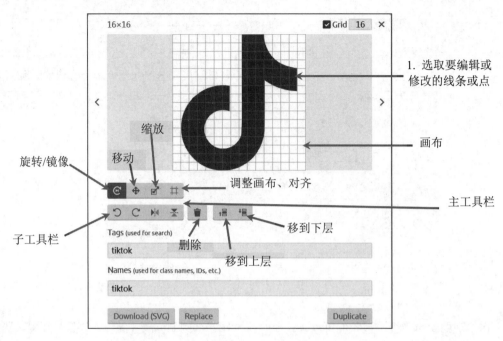

图 7-31

编辑完成之后，Names 字段可以输入新的名称，按下 Duplicate 就会产生另一个新图标，如图 7-32 所示。

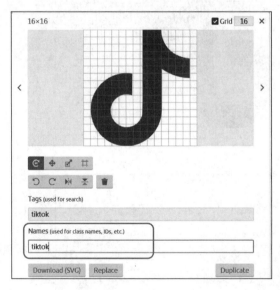

图 7-32

4）使用图标

现在，让我们来看看如何将下载下来的图标添加到自己的项目中。下载后，解压缩的文件夹里会有 style.css 与 fonts 文件夹，style.css 包含 CSS 语句，fonts 文件夹里则是图标的字体文件。

打开 icomoon.zip 压缩文件中的 style.css 文件，复制所有 CSS 代码，粘贴到本项目使用的 style.css

文件的末尾，如图 7-33 所示。为了方便阅读代码，可以在该段 CSS 代码前后添加注释。

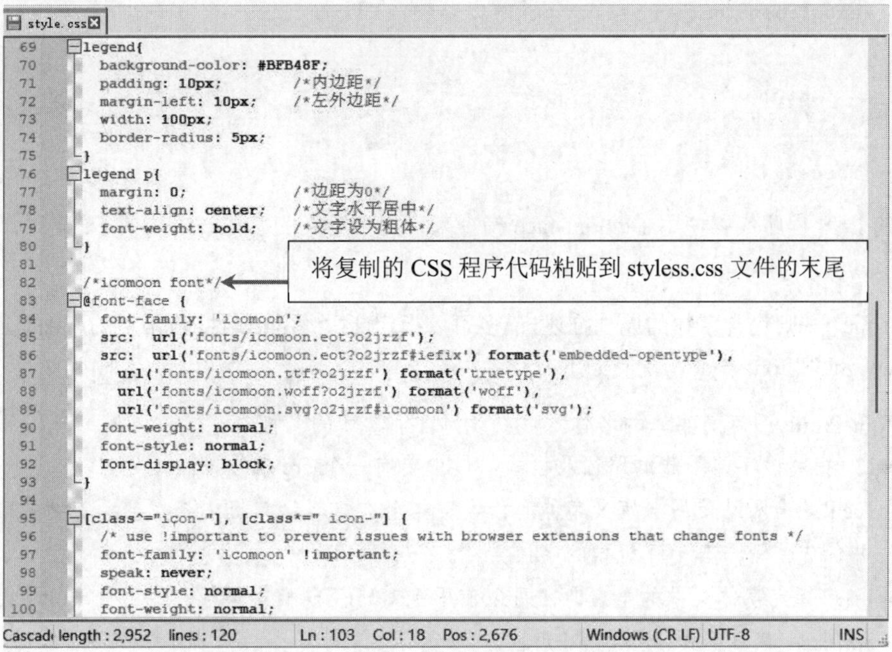

图 7-33

我们可以从 CSS 程序代码中看到这 3 个图标的 class 名称。

```
/*以下为 icon fonts*/
@font-face {
  font-family: 'icomoon';
  src:  url('fonts/icomoon.eot?o2jrzf');
  src:  url('fonts/icomoon.eot?o2jrzf#iefix') format('embedded-opentype'),
    url('fonts/icomoon.ttf?o2jrzf') format('truetype'),
    url('fonts/icomoon.woff?o2jrzf') format('woff'),
    url('fonts/icomoon.svg?o2jrzf#icomoon') format('svg');
  font-weight: normal;
  font-style: normal;
  font-display: block;
}

[class^="icon-"], [class*=" icon-"] {
  /* use !important to prevent issues with browser extensions that change fonts */
  font-family: 'icomoon' !important;
  speak: never;
  font-style: normal;
  font-weight: normal;
  font-variant: normal;
  text-transform: none;
  line-height: 1;

  /* Better Font Rendering =========== */
  -webkit-font-smoothing: antialiased;
  -moz-osx-font-smoothing: grayscale;
}

.icon-baidu:before {
```

baidu 图标的 class 名称是 icon-baidu

```
    content: "\e900";
}
.icon-wechat:before {
    content: "\e902";
}
.icon-tiktok:before {
    content: "\e901";
}
/*icon fonts结束*/
```

上面的 CSS 程序代码使用了@font-face 指令来声明自定义的字体，语法如下：

```
@font-face { font-properties }
```

@font-face 规则包含字体的属性描述，最多可以指定 24 个不同属性，较常用的属性是 font-family、src、font-weight 和 font-style，说明如下：

- font-family：定义字体的名称，可更改为自己喜欢的名称。
- src：指定该字体下载的路径及格式，最少要有一个 src 属性。
  - local：当网站使用自定义字体时，浏览器会在访客计算机中查找已经安装的字体文件，并优先使用访客计算机中的字体文件。
  - url：指定字体文件的路径时，可以使用绝对路径或相对路径。
  - format：字体格式，接在 url 后面。
- font-style：字体样式，属性值有 normal、italic 和 oblique。
- font-weight：字体粗细，属性值有 normal、bold、100、200、300、400、500、600、700、800 和 900。

接下来，只要在 index.htm 中加上这 3 个图标即可，程序代码如下：

```
<ul>
    <li><a href="#"><i class="icon-baidu"></i></a></li>
    <li><a href="#"><i class="icon-wechat"></i></a></li>
    <li><a href="#"><i class="icon-tiktok"></i></a></li>
</ul>
```

执行结果如图 7-34 所示。

图 7-34

第二部分　JavaScript 语言

　　JavaScript 是一种脚本语言，也是一种编程语言，它可以通过几行简短的代码来控制网页上的组件，例如控制视频播放或与访问者通过表单组件互动等。JavaScript 也是前端网页开发者的必备技能之一。由于必须具备编程的基本概念才可以使用 JavaScript，因此在第二部分中，我们将从基础概念开始系统地介绍 JavaScript。

第 8 章

JavaScript 基础

HTML、CSS 与 JavaScript 是网页前端三大基础技术，介绍了 HTML、CSS 之后，接下来我们将深入介绍 JavaScript 程序设计。

8.1 认识 JavaScript

JavaScript 是一种易于学习、快速、功能强大的编程语言，使用广泛，近年来一直名列程序语言调查排行榜前列，其重要性不言而喻。

8.1.1 JavaScript 基本概念

JavaScript 是一种解释型（Interpret）描述语言，它的前身是由 Netscape 开发的 LiveScript。后来，Netscape 与 Sun 公司合作开发，并将它命名为 JavaScript。JavaScript 名称中包含了 Java，这使得很多人误认为它是 Java 语言的变体，实际上两者并不相同。

JavaScript 具有跨平台、面向对象、轻量级等特点，通常会与其他应用程序搭配使用。最广为人知的莫过于 Web 程序的应用，JavaScript 与 HTML 及 CSS 搭配编写的 Web 前端程序，能够在浏览器中实现网页的互动效果。

JavaScript 程序是在前端（客户端）浏览器中直接解释执行的，执行结果也会在浏览器中呈现。这种方式不会给服务器增加负担，因为浏览器会将 JavaScript 代码下载到本地并在本地执行，不需要向服务器发送请求。同时，JavaScript 具有简单的语法，可以轻松地控制浏览器提供的各种对象和 API，从而实现丰富的动态网页效果。

在下面的程序中，使用 HTML 的基本语法来布局网页，并在其中嵌入 JavaScript 语句（方框范围内使用的是 JavaScript 语句，其他程序代码则是 HTML 语句）：

```
<!DOCTYPE HTML>
<html>
 <head>
  <title>一起学 JavaScript</title>
  <meta charset="utf-8">
```

```
<script>
document.write("5+7=" + (5+7) + "<br>");
</script>
</head>
```
←── JavaScript 语句

HTML 按钮组件加入 JavaScript 语句
↓

```
<body>
    <button type="button" onclick="document.getElementById('showTime').innerHTML =
Date()">显示现在的时间</button>
    <p id="showTime"></p>
</body>
</html>
```

读者使用 Windows 的"记事本"应用程序打开范例文件夹 ch08 中 testJS.htm 文件，就能查看上述程序的源代码。由于 HTML 文件会以默认浏览器打开，因此当我们双击 testJS.htm 文件时，就会启动浏览器执行该文件，网页会显示出 5+7 的结果，如图 8-1 所示；而按钮语句部分的 JavaScript 语句，要等到用户单击"显示现在的时间"按钮才会触发执行，如图 8-2 所示。

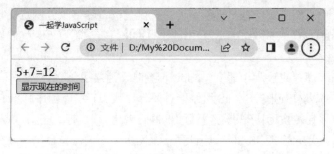

图 8-1

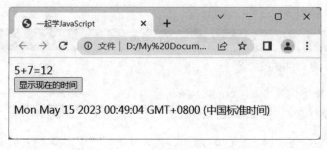

图 8-2

JavaScript 刚出现时经常因执行速度慢且不友好而被批评，因为当时各家浏览器对 JavaScript 的支持程度不一，往往一段 JavaScript 程序必须轮流在各大浏览器测试，甚至必须先判断浏览器是 Safari、Chrome、Firefox 还是 IE，要为不同浏览器编写相应的程序代码，这给 Web 开发者带来很大的困扰。

随着技术的发展，用来规范 JavaScript 的 ECMAScript 标准越来越完善，语法越来越丰富，各大浏览器也纷纷遵循 ECMAScript 标准。ECMA International 从 2015 年发布第 6 版的 ECMAScript 2015 开始（也称为 ES6），每年都会发布新的 ECMAScript 标准，本书参考了 2021 年 7 月发布的 ECMAScript 2021（也称为 ES12）。

除了 Web 前端应用之外，JavaScript 还支持 JSON 和 XML 技术，能快速获取后端数据库和云端数据，实现异步数据传输，使 JavaScript 的应用从前端发展到后端。正因为 JavaScript 对前后端开发都有很好的支持，所以网络购物、在线游戏和物联网技术都经常使用 JavaScript，这也促进了 JavaScript 的发展。

最新版本的浏览器都能够很好地支持 JavaScript，建议浏览器版本不低于以下所列版本。值得注意的是，Microsoft 已不再支持 Internet Explorer（IE），因此 IE 不列在表中。

Google Chrome 70	Microsoft Edge 18	Firefox 63	Safari 12

8.1.2　JavaScript 运行环境

JavaScript 既可以在前端（客户端）运行，也可以通过 Node.js 在后端（服务器端）执行。本书将主要介绍前端技术。

在第 3 章中，我们介绍了浏览器呈现网页的过程。当浏览器接收到网页文件时，会将程序代码交给渲染引擎处理，HTML 代码会被解析并构建出 DOM 树结构，CSS 代码则会被解析并构建出 CSSOM 树结构。

当浏览器在解析程序代码过程中遇到<script>标签时，渲染引擎会将控制权交由 JavaScript 引擎（JavaScript Engine，简称 JS 引擎），JS 引擎通过解释器或 JIT 编译程序（Just-In-Time Compiler）将程序代码从上到下逐行转换为计算机看得懂的机器码来执行，执行完毕，控制权再交还渲染引擎。

各家浏览器大多使用自家的 JS 引擎，因此同一个网页在不同浏览器的呈现效果与运行速度就会有差异，常见的 JS 引擎有 Google Chrome 的 V8、Apple Safari 的 Nitro、Microsoft 的 Chakra 以及 Mozilla Firefox 的 TraceMonkey。

学习小教室

关于 HTML 的<script>标签

在 HTML 程序代码中，<script>标签用于内嵌其他编程语言，并且渲染引擎会根据<script>的 type 属性所指定的语言类型将控制权交给对应的 Script 引擎来执行。例如：

- <script type="text/x-scheme"></script>表示使用的语言类型是 Scheme。
- <script type="text/vbscript"></script>表示使用的语言类型是 VBScript。
- <script type="text/javascript"></script>表示使用的语言类型是 JavaScript。

在 HTML 5 中，默认的<script>标签是 JavaScript，因此 type 属性也可以省略不写。

8.1.3　浏览器控制台

在编写前端 JavaScript 程序时，经常需要使用浏览器提供的开发者工具中的 Console（中文称为控制台）对数据进行验证或调试。每个浏览器的控制台操作方式都不尽相同。下面介绍 Google Chrome 的开发者工具的控制台的使用。

首先，在 Chrome 浏览器中打开本书范例文件夹中的 ch08/testConsole.htm 页面文件，然后按 F12 键，浏览器将显示开发者工具的控制台，如图 8-3 所示。控制台默认打开的是 Console 面板，如未打开，请切换至 Console 面板。

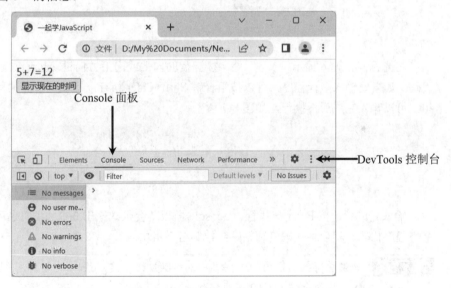

图 8-3

testConsole.htm 中的程序代码如下：

```
<script>
    console.log("console 显示 5+7=", (5+7));
</script>
```

console.log() 中的文字包含一个字符串"("console 显示 5+7=")"与一个表达式"(5+7)"，两者之间使用逗号分隔。也可以写成"("console 显示 5+7=" + (5+7))"输出字符串，输出的结果是相同的。

Console 是控制台 Console 对象的 API，它提供了许多方法供我们使用，console.log() 是其中一个方法，它的功能是将一些信息输出到控制台。因此，当我们打开 textConsole.htm 页面后，在 Console 面板中就会显示类似图 8-4 的信息。

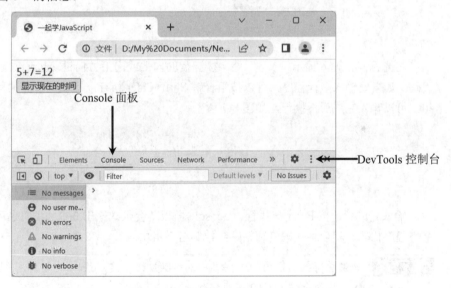

图 8-4

开发者工具的控制台右上方有一个 ⋮ 按钮，可以用它来选择控制台显示的位置，从左到右分别是浮动、左侧停靠、底部停靠、右侧停靠，如图 8-5 所示。

Console 不仅可以输出 JavaScript 的信息，还可以直接执行 JavaScript 程序代码。只需要在 Console 面板单击鼠标左键，就会出现光标，就可以开始输入 JavaScript 程序代码。输入完成后，按 Enter 键即可执行程序。例如，在光标处输入 5+7，按 Enter 键，马上就会显示执行结果，如图 8-6 所示。

通常执行无误的信息属于一般信息，可以选择 Console 面板左侧的 info 类型，这样 Console 面板就能过滤只显示 info 类型的信息。另外 3 种类型稍后再介绍。

图 8-5

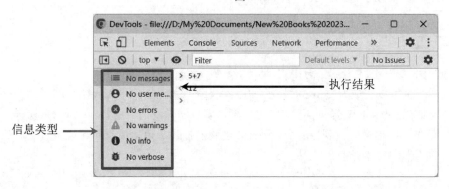

图 8-6

将光标停在输入提示符"＞"处，按键盘的向上或向下方向键可以依次显示之前输入过的程序代码。如果要输入多行程序，可以按组合键 Shift+Enter 换行。例如，下面的程序代码有 3 行程序语句，可以输入完成后再执行，如图 8-7 所示。

```
> for (var i=0; i<10; i++) {
      console.log(i);
  }
```

图 8-7

输入完成后，按 Enter 键执行，Console 面板就会依次输出 0~9。我们也可以在文本编辑器中编写好程序代码，然后将代码复制粘贴到控制台面板中执行。

提示　如果觉得控制台内的文字太小，可以按组合键 Ctrl+ +放大字体，按组合键 Ctrl+-缩小字体，按组合键 Ctrl+0 还原字体大小。

Console 对象有很多可用的方法，其中 log()是最常用的方法。其他方法的说明如下：

1）assert()

语法如下：

```
assert(assertion,错误信息)
```

assertion 是一种逻辑判断式，其结果只有 true 和 false 两种情况。如果判断为 false，则会输出错误信息。例如：

```
x =5;
console.assert(x>10, "x 不大于 10");
```

因为 x 不大于 10，所以 assert() 会输出 "x 不大于 10" 的信息，如图 8-8 所示。

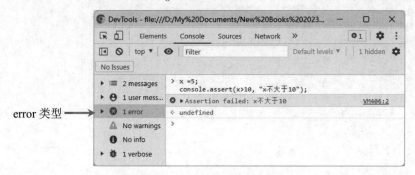

图 8-8

2）error()

语法如下：

```
console.error(message)
```

error() 方法用于将错误信息输出到控制台，括号内放置要显示的信息，可以是字符串或对象。例如：

```
console.error("这是显示的文字");
```

执行后就会将 error() 方法内的文字显示在 error 类型，如图 8-9 所示。

图 8-9

assert() 方法和 error() 方法都可以将信息显示为错误信息。如果程序代码有错误，也会在错误信息中列出。在 Console 面板中，可以通过选择左侧的 error 类型来筛选只显示错误信息的部分。

3）warn()

语法如下：

```
console.warn(message)
```

warn() 方法用于将警告信息输出到控制台，括号内放置要显示的信息，可以是字符串或对象。在控制台中，警告信息前方会显示黄色三角形图标，如图 8-10 所示。

图 8-10

4）clear()

语法如下：

```
console.clear();
```

clear()方法用来清除控制台上的信息。执行该方法后，控制台会输出"Console was cleared"的信息。

除了调用 clear()方法之外，我们还可以在控制台面板的任意输出行上右击，然后在弹出的快捷菜单中选择"Clear console"命令，以清除控制台面板中的信息，如图 8-11 所示。

图 8-11

5）count()

语法如下：

```
console.count(label);
```

count()方法用来显示调用次数，括号内放置要辨识的标签。如果没有指定标签，则会以 default 作为标签进行计数。

参考范例程序 count.htm。

```
console.count()          //第 1 次调用
console.count("A")       //第 1 次调用
console.count("A")       //第 2 次调用
console.count("B")       //第 1 次调用
console.count()          //第 2 次调用
```

执行结果如图 8-12 所示。

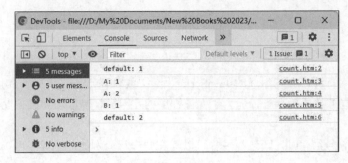

图 8-12

6）time()与 timeEnd()

语法如下：

```
console.time(label)     //开始计时
console.timeEnd(label)  //结束计时
```

time()方法用来计算程序执行的时间长度，单位是毫秒（ms）。如果有多个程序需要计时，那么可以在括号内加上标签。参考范例程序 time.htm。

```
console.time("for Loop");   //开始计时
let x = 0;
for (i = 1; i <= 100; i++) {
  x += i;
}
console.log(x)
console.timeEnd("for Loop");   //结束计时
```

在 for 循环开始之前，先调用 time()方法记录当前时间。随后，for 循环执行 100 次，同时需要在循环体内累加变量 x 的值。循环结束后，调用 console.log 输出 x 的值，并在最后调用 timeEnd()方法结束计时。执行结果将显示 for Loop 的计时区间所花费的时间，如图 8-13 所示。

我们可以将控制台面板中的信息保存下来，只需要在任意输出行上右击，在弹出的快捷菜单中选择"Save as…"命令即可将信息保存到指定的位置，如图 8-14 所示。

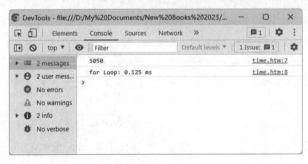

图 8-13

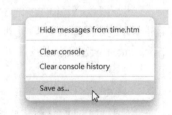

图 8-14

8.1.4　JavaScript 程序结构

JavaScript 程序是由一行行的程序语句（statements）组成的。程序语句包含变量、表达式、运算符、关键字和注释等。包含不同类型的 JavaScript 程序语句的示例如下：

```
var x, y;                  //第 1 行程序语句
x = 2;                     //第 2 行程序语句
y = 3;                     //第 3 行程序语句
document.write( x + y );   //第 4 行程序语句
```

以上是一段由 4 行程序语句组成的 JavaScript 程序。虽然 JavaScript 对于语句结尾是否使用分号不作要求，程序都能够被正确执行，但为了保证程序的完整性、易读性和维护性，建议在每条语句结束时都加上分号（;）。

程序语句使用分号结尾时，语句与注释可以写在同一行，例如前述程序可以写成如下形式：

```
var x, y; x = 2; y = 3; document.write( x + y );
```

但是，当遇到区块结构时，应使用花括号（{}）明确定义区块程序的起始和结束，因此不需要再加分号。例如，下面的程序语句定义了一个名为 func 的函数（function），函数区块结束时不需要分号，但区块内每个独立的程序语句仍然建议加上分号。

```
var func = () => {
  var x, y;
  x = 2; y = 3;
  document.write( x + y );
}
```

学习小教室

关于 document.write()方法

document.write()是 document 对象的一种写入方法，可以在文档流（document stream）中写入字符串。document.write() 不一定需要包含 open() 和 close()方法，但在调用 document.write()写入大段的 HTML 代码时，建议先调用 document.open()来写入流，并在写入完成后调用 document.close()来结束流，以确保代码的可维护性和可读性。

```
//打开文件流
document.open();
//写入字符串
document.write(String)
//关闭文件流
document.close();
```

如果只调用 document.write()方法而没有明确调用 document.open()方法来开始文档流，那么浏览器会在首次调用 document.write()方法时自动调用 document.open()方法。然后，当 document.write()方法写入字符串后，可以调用 document.close()方法来指示浏览器结束流，关闭文档。

如果文件流已经关闭，执行 document.write()方法就会打开新的文件流并写入，这可能会导致 HTML DOM 被清空或出现其他不正确的行为。例如，以下代码在 documentWrite.htm 文件中调用 document.write()方法将 "<h3>add new</h3>" 字符串写入 HTML 文件:

```
<!DOCTYPE HTML>
<html>
<head>
<meta charset="UTF-8">
<title>document.write</title>
</head>
<body>
```

```
    <h1>Hello</h1>
    <h2>World</h2>
    <script>
      document.write("<h3>add new</h3>");
    </script>
</body>
</html>
```

执行结果如图 8-15 所示。

Hello

World

add new

图 8-15

如果将程序修改为等待网页完全加载完毕再去执行 document.write()，则程序代码应如下所示（documentWrite_onload.htm）。

```
<!DOCTYPE HTML>
<html>
<head>
<meta charset="UTF-8">
<title> window.onload - document.write</title>
</head>
<body>
    <h1>Hello</h1>
    <h2>World</h2>
    <script>
    window.onload = (event) => {
      document.write("<h3>add new</h3>");
    }
    </script>
</body>
</html>
```

我们可以执行 documentWrite_onload.htm 查看执行结果。这时网页只显示了 "add new" 而其他内容都不见了，执行结果如图 8-16 所示。

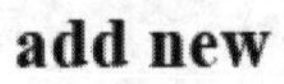

add new

图 8-16

这是因为原始 HTML 文件的流已经被完全加载，此时再调用 document.write() 方法会自动先调用 document.open() 方法开启新的文件流，这会导致原始的 HTML DOM 被清空。

如果仅仅是测试数据，则调用 document.write() 非常方便。但是，如果使用不当，则会影响页面的正确性和性能，不建议将它用于字符串输出或添加 HTML DOM 节点。最适合的使用场景是在页面加载过程中动态加载外部文件，例如：

```
<script>
document.write('<link rel="stylesheet" href="style_red.css">');
</script>
```

> 如果想要在网页输出文字，则建议通过操作 HTML DOM 组件将数据显示于网页上，格式如下：
>
> ```
> 显示的数据
> ```

8.2　JavaScript 基础语法

本节将从 JavaScript 语法的基础开始介绍，涵盖 JavaScript 的基本架构、变量、运算符和控制结构等重要组成元素。本书的范例程序都以 Google 的 Chrome 浏览器为运行环境，在准备好文本编辑器和浏览器之后，读者可以跟着本章一起学习 JavaScript 的基础知识。

8.2.1　JavaScript 语法架构

JavaScript 程序代码可以嵌入 HTML 文件中，也可以单独存储在外部 JavaScript 文件中并在 HTML 文件中引用。

1. HTML 文件加入 JavaScript

JavaScript 是一种脚本语言，可以使用<script></script>标签在 HTML 文件中嵌入 JavaScript 程序代码。只需要将编辑好的文件以.html 或.htm 文件格式保存，便可以在浏览器中查看 JavaScript 代码的执行结果。JavaScript 的基本语法结构如下：

```
<script type="text/javascript">
    JavaScript 程序代码

</script>
```

在 HTML 5 中，<script>标签的 type 属性默认为 JavaScript，因此可以省略 type 属性直接使用<script></script>标签来嵌入 JavaScript 代码。下面是一个简单的范例程序，其中使用 JavaScript 来操作 HTML 元素。

【范例程序：helloJS.htm】

```
<!DOCTYPE HTML>
<html>
<head>
<meta charset="UTF-8">
<script>
window.onload = (event) => {
    document.getElementById("message").innerHTML = "JavaScript 好简单！";
}
</script>
</head>
<body>
<div id="message"></div>
</body>
</html>
```

执行结果如图 8-17 所示。

图 8-17

在<script></script>标签中，我们可以使用 JavaScript 语法。在本范例程序中，我们希望利用 JavaScript 将文本"JavaScript 好简单！"显示在 div 组件中。但是，浏览器在显示网页之前需要解析 HTML、CSS 和 JavaScript，并创建相应的 DOM 树。如果想要使用 JavaScript 操作 HTML 元素，则必须等待 DOM 树完全渲染完毕，否则就会出现组件不存在的错误信息。

在本范例程序中，我们将<script>标签放置在<head>标签内，这意味着在浏览器执行完<script>标签之前，DOM 树尚未建立完毕。如果我们使用以下代码来操作<div>元素，就会出现错误提示信息。

```
<script>
    document.getElementById("message").innerHTML = "JavaScript 好简单! ";
</script>
```

从浏览器的控制台可以看到如图 8-18 所示的错误信息。

图 8-18

网页加载完成后，浏览器会触发 load 事件。因此，如果我们想要访问网页上的元素，可以调用 window.onload()方法来确保所有资源都已经加载完毕，并且 DOM 树可以被读取。window.onload()方法的用法如下：

```
<script>
window.onload = (event) => {
    document.getElementById("message").innerHTML = "JavaScript 好简单! ";
}
</script>
```

另一种方法是将<script></script>标签放在 HTML 文件的末尾。这样，当浏览器加载完所有的 HTML、CSS 和 JavaScript 文件后，DOM 树就已经渲染完成了。因此，在这种情况下，我们不需要调用 window.onload()方法来确认网页已加载完成。下面是将<script></script>标签放在 HTML 文件末尾的范例程序。

【范例程序：helloJS.htm】

```
<!DOCTYPE HTML>
<html>
<head>
<meta charset="UTF-8">
</head>
<body>
<div id="message"></div>
</body>
</html>
<script>
    document.getElementById("message").innerHTML = "JavaScript 好简单！";
</script>
```

提示　读者可能在其他书籍看过如下的写法：

```
window.onload = function() {
...
};
```

这是 ES5 和之前的版本中函数表达式（Function Expressions，简称 FE）的写法，ES6 之后改用箭头函数。大多数浏览器仍然支持旧版函数表达式的写法。

window 的 load 事件也可以通过调用 addEventListener()方法注册 load 事件的事件处理程序来监听，语法如下：

```
window.addEventListener('load', (event) => {
  ...
});
```

2. 载入外部 JavaScript 文件

如果要执行的 JavaScript 程序比较长，那么我们可以将它存储为一个 JavaScript 文件，然后在 HTML 文件中使用 src 属性加载它。这种方式有以下几个优点：

（1）JavaScript 程序代码可重复使用。

（2）HTML 代码和 JavaScript 代码分离，让文件更容易阅读和维护。

（3）外部 JavaScript 文件可以被浏览器缓存，有利于加快页面加载（有关页面缓存功能的介绍，请参考下面的学习小教室）。

通常，JavaScript 程序文件的扩展名为".js"，我们可以使用 HTML 的<script>标签以及 src 属性将它加载到 HTML 文件中。其加载语法如下：

```
<script src="文件名.js"></script>
```

以上面的 helloJS.htm 为例，如果要将 JavaScript 程序存储为外部 JavaScript 文件，只需在一个新建的空白文件中将 JavaScript 代码复制进去（注意：不需要包含在<script>标签中），并保存为一个名为 load.js 的文件即可。

```
window.onload = (event) => {
    document.getElementById("message").innerHTML = "JavaScript 好简单！";
}
```

打开范例程序 external_JS.htm，看看加载外部 JavaScript 文件的写法。

【范例程序：external_JS.htm】

```
<!DOCTYPE HTML>
<html>
<head>
<meta charset="UTF-8">
<script src="load.js"></script>  <!--载入外部 JS 文件-->
</head>
<body>
<div id="message"></div>
</body>
</html>
```

学习小教室

关于浏览器的缓存功能

所谓浏览器缓存，是指浏览器在第一次访问网站时缓存该网站网页上的静态资源，包括外部的 CSS、JS 文件、图片等，当用户再次访问同一个网站时，浏览器可以在不重新加载这些静态资源的情况下直接从缓存中获取，从而加快网页加载速度，减少服务器的负担。

然而，缓存机制也会导致一个问题，就是当我们修改了这些静态资源后，如果缓存还未到期，浏览器就仍会显示旧的数据，除非用户清除缓存或按组合键 Ctrl+F5 强制刷新页面（即重新加载）。

为了避免用户看到旧数据，建议在修改 CSS、JS 或图片等静态资源后，将链接的文件名后加上一个问号（?）和一个随机字符串或版本号，例如：

```
<script src="txt.js?v1"></script>
```

如此一来，浏览器就会认为网址不同，从而向服务器要求重新加载。

随机字符串可以为包括英文字母或数字的任意字符，我们可以自定义版本号或日期等字符串，只要不与旧版本重复即可。例如：

```
txt.js?20220415
txt.js?a1
```

8.2.2　JavaScript 注释符号

"注释"只是为程序添加说明而不会在浏览器中显示。它是程序设计非常重要的一环，代码注释可以使代码更易于阅读，更容易维护。

注释应该简洁易懂，特别是在团队协同开发时，注释的内容尤为重要。通常，在程序区块和函数前会添加注释：

● 　程序区块的注释应包含简短的描述、编写者以及最后修改日期。
● 　函数的注释应该包含功能、参数、返回值等信息。

如此一来，团队的每个成员都可以快速了解程序及函数的功能，方便彼此沟通。

JavaScript 语法的注释分为单行注释和多行注释。

- 单行注释用双斜线（//）：只要使用了"//"符号，则从符号开始到该行结束都是注释文字。
- 多行注释用斜线星号组合（/*...注释...*/）：如果注释超过一行，只要在注释文字前后加上"/*"和"*/"符号即可。

> 提示　注释符号中间不可以有空白，例如"/ /"及"/　*"都是不允许的。

虽然注释很重要，不过仍应避免多余的注释。打开本书范例文件夹 ch08 中的 comment.htm 文件，我们来看看带注释的范例程序。

【范例程序：comment.htm】

```html
<!DOCTYPE HTML>
<html>
<head>
<meta charset="UTF-8">
<script>
const cal = () => {
    /*
    ********************
    函数功能: 计算 x+y，并显示计算结果
    编写: Eileen
    日期: 20220415
    ******************
    */
    let x, y;  //声明 x、y 变量
    x = 2;
    y = 3;
    //输出 x+y 的结果
    document.getElementById("message").innerHTML = ("x + y = " + (x + y));
};

window.onload = cal;
</script>
</head>
<body>
<div id="message"></div>
</body>
</html>
```

执行结果如图 8-19 所示。

图 8-19

注释文字只能在文件内看到，执行时并不会显示出来。

8.2.3　数据类型

"程序"简单来说就是告诉操作系统要使用哪些数据并依照指令完成哪些任务。而这些数据会被存储在内存中，为了方便识别，我们通常会为每个数据取一个名字，称为变量。为了避免浪费内

存空间，每个数据都会根据需求被分配不同大小的内存空间，因此数据也有了数据类型（data type）的概念来加以规范。

JavaScript 是一种具有弱类型（weakly typed）和动态类型（dynamically typed）特性的编程语言，因此在声明变量时，并不需要明确指定类型，只需要将数据值赋给变量，JavaScript 就会自动判断该变量的数据类型。

JavaScript 的数据类型包括字符串（string）、数值（number）、布尔（boolean）、undefined（未定义）、null（空值）、对象（Object）和 Symbol（符号）类型，其中大部分属于对象类型。下面让我们逐一了解这些数据类型。

1. 数值（number 与 BigInt）

JavaScript 的 number 是数值类型的对象，整数（integer）或浮点数（float）都是用 number 类型表示的。此格式采用 IEEE 754 双精确度 64 位存储，能够安全存储$-(2^{53}-1)$到$2^{53}-1$的数值。可以使用内置的 Number.MAX_SAFE_INTEGER 属性获取最大安全整数，例如：

```
const max = Number.MAX_SAFE_INTEGER;
console.log(max);    //9007199254740991
```

当数值超出最大安全整数的范围时，就无法保证计算结果的准确性。举个实例来说明（见范例文件 BigNumAdd.htm）。

```
function BigNumAdd(a, b) {
   let result = 0;
   result = a + b;
   return result;
}
const x = BigNumAdd(9007199254740991, 9007199254740996);
console.log(x)    //18014398509481988
```

执行范例文件 BigNumAdd.htm，执行结果为 18014398509481988，然而正确的值应为 18014398509481987。

当数值超出最大安全整数范围时，可以使用 BigInt 类型执行整数运算。

BigInt 是一种新的数值类型，可以用来表示任意精度的大整数（Big Integer）。

将数值定义为 BigInt 很简单，只需要在数值后面加上 n，例如 9007199254740991 改为 9007199254740991n，或者使用 BigInt()方法将数值转换为 BigInt 类型。

我们将上面范例程序 BigNumAdd.htm 中的数据类型改用 BigInt 类型来运算看看（见范例文件 BigIntAdd.htm）。

```
<script>
function BigIntAdd(a, b) {
   let result = 0;
    result = a + b;
   return result;
}
const x = BigIntAdd(9007199254740991n, 9007199254740996n);
console.log(x, typeof x)
</script>
```

执行结果如图 8-20 所示。

<u>18014398509481987n 'bigint'</u>

图 8-20

typeof 用来指出传入对象的类型，从这个范例程序可以看出 BigInt 运算结果也是 BigInt 格式。

BigInt 可以使用运算符来运算，如+、−、*、**、%等，但是不能使用 Math 对象方法操作，也不能与 Number 类型混用。

另外，IEEE 754 标准的浮点数会有精确度误差的问题，在进行浮点运算时必须小心。举例如下：

```
var a = 0.1 + 0.2;
```

变量 a 的值并不等于 0.3，而是 0.30000000000000004。这不是 JavaScript 独有的问题，只要使用 IEEE 754 标准实现浮点数，在进行运算时都会有浮点数精确度问题，这是因为计算机只识别 0 和 1，在将十进制数转换为二进制数时会产生精确度误差。大多数的程序语言已经针对精确度问题做出了处理，而 JavaScript 则必须手动排除这个问题。当然，这对运算结果的影响微乎其微。如果想避免这样的问题，有两种方式可以尝试：

（1）将数值比例放大，变为非浮点数，运算之后再除以放大的倍数。例如：

```
var a= (0.1* 10 + 0.2 * 10) / 10;
```

（2）使用内置的 toFixed()方法强制保留到小数点的指定位数，例如：

```
a.toFixed(1);
```

如此一来，得到的值就会是 0.3 了。

除了使用数值常量表示数值之外，还有其他表示法可以表示数值，例如：

```
let x = 101e5;        //科学记数法，数值为 10100000
let x = 101e-5;       //科学记数法，数值为 0.00101
let x = 017;          //八进制表示法（Octal），数值为 15
let x = 0xaf;         //十六进制表示法（Hexadecimal），数值为 175
```

2. 字符串

字符串由 0 个或多个字符组合而成，通常用一对双引号(")或单引号(')引起来。例如："Happy New Year"、"May"、"42"、'c'、'三年级一班'。字符串内也可以不包含任何字符，这种情况下就被称为空字符串（""）。

原生类型不是对象，所以没有任何属性。为了方便使用，我们可以把原生类型当作对象来使用，JavaScript 引擎会自动转换为对应的对象类型，这样就可以使用对象的属性（null 和 undefined 除外，它们没有对应的对象类型），例如：

```
Var mystring = "Hello, World! ";
document.write(mystring.length);
```

length 是字符串对象的属性，用来获取字符串的长度。

3. 布尔

布尔数据类型只有两种值：true（对应 1）和 false（对应 0）。任何值都可以转换为布尔值。

● false、0、空字符串（""）、NaN、null 和 undefined 都会变为 false。

● 其他的值都会变为 true。

我们可以使用 Boolean()函数将值转换为布尔值，例如：

```
Boolean(0)    //false
Boolean(123)  //true
Boolean("")   //false
Boolean(1)    //true
```

通常 JavaScript 在接收布尔值时，会无声无息地进行布尔转换，很少需要用到 Boolean() 函数来进行转换。

4. undefined

undefined 是指变量没有被声明，或是已经声明了变量但尚未给变量赋值。我们来看下面的范例程序（可参考本书范例文件夹中的网页程序文件 ch08/undefined.htm）。

【范例程序：undefined.htm】

```
let x;
console.log(x)
```

执行该网页程序之后按 F12 键，打开控制台可以看到如图 8-21 所示的信息。

图 8-21

因为 x 尚未赋值，所以会显示 undefined。

我们可以使用 typeof 关键字来判断变量的类型是否为 undefined，例如想要判断变量 x 是否为 undefined，可以表示如下：

```
var x;
console.log(typeof x === "undefined")  //true
```

三个等号（===）表示严格相等，用来比较左右两边是否相等。

5. null

null 表示"空值"，当我们想要将某个变量的值清除时，就可以把 null 赋值给该变量。参考范例程序 ch08/null.htm。

【范例程序：null.htm】

```
01 let x=2;
02 console.log(x)
03 x = null;
```

```
04 console.log(x)
```

上述程序第 2 行会在控制台打印出 2，第 4 行会打印出 null，如图 8-22 所示。

2	null.htm:3
null	null.htm:5
>	

图 8-22

我们可以使用下面的方式来判断变量是否为 null。

```
let x=2;
console.log(x === null) //false
```

学习小教室

关于 undefined、null、NaN、Infinity

（1）null 与 undefined 是两个很奇妙的原生类型，使用 typeof 来查询类型，会得到如下结果：

```
typeof(null);          //得到 object
typeof(undefined);     //得到 undefined
```

当我们用等于运算符（=）来比较 null 与 undefined 时，会返回 true，认为这两者是相同的；而使用（===）严格的等于运算符来比较，则会得到 false。

```
document.write(undefined == null);   //得到 true
document.write(undefined === null);  //得到 false
```

这里必须说明一下，null 不是 object（对象），ECMAScript 曾想修复此 bug，但考虑保持程序兼容性，因而 typeof(null)的结果仍会是 object。

（2）NaN 是表示无效的数字，通常会在以下两种情况下返回 NaN：

①进行运算时操作数的数据类型无法转换为数字，例如：

```
let x="a"; y = Number(x); console.log(y);
```

Number()方法是将对象转换为数值，但由于变量 x 是英文字母 a，无法转换为数字，因此在打印 y 时就会显示 NaN。

②无意义的运算，例如 0/0。

我们可以利用 isNan()函数来检查是否为 NaN，例如：

```
console.log(0/0)                     //NaN
console.log(isNaN(-1) )              //false
console.log(isNaN('Hello') )        //true
console.log(isNaN('2019/03/30'))    //true
```

（3）Infinity 是数学的无限大，非 0 的数字除以 0，结果都是 Infinity。例如，1/0 会返回 Infinity，-1/0 会返回-Infinity。利用 isFinite()方法可以检查是否为有限数值，例如：

```
console.log(isFinite(2/0))           //false
console.log(isFinite(2/2))           //true
```

6. Object

除了上述几种基本数据类型之外，其他类型都可以归为对象类型，像是 function（函数）、array（数组）、date（日期）等。例如，{ age: '17' }（对象）、[1, 2, 3]（数组）、function a() { ... }（函数）、new Date()（日期）。

7. Symbol

Symbol 是 ES6（即 ECMAScript 6）新定义的原生数据类型，Symbol 类型的值通过 Symbol()函数来产生，Symbol()函数有一个 description 属性，用来定义 Symbol 的名称，返回的值是唯一的标识值（或称为符号值）。例如：

```
var x = Symbol('s');
var y = Symbol('s');
document.write(x===y)   //显示 false
```

由于 Symbol()每次调用都会返回一个唯一的值，因此当比较变量 x 与 y 是否相等时，结果必然是 false（假）。

8.3　变量声明与作用域

程序设计语言可以根据是在编译时期还是在执行时期进行类型检查，分为静态类型（Statically-typed）语言和动态类型（Dynamically-typed）语言。Java 和 C/C++等属于静态类型语言，变量都带有类型，类型在编译时就要确定并受到检查，例如：

```
int a= 123;
```

JavaScript 属于动态类型语言，变量不须声明类型，变量使用时更具有弹性。本节就来认识 JavaScript 的变量声明及其作用域。

8.3.1　全局变量与局部变量

JavaScript 会在变量声明与使用时动态分配内存，并具有垃圾回收机制（garbage collection，简称 GC）。不过 JavaScript 的 GC 机制并无法由程序去控制回收，而是隔一段时间就去自动寻找不需要使用的对象，并释放这些对象占用的内存。以变量来说，当变量超出自己的作用域（scope of variables）时，就不需要使用了，这时候 GC 就可以释放被变量占用的内存，并将它归还给系统。

变量按照作用域可分为全局变量（global variables）和局部变量（local variables）。

所谓局部变量就是变量只能存活在一个固定的范围（即作用域），例如在一个函数内声明的变量只能在该函数内使用，当函数执行完成并返回后，该变量就会失效。而全局变量存活在整个程序，程序的任何地方都可以使用该变量，直到整个程序执行结束。

初学者常犯的错误之一就是喜欢将所有变量都声明为全局变量，以便随时随地都可以使用，也不用考虑变量传递的问题。这样做看上去相当方便，当程序代码少的时候，是没什么影响；但是当程序代码很多的时候，稍有不慎改变了全局变量的值，就可能导致程序执行结果不正确，不仅调试和除错困难，还白白消耗大量内存。

Javascript 会在声明变量时完成内存配置，例如：

```
var a = 123;                              //分配内存用于存储数字
var s = 'hello';                         //分配内存用于存储字符串
var obj = { a: 1, b: 'hi' };             //分配内存用于存储对象
var arr = [1, 'hi'];                     //分配内存用于数组
var d = new Date();                      //分配内存用于存储日期对象
var x = document.createElement('div');   //分配内存用于存储 DOM 对象
```

我们可以使用 var 与 let 关键字来声明变量，使用 const 关键字来声明常数。let 与 const 关键字从 ES6 开始才正式加入规范中。let 和 var 最大的差别在于变量的作用域。下面来看看如何声明变量及其作用域。

8.3.2　使用 var 关键字声明变量

声明变量时一般会包含两个操作：声明和初始化。所谓初始化是给变量一个初始值，我们可以先声明变量之后再赋初值，也可以在声明的同时就进行初始化。

（1）声明单个变量：

```
var name;
```

（2）声明多个变量：

```
var name, score;
```

上述方式只声明变量，并没有给变量赋初值。同一行程序语句可以声明多个变量，只要用逗号（,）把它们分隔开即可。

（3）声明变量的同时赋初值：

```
var name="Eileen", score=25, flag="true";
```

声明变量时并不需要加上数据类型的关键字，JavaScript 会根据需要自动转换变量的数据类型，例如：

```
var thisValue;
thisValue = 123;          //变量 thisValue 的内容为数值 123
thisValue = "Hello";      //变量 thisValue 的内容为字符串 Hello
```

下面几种数值与字符串转换的情况，读者需要特别注意：

（1）JavaScript 允许字符串相加，当字符串内容为数值时，若使用加号（+）号相连接，则运算结果仍为字符串。

（2）当字符串内容为数值，若使用减号（-）号、乘号（*）和除号（/）相连接，则运算结果为数值。

（3）null 乘以任何数都为 0。

请参考下面的范例程序。

【范例程序：var.htm】

```
<script>
var x="5",y="3",z="1",w=null;
a=x+y+z;          //字符串内容为数值时，相加仍是字符串
b=x-y-z;          //字符串内容为数值时，相减则为数值
c=w*55;           //变量值为 null 时，乘以任何数都为 0
console.log("x+y+z=", a);
console.log("x-y-z=", b);
console.log("w*55=", c);
</script>
```

执行结果如图 8-23 所示。

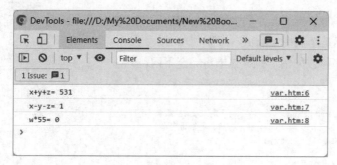

图 8-23

8.3.3　使用 var 声明的变量的作用域

var 关键字声明的变量根据作用域可分为全局变量和局部变量。

1. 全局变量

不在函数内的变量属于全局变量，在当前程序文件内都可以使用此变量。

2. 局部变量

当变量在函数内声明时，就只能在该函数内使用此变量。

通过下面的范例程序，我们可以进一步了解 var 变量的声明及变量的作用域。

【范例程序：scope.htm】

```
1. <script>
2. var x=2;
3. function cal(){          //定义 cal 函数
4.   var x=5, y=1;
5.   console.log(x+y);      //6
6. }
7. cal();                   //执行 cal 函数
8. console.log(x);          //2
9. </script>
```

执行结果如图 8-24 所示。

图 8-24

在 cal 函数内声明的变量 x 是局部变量，它的作用域仅限于该函数内，不会影响全局变量。因此，第 8 行的 x 仍然是全局变量的值。

不过，如果程序修改如下，执行结果将完全不同。

```
1.  <script>
2.  var x=2;
3.  function cal(){          //定义 cal 函数
4.      x=5, y=1;            //x 是全局变量
5.      console.log(x+y);    //6
6.  }
7.  cal();                   //执行 cal 函数
8.  console.log(x);          //5
9.  </script>
```

该程序的第 4 行没有用 var 关键字来声明变量，此时的变量是全局变量 x，因此当函数内的 x 变更为 5 时，等同于改变了全局变量 x 的值，第 8 行的 x 值也会随之变更。

没有初始值的变量在使用前必须先声明，否则会出现 ReferenceError 错误，例如：

```
var x=y+1;  //ReferenceError: y is not defined
```

在上面的语句中，变量 y 尚未声明，因此会出现 "ReferenceError: y is not defined" 的错误信息。

然而，变量可以不声明就直接赋初值，省略声明的变量都将被视为全局变量，例如：

```
y=2;
var x=y+1;  //3
```

JavaScript 的声明具有 Hoisting（提升）的特性，这是因为在开始执行程序代码之前会先建立一个执行环境，在此期间，变量、函数等对象会被创建，直到运行时才会赋值。这也就是为什么调用变量的程序代码即使放在声明之前，程序代码也仍然可以正常运行的原因。由于在创建阶段尚未有值，因此变量会自动以 undefined 初始化，例如：

```
console.log(x);  //undefined
var x;
```

上面程序的执行并不会出现错误，只是在控制台会显示返回的 undefined。

Hoisting 是编写 JavaScript 程序时很容易被忽视的特性，如果在开发过程中没有注意，那么程序执行结果有可能出错。为避免错误，在使用变量之前，最好进行声明并赋予初始值，这样更为妥当。

8.3.4　使用 let 关键字声明变量

使用 let 关键字声明变量的方式与使用 var 关键字声明变量的方式相同，只要将 var 换为 let，例如：

```
let x;
let x=5, y=1;
```

var 关键字认定的作用域只有函数，这一点经常被诟病，因为程序中的区块不仅包含函数。程序的区块以一对花括号{ }来界定，像是 if、else、for、while 等控制结构或仅定义范围的纯区块{}等都是区块。

ES6 新增的 let 声明语法引入了区块作用域的概念，在区块内的变量属于局部变量，区块以外的变量就属于全局变量。具体可参考下面的范例程序。

【范例程序：let.htm】

```
1.   <script>
2.   var a=5,b=0;
3.   let x=2,y=0;
4.   {
5.       var c = a + b;
6.       let z = x + y;
7.   }
8.   console.log("c=", c);      //5
9.   console.log("z=", z);      //error
10.  </script>
```

执行结果如图 8-25 所示。

有一条错误信息 ────→

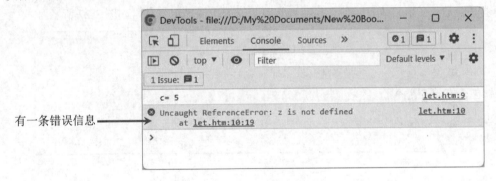

图 8-25

由于变量 z 是使用 let 关键字在区块内声明的，因此变量 z 仅存在于区块内。当第 9 行程序语句使用变量 z 时就会出现 z 未定义的错误信息，如图 8-26 所示。

提示　控制台窗口是程序调试的好帮手，当程序执行有错误时，单击左侧的 error 项，就会清楚列出所有错误的原因。

let 指令是一种比较严谨的声明方式。在同一区块内，不能重复声明同名变量。虽然 let 声明具有 Hoisting 的特性，但用 let 指令和 const 指令初始化变量之前，不能对变量进行操作，这一段时间俗称"暂时死区"（Temporal Dead Zone，简称 TDZ）。如果在变量尚未初始化之前试图操作它，就会出现错误，例如：

```
console.log(x);   //ReferenceError: Cannot access 'x' before initialization
let x;
```

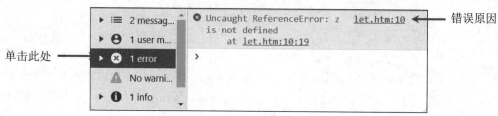

图 8-26

8.3.5   使用 const 关键字声明常数

const 关键字与 let 关键字一样，都是 ES6 之后加入的声明方式。与 let 一样，const 具有区块作用域的概念。const 用于声明常数，即不变的常量，因此，常数不能重复声明，而且必须赋初值，之后也不能再变更其值。

【范例程序：const.htm】

```
<script>
const x = 10;
x = 15;   //常数不能再赋值
console.log(x);
</script>
```

再尝试给常数赋值，执行时便会出现为常数赋值的错误提示信息，如图 8-27 所示。

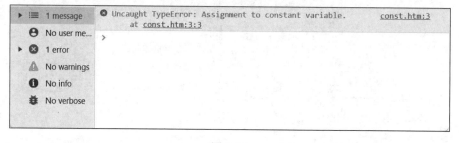

图 8-27

8.3.6   变量名称的限制

尽管 JavaScript 具有较松散的语法，但变量名称仍有必须遵守的一些规则。

- 第一个字符必须是字母（大小写皆可）或下画线（_），后续字符可以是数字、字母或下画线。
- 区分字母大小写，var ABC 不等于 var abc。
- 变量名称不能使用 JavaScript 的保留字。所谓保留字是指程序开发时已定义好的标识符，每个标识符都有特别的含义，所以程序设计者不能重复赋予其不同的用途。表 8-1 列出了 JavaScript 的保留字。

表 8-1　JavaScript 的保留字

abstract	boolean	break	byte	case
catch	char	class	const	continue
default	do	double	else	extends
false	final	finally	float	for
function	goto	if	implements	import
in	instanceof	int	interface	long
native	new	null	package	private
protected	public	return	short	static
super	switch	synchronized	this	throw
throws	transient	true	try	var
void	while	with		

JavaScript 具有自动转换数据类型（coercion）的特性，这使得编写程序变得更灵活和更具弹性，但有时也会造成困扰。例如：

```
let x = 3, y = '5';
let z = x + y;
console.log(x+y);        //35
console.log(typeof z);   //string
```

从上述语句可见，y 是字符串。根据前文介绍，读者应该能判断 z 的答案就是字符串 35。使用 typeof 指令来查看变量 z 的类型，会得到 z 是 string 类型，如图 8-28 所示。

图 8-28

让我们模拟一个状况，假设下列语句是计费的程序，x 与 y 都是函数的参数：

```
function billing(x, y){
    let z = x + y;
}
```

传入函数参数时没有注意其类型，如此输入：

```
billing(3, '5')
```

那么我们可以想象计算出来的费用会有多离谱！

因此，编写程序时需防范强制类型转换可能带来的错误。以上面的程序为例，计算之前可以先检查传入的参数是否为数字，例如：

```
function billing(x, y){
    if(typeof(x)==="number" && typeof(y)==="number"){  //if 判断表达式
        let z = x + y;
    }
}
```

检查变量 x 与 y 的值是否为 number 类型，然后再进行运算。

除此之外，我们也可以利用一些 JavaScript 内置的函数来转换数据类型，以确保数据类型满足我们的需求。下面将介绍常用来转换类型的内置函数。

1）parseInt()：将字符串转换为整数

从字符串最左边开始转换，持续转换到字符串结束或遇到非数字字符为止。如果该字符串无法转换为数值，则返回 NaN。例如：

```
a = parseInt("35");              // a = 35
b = parseInt("55.87");           // b = 55
c = parseInt("3天");             // c = 3
d = parseInt("page 2");          // d = NaN
```

2）parseFloat()：将字符串转换为浮点数

用法与 parseInt() 相同，例如：

```
a = parseFloat("35.345");        // a = 35.345
b = parseFloat("55.87");         // b = 55.87
```

3）Number()：将对象或字符串转换为数值

如果对象或字符串无法转换为数值，则返回 NaN，例如：

```
a = Number("10a")           //a=NaN
b = Number("11.5")          //b=11.5
c = Number("0x11")          //c = 17
d = Number("true")          //d = 1
e = Number(new Date())      //e = 1553671784021(返回 1970/1/1 至今的毫秒数)
```

> **提示** Date 对象使用世界标准时间（UTC）1970 年 1 月 1 日开始的毫秒数值来存储时间。因此，当使用 Number() 将 Date 对象转换为数值时，会得到从 1970 年 1 月 1 日到程序执行时的毫秒数。

4）typeof：返回数据类型

typeof 是一种类型运算符，能够返回数据的类型。下列两种方式都可以使用：

```
typeof 数据
或
typeof(数据)
```

例如：

```
typeof("Eileen");  //返回 "string"
typeof 123;        //返回 "number"
typeof null;       //返回 "object"
```

typeof 带入任何数据都会返回字符串。如果是尚未声明的变量，则会返回字符串"undefined"，例如：

```
console.log(typeof x);    //返回字符串"undefined"
console.log(x);           //返回 undefined
var x;
```

请仔细比较使用 typeof 指令读取 x 与单独读取变量 x 的返回值的差异，由于 JavaScript 的变量提升特性，后者会返回 undefined，而 typeof 指令返回的数据则始终为字符串"undefined"，如图 8-29 所示。

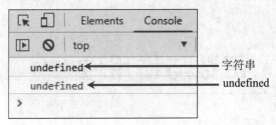

图 8-29

第 9 章

函数与作用域

9

当程序变得越来越复杂时，程序的维护与调试也就变得越困难，其实我们可以将程序重复的部分写为函数，以此来简化程序。

9.1　自定义函数

函数是一组定义好的程序语句，当主程序需要使用函数内定义的程序语句时，只要调用该函数，就可以执行。

使用函数有下列几个优点：

（1）可重复调用，简化程序流程。

（2）程序调试容易。

（3）便于分工合作完成程序。

9.1.1　函数的定义与调用

函数必须先行定义，定义好的函数并不会自动执行，只有在程序中调用该函数名称之后，才会执行该函数。下面我们来看看如何定义与调用函数。

1. 定义函数

JavaScript 中的函数包含函数名，定义函数的格式如下：

```
function 函数名 ()
{
    程序语句;

    return 返回值      //若无返回值，则可省略
}
```

如果需要函数把值返回给主程序，那么可以使用 return 语句。

2. 调用函数

函数调用的方法如下：

函数名();

请参考下面的范例程序。

【范例程序：function.htm】

```html
<!DOCTYPE html>
<html>
<head>
<meta charset="UTF-8">
<title>函数</title>
<script>
function myJob() {                    //定义 myJob 函数
    console.log("调用了 myJob 函数! ");
}

myJob()  //调用函数
</script>

</head>
</html>
```

执行结果如图 9-1 所示。

图 9-1

在上面的范例程序中，我们定义了一个无参数的函数 myJob()，并调用了它。如果想要让函数根据不同的情况做不同的处理，这时我们可以给函数添加参数。

9.1.2　函数参数

可以将参数（parameter）传入函数中，使它成为函数中的变量，以便根据这些变量进行处理。函数参数仅在函数内有效，函数执行完成后这类参数即无效了。

假如我们想要在屏幕上输出学生的平均成绩，虽然成绩的计算方式都是相同的，但学生的个人数据却是不相同的，这时我们就可以将个人数据作为参数传入函数进行处理。

定义函数表示方式如下：

```
function 函数名 (参数1,参数2,...,参数n){...};
```

参数与参数之间必须以逗号（,）隔开。调用函数传入的自变量（argument）数量最好与函数所定义的参数数量相符合，格式如下：

```
函数名称(自变量1, 自变量2,...,自变量n);
```

JavaScript 调用函数时，并不会对自变量数量进行检查，它只从左到右将自变量与参数配对，没有配对到的参数值会是 undefined。本书并不会严格区分自变量和参数，按照习惯二者统一称为参数。下面来看一个范例程序。

【范例程序：parameter.htm】

```html
<!DOCTYPE html>
<html>
<head>
<meta charset="UTF-8">
<title>函数参数</title>
<script>
function myScore(stu_Name,stu_Math,stu_Eng) {   //定义 myScore 函数，并设置 3 个参数
    console.log('参数数量: ${arguments.length}');
    console.log('学生姓名: ${stu_Name}数学成绩: ${stu_Math}  英语成绩: ${stu_Eng}');
}

myScore("Eileen","90","100");        //调用 myScore 函数并传入 3 个参数
myScore("Jennifer","60");            //调用 myScore 函数并传入 2 个参数
myScore("May","70","90","100");      //调用 myScore 函数并传入 4 个参数
</script>
</head>
</html>
```

执行结果如图 9-2 所示。

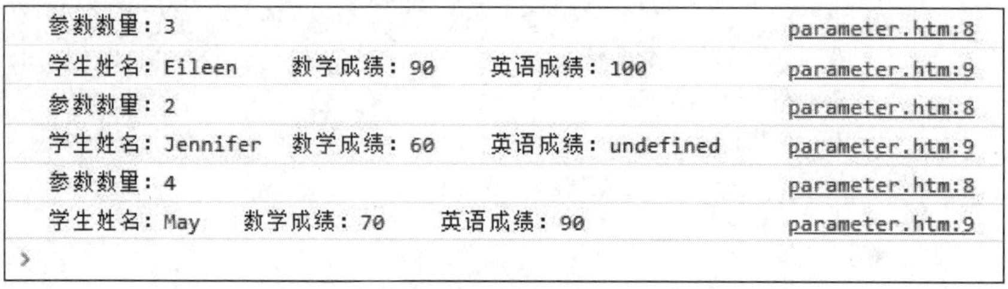

参数数量：3			parameter.htm:8
学生姓名：Eileen	数学成绩：90	英语成绩：100	parameter.htm:9
参数数量：2			parameter.htm:8
学生姓名：Jennifer	数学成绩：60	英语成绩：undefined	parameter.htm:9
参数数量：4			parameter.htm:8
学生姓名：May	数学成绩：70	英语成绩：90	parameter.htm:9
>			

图 9-2

上例中调用了 myScore 函数，同时将参数分别传入 myScore 函数内的 stu_Name、stu_Math 与 stu_Eng 参数。当实际传入的参数少于函数定义的参数时，缺少的参数值则为 undefine；当传入的参数多于函数定义的参数时，多出的参数会被忽略。

函数有一个特殊的内部对象——arguments 对象，通过它可以获取参数数组，利用 arguments 对象的 length 属性可以获取传入函数的参数数量。

如果使用 console.log(arguments)查看 arguments 对象，就可以完整显示 arguments 对象的属性与方法，如图 9-3 所示。

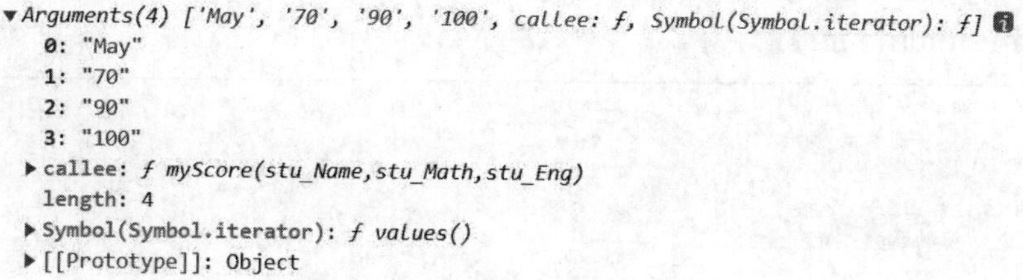

```
▼Arguments(4) ['May', '70', '90', '100', callee: ƒ, Symbol(Symbol.iterator): ƒ] 🔲
    0: "May"
    1: "70"
    2: "90"
    3: "100"
  ▶callee: ƒ myScore(stu_Name,stu_Math,stu_Eng)
    length: 4
  ▶Symbol(Symbol.iterator): ƒ values()
  ▶[[Prototype]]: Object
```

图 9-3

如果担心实际传入的参数少于函数定义的参数，对应的函数参数值会取到 undefine，那么我们可以给参数赋予默认值，例如：

```
function myScore(stu_Name = '', stu_Math = 0, stu_Eng = 0)
```

如此一来没有自变量的参数就不会是 undefine，修改后的执行结果如图 9-4 所示。

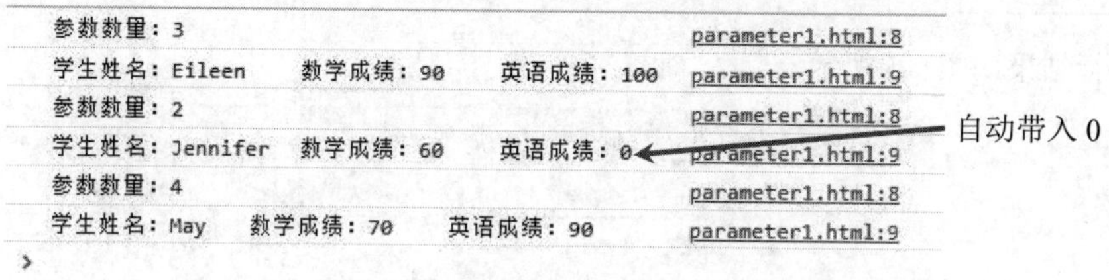

参数数量：3			parameter1.html:8
学生姓名：Eileen	数学成绩：90	英语成绩：100	parameter1.html:9
参数数量：2			parameter1.html:8
学生姓名：Jennifer	数学成绩：60	英语成绩：0 ◄	parameter1.html:9 ── 自动带入 0
参数数量：4			parameter1.html:8
学生姓名：May	数学成绩：70	英语成绩：90	parameter1.html:9
>			

图 9-4

除了给参数指定默认值之外，我们也可以在函数内使用 typeof 指令判断参数是否有值，写法如下：

```
if ( typeof stu_Eng === 'undefined') {
    stu_Eng = 10;
}
```

上面的写法也可以使用逻辑运算符||（或）简化，如下所示：

```
stu_Eng = stu_Eng || 10;
```

上述语句的意思是如果 stu_Eng 转换为布尔类型，其值为 true，则把 true 赋值给 stu_Eng，否则把 10 赋值给 stu_Eng。

> 🧩提示　空字符串（""、"）、0、-0、null、NaN、undefined 转换为布尔值都是 false。

9.1.3　函数返回值

当我们希望获取函数执行之后的结果时，可以使用 return 语句，格式如下：

```
return value;
```

return 语句会终止函数执行并返回 value。如果省略 value，则表示只终止函数执行，将返回 undefined。

请参考下面的范例程序。

【范例程序：return.htm】

```html
<!DOCTYPE html>
<html>
<head>
<meta charset="UTF-8">
<title>有返回值的函数</title>
<script>
function myAvg(stu_Name='', stu_Math = 0, stu_Eng = 0) {
    let stu_Avg =( stu_Math + stu_Eng ) / 2;
    return stu_Avg;         //返回值
}

let avg = myAvg("Eileen", 90, 100);  //变量 avg 接收 myAvg 函数的返回值
console.log('平均成绩: ${avg}');
</script>
</head>
</html>
```

执行结果如图 9-5 所示。

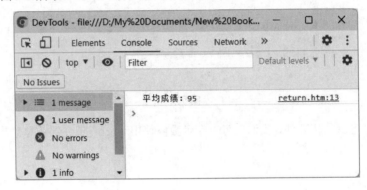

图 9-5

该范例中定义了一个有返回值的函数 myAvg，当程序调用 myAvg 函数后便会将计算结果返回。读者可以像范例一样利用变量来接收返回值，或者直接取用返回值，例如：

```
console.log('平均成绩: ${myAvg("Eileen",90,100)}');
```

> 提示　函数内的变量建议使用 var、let 或 const 进行声明，当函数执行结束后，函数占用的内存也会被回收。如果变量不进行声明，就会成为全局变量，这样的话即使函数结束，也要等到整个程序结束，变量占用的内存才会被释放。

9.2　函数的多种用法

JavaScript 的函数属于一级函数（first-class function），一级函数具有下列特性：

（1）可以赋值给变量。
（2）可以作为参数传递给函数。
（3）可以作为函数的返回值。

因此 JavaScript 函数的用法非常灵活。在本节，将介绍函数的多种用法及需要注意的事项。

9.2.1　函数声明

函数声明就是传统的具名函数写法。前面介绍的函数写法都属于函数声明。函数在运行之前就会被创建，因此也具有提升的特性。整个程序的作用域内都可以调用函数，调用函数的语句放在函数声明之前或之后都可以，函数可以方便地重复调用（即代码的复用性）。请参考下面的范例程序。

【范例程序：functionDeclaration.htm】

```
<!DOCTYPE html>
<html>
<head>
<meta charset="UTF-8">
<title>Function Declaration</title>
<script>
myfunc(10, 20);    //调用放在函数声明之前
function myfunc(a, b) {
    console.log('a=${a}, b=${b}');
}
myfunc(100, 200);  //调用放在函数声明之后

</script>
</head>
</html>
```

执行结果如图 9-6 所示。

函数也可以调用函数自身。调用自己的模式被称为递归调用（recursive call）。使用递归可以让程序代码变得简洁，正确使用递归有助于提升编写程序的效率。但是，使用时必须特别注意递归的结束条件，否则可能会造成无限循环。下面的范例程序使用递归实现阶乘的计算。

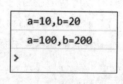

图 9-6

【范例程序：factorial.htm】

```
<!DOCTYPE html>
<html>
<head>
<meta charset="UTF-8">
<title>Recursive Calls</title>
<script>
function factorial(n){
    let x = (n == 1 ? n : n * factorial(n - 1));
    console.log( n, x)
   return x;
};

console.log( '5 != ${factorial(5)}' )
</script>

</head>
</html>
```

执行结果如图 9-7 所示。

```
1 1

2 2

3 6

4 24

5 120

5 != 120

>
```

图 9-7

每次执行时 n-1，当 n 等于 1 时就直接返回 n，不会再调用自身，以结束递归调用。

9.2.2　函数表达式

JavaScript 除了原生类型外大部分都是对象，函数可以传入另一个函数作为参数，也可以将函数赋值给变量。将函数赋值给变量的定义方式称为函数表达式（function expression）。传统的写法如下：

```
const 变量 = function(参数 1,参数 2,...,参数 n){
程序语句;
return 返回值;
}
```

由于函数初始化之后就不会再变动，因此变量通常使用 const 声明。在程序构建期只有变量声明，该变量还没有值。等到执行期，才会创建函数。函数表达式中的函数可以是匿名函数或具名函数。

匿名函数顾名思义是没有名称的函数，如下所示：

```
const myfunc = function(a, b){
    return a + b;
}
myfunc(3, 5);
```

具名函数则是 function 加上名称，例如：

```
const myfunc = function add(a, b){
    return a + b;
};
myfunc(3, 5);
```

具名函数的名称只能在函数内部调用，在函数外部，其名称不存在。因此，不能在函数外部这样调用：

```
add(3, 5);
```

前面介绍过的递归也可以写成具名函数的函数表达式，范例程序 factorial.htm 也可以这样编写：

```
const factorial = function fac(n){
    let x = (n == 1 ? n : n * fac(n - 1));
    console.log( n, x)
    return x;
};
console.log(factorial(5));
```

函数表达式的匿名函数在 ES6 之后可以用简洁的箭头函数（arrow function）来表示，写法如下：

```
const 变量 = (参数1,参数2,...,参数n) => {
    程序语句;
    return 返回值;
};
```

我们同样使用 9.2.1 节的例子来说明箭头函数的用法。

【范例程序：anonymousFunction.htm】

```
<!DOCTYPE html>
<html>
<head>
<meta charset="UTF-8">
<title>匿名函数</title>
<script>
const myfunc = (a, b) => {
    return 'a=${a}, b=${b}';
};
console.log( myfunc(10, 20) );
</script>
</head>
</html>
```

执行结果如图 9-8 所示。

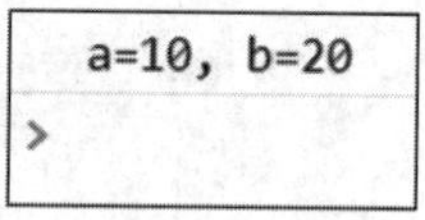

在范例程序中采用了箭头函数的写法，由于函数区块内只有一行程序代码，因此箭头函数可以移除区块的花括号（{}），写成更精简的形式，如下所示：

```
a=10, b=20
>
```

图 9-8

```
<script>
const myfunc = (a, b) => 'a=${a}, b=${b}';   //内置 return
console.log( myfunc(10, 20) );
</script>
```

读者可能会有疑问，使用简单明了的函数声明就足够了，为什么还需要函数表达式呢？通过下面的范例程序就能快速了解函数表达式的优点。

【范例程序：functionExpressions.htm】

```
<!DOCTYPE html>
<html>
<head>
<meta charset="UTF-8">
<title>Function Expressions</title>
<script>

function checkflag(flag){  //函数声明
    let myfunc = null;
    if (flag) {
      myfunc = (a, b) => '${a}+${b}=${a + b}';   //函数表达式
    }else{
      myfunc = (a, b) => '${a}*${b}=${a * b}';   //函数表达式
    }
    console.log(myfunc(10,20))
}

checkflag(true);
checkflag(false);
```

```
    </script>

    </head>
    </html>
```

执行结果如图 9-9 所示。

程序里利用 flag 变量来决定要执行哪一个函数。当 flag 值等于 true 时就会执行第一个 myfunc 函数，flag 值等于 false 时就执行第二个 myfunc 函数。

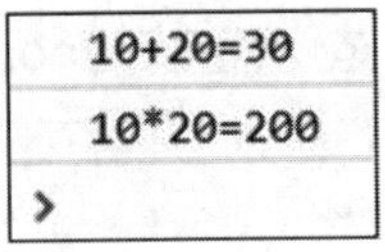

函数表达式可以让我们依照条件来创建函数，程序编写就更加灵活。

```
10+20=30
10*20=200
>
```

图 9-9

函数表达式在运行时才创建，因此我们不能在函数声明之前调用它，来看看下面的这条语句：

```
console.log( myfunc(10, 20) );  //函数调用不能放在函数声明之前
const myfunc = (a, b) => '${a}+${b}=${a + b}';
```

这条语句执行之后就会出现无法在函数初始化之前就调用该函数的错误提示信息，如图 9-10 所示。

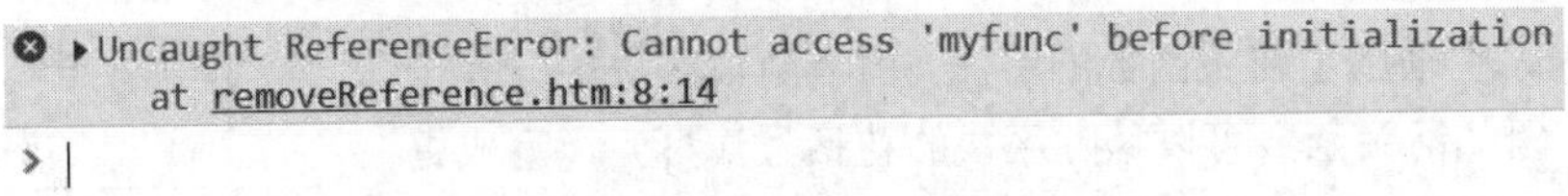

```
⊗ ▶Uncaught ReferenceError: Cannot access 'myfunc' before initialization
      at removeReference.htm:8:14
> |
```

图 9-10

如果使用 var 指令声明，则会出现 "myfunc is not a function" 的信息。

9.2.3　对象与 this 关键字

1. 对象

函数本身也是对象，因此像一般对象一样，具有属性或方法。

我们可以使用 console.dir 来查看对象的属性与方法。例如下面的语句会显示出函数 greeting 的属性与方法列表。

```
function greeting(){
    console.log('hello');
}
console.dir(greeting);
```

执行结果如图 9-11 所示。单击箭头按钮，就能看到如图 9-12 所示的函数属性与方法列表。

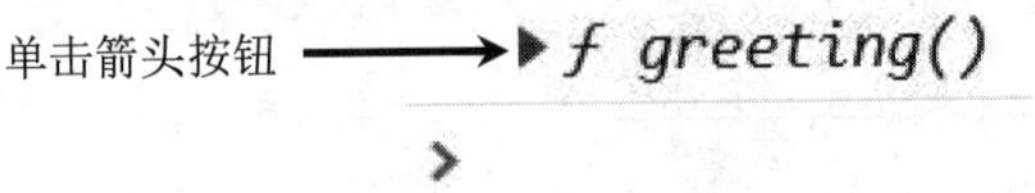

单击箭头按钮 ⟶ ▶ ƒ greeting()

⟩

图 9-11

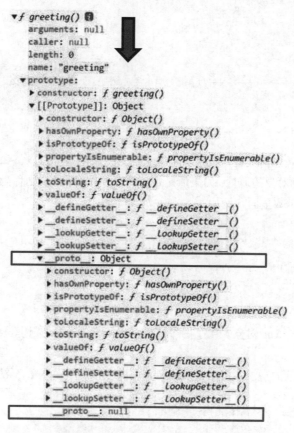

图 9-12

JavaScript 的对象通过原型（prototype）一层层相互继承形成原型链（prototype chain），从图 9-12 中可以找到属性__proto__，显示此对象的原型是 Object，而 Object 的下一层__proto__属性是 null，表示已经是原型链的终点。

说了这么多的对象，那到底什么是对象呢？

任何事物都可以视为对象。以杯子来说，杯子是一个对象，杯子的外观（例如容量、形状及颜色）称为对象的属性，杯子有哪些功能（例如装水、开盖等动作）称为对象的方法。属性与方法称为对象的成员（member）。

JavaScript 定义对象的方式有两种，一种是使用花括号{}的对象字面量（object literal），格式如下：

```
let object = {对象成员};
```

另一种是构造函数（constructor function），使用 function 来创建对象，再使用 new 关键字来产生对象实体，格式如下：

```
function Person() {对象成员}
const object = new Object();
```

对象字面量是最常用也是最方便的语法。下面将使用对象字面量方式来创建对象。

我们先简单来谈一下对象的组成结构：对象是由一对花括号包裹的一个或多个成员组成，各个成员采用 name/value 的结构，各成员以逗号（,）分隔，name（名称）与 value（值）之间以冒号（:）

分隔，如下所示：

```
         对象名称
           ↓
let object = {  ◄─────────────── 以花括号包裹住对象成员
  name1 : value1,    //成员 1
  name2 : value2,    //成员 2
  name3 : value3     //成员 3
}
```

对象成员的值可以是任何类型，数字、字符串、数组或函数都可以。如果成员的值是定义对象的特征，那么称该成员为对象的属性；如果值是定义对象要做的事情，则称为该成员为对象的方法，并且把要做的事情放在函数里面，例如：

```
let car = {
  color : "red ",        //属性 color
  speed : 100,           //属性 speed
  drive : function(){    //drive 方法
     return "正在激活";
  }
}
```

上面语句定义了一个 car 对象，用了两个属性（color、speed）描述车子的特征，用 drive 方法来定义 car 对象能做的事情。

ES6 之后提供更简洁的写法，省略了 function 关键字和冒号（:），写法如下：

```
let car = {
  color : "red ",        //属性 color
  speed : 100,           //属性 speed
  drive() {              //drive 方法省略了 function 关键字和冒号
     return "正在激活";
  }
}
```

定义好对象之后，要访问属性或方法时可以使用点表示法（dot notation），例如：

```
car.color      //获取 car 对象的 color 属性值
car.drive()    //调用 car 对象的 drive()方法
```

属性也可以使用括号表示法（bracket notation）来读取，例如：

```
car["color"]    //获取 car 对象的 color 属性值
car['color']    //获取 car 对象的 color 属性值
```

下面来看看对象创建与使用的范例程序。

【范例程序：object.htm】

```
<!DOCTYPE html>
<html>
<head>
<meta charset="UTF-8">
<title>Object 对象</title>
<script>
let person = {
  name : ['Mark', 'Amy'],
  address:"广州市",
  age : 22,
```

```
  greeting(){
    console.log('Hi! I am ${this.name[0]}.');
  }
};

person.age = 18;                //修改 age 属性值
person.tel = "07-1234567";      //定义新的 tel 属性
 //定义新的 walk 方法
person.walk = function() { console.log('${this.name[0]} is walking.'); }

console.log(person.age);        //获取 person 对象的 age 属性值
person.greeting();              //调用 person 对象的 greeting 方法
console.dir(person)             //显示对象的属性与方法列表
</script>
</head>
</html>
```

执行结果如图 9-13 所示。

```
18

Hi! I am Mark.

▼Object 🔢
   address: "广州市"
   age: 18
 ▶greeting: f greeting()
 ▶name: (2) ['Mark', 'Amy']
   tel: "020-12345678"
 ▶walk: f ()
 ▶[[Prototype]]: Object
>
```

图 9-13

该范例程序中的 greeting() 与 walk() 方法里都使用了 this 这个关键字：

`this.name[0]`

这里的 this 指向 person 对象。下面我们来介绍 this 关键字的作用。

2. this 关键字

this 的指向并没有固定对象，而是取决于调用它的对象，例如以下的范例程序。

【范例程序：this.htm】

```
<!DOCTYPE html>
<html>
<head>
<meta charset="UTF-8">
<title>this</title>
<script>
var color = "green";

function showColor() {
    return this.color;
}
```

```
    let car = {
      color : "red",
      drive : showColor
    }

    let carA = { color: 'blue' };    //定义新的 carA 对象
    carA.drive = showColor;          //将 showColor 函数赋值给 carA

    console.log(car.drive());    //red
    console.log(carA.drive());   //blue
    console.log(showColor());    //green

    </script>
    </head>
```

执行结果如图 9-14 所示。

如果调用的是对象内的函数，那么 this 会指向该对象。例如，当调用 car 对象的是 drive 函数时，this 就指向 car 对象；当调用 carA 对象的是 drive 函数时，this 就指向 carA 对象；当直接调用函数时，this 会指向 window 对象，所以会是全局变量的 color。

对象的函数可以使用箭头函数来定义：

图 9-14

```
let car = {
  color : "red ",
  drive : () => {    //使用箭头函数来定义
    return "正在激活";
  }
}
console.log(car.drive())
```

不过箭头函数的 this 是指向 window 对象，因此使用 this 时要特别小心。参考下面的语句：

```
var color="blue";
let car = {
  color : "red ",
  drive : () => {
    return this.color;
  }
}
console.log(car.drive())    //blue
```

JavaScript 的对象通过原型相互继承形成原型链，与典型的面向对象编程语言（例如 Java 和 C#）的运行方式不太一样。虽然 ES6 之后引入了 class 关键字建立类似面向对象的构造函数，但实际上底层仍是原型链的扩展。

9.2.4　即调函数

即调函数表达式（immediately invoked function expression，简写 IIFE）顾名思义就是立即执行的函数，也称为自执行函数。只要在函数表达式后方加上括号()，JavaScript 引擎一看到它就会创建函数并立即执行，再把执行后的值传给变量，函数完成使命后就不复存在了。

【范例程序：IIFE.htm】

```
<!DOCTYPE html>
```

```
<html>
<head>
<meta charset="UTF-8">
<title>即调函数</title>
<script>
const myfunc = function(){
    console.log("Hello");
}()                              这里有一对括号()
</script>
</head>
</html>
```

执行结果如图 9-15 所示。

上述是没有参数的即调函数，如果函数需要传入参数，则只需在圆括号中添加对应的参数即可，如下所示：

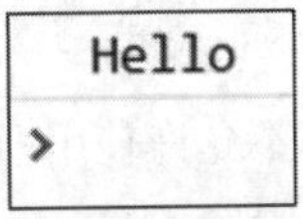

Hello
>

图 9-15

```
<script>
const myfunc = function(a, b){
    return '${a} + ${b} = ${a + b}';
}(10, 20);    //要传入函数的参数
console.log(myfunc)    //会显示 10 + 20 = 30
</script>
```

变量 myfunc 存储的是匿名函数执行后的结果。

即调函数如果不需要返回值，就不需要额外定义一个变量来接收执行结果，只要使用括号优先权运算符将函数包起来即可，例如：

```
(function(){
  console.log("hello")
})();
```

也可以将括号放在最外层，例如：

```
(function(){
  console.log("hello")
}());
```

即调函数常见于 JavaScript 的框架或是扩展库，由于是他人编写的 JavaScript 程序，因此为了避免变量名称发生冲突，通常会使用 IIFE（即调函数表达式）形式定义出函数的作用域。例如，JavaScript 常用的函数库 jQuery 和 Bootstrap 都可以看到如下的 IIFE 形式。

```
(function() {
    ' use strict ';
    程序语句;
})();
```

其中' use strict '语句指定采用严格模式（Strict Mode）。下面就来认识 JavaScript 的严格模式。

JavaScript 是一门较不严谨的编程语言。举例来说，当类型不正确时，JavaScript 会默默地自动转换数据类型，虽然不影响的程序执行，但是一不小心就有可能让程序执行后得到的结果不正确。

严格模式是在 ES5 新加入的标准，只要加上了 ' use strict '或 "use strict" 语句，JavaScript 引擎就会用严格的标准来解析程序代码。旧版的浏览器会忽略此语句。

严格模式可以放在整个 JavaScript 程序的开头或函数首行，依照作用域不同，应用严格模式的范围就会不同。当放在整个 JavaScript 程序首行时，全部 JavaScript 程序都会以严格模式执行；当放在函数里的首行时，就只有函数里的语句会应用严格模式。

严格模式常见的限制有以下几种：

（1）变量必须先使用 var、let 或 const 声明才能使用。

例如下式为不允许的写法：

```
'use strict';
x = 3;   //x is not defined
```

（2）禁止变量名称重复。

例如下式为不允许的写法：

```
'use strict'
function myfunc(a, a) { ...}  //Duplicate parameter name not allowed in this context
```

（3）不允许使用旧制的八进制值。例如下式为不允许的写法：

```
'use strict';
let x = 011;   //Octal literals are not allowed in strict mode.
console.log(x);
```

新制的八进制值使用 0o 前缀（数字 0+小写英文字母 o），这是严格模式允许的写法，如下所示。

```
'use strict';
let x = 0o11;
console.log(x);   //9
```

（4）以下保留字不可作为变量名称。

eval、arguments、implements、interface、let、package、private、protected、public、static、yield

（5）禁止 this 语句指向全局。

前面在 this.htm 中介绍过 this 的指向目标，当直接调用函数时，this 会指向 window 对象。在严格模式下禁止 this 指向全局，因此下面程序代码的执行结果会显示 Uncaught TypeError: Cannot read properties of undefined (reading 'color')的错误提示信息。

```
'use strict';
var color = "green";
function showColor() {
    return this.color;
}
console.log(showColor());  //undefined
```

第 10 章

JavaScript 操控 DOM 元素

我们在前面章节已经介绍过 HTML 的 DOM 树结构，如果想要操控 DOM 元素，那么可以通过 JavaScript 来实现。操控 DOM 的关键在于掌握节点与节点之间的关系，JavaScript 针对 DOM 对象有完整的方法和属性用于操控，接下来将一一介绍。

10.1 DOM 对象的方法与属性

DOM 是一个层级的树结构，就像目录关系一样，每个对象都是一个节点，例如网页上的图片、标签等。根节点下面会有子节点，子节点下面还有另一层子节点，彼此具有上下层的关系。

下面我们来看看如何操控这些对象。

10.1.1 获取对象信息

如果想要获取文件里的对象或对象集合，可以调用表 10-1 中列出的方法。

表 10-1 要获取文件里的对象或对象集合可调用的方法

方 法 名	说 明
getElementById	通过 id 获取对象
getElementsByClassName	通过对象类名获取对象
getElementsByName	通过名称获取对象
getElementsByTagName	通过标签名获取对象
querySelector	通过选择器获取对象

querySelector()通过选择器来获取对象的示例语句如下：

```
document.querySelector(".myclass");
```

请参考下面的范例程序。

【范例程序：getElement.htm】

```
<!DOCTYPE HTML>
<html>
<head>
<meta charset="UTF-8">
<title>获取组件</title>
<style>
*{
    font-size:20px;
    font-family: Microsoft YaHei;
    text-align:center;
}
</style>
<script>
function chgBorder(){
    document.getElementById('myImg').border="5";
    document.getElementById('myImg').style.borderStyle="double";
    document.getElementsByTagName('div')[1].innerHTML="您单击了 "图片加框线" 按钮";
}
function chgColor(){
    let div = document.getElementsByTagName('div')[1];
    div.style.cssText = "color: blue;font-size:25px;";
    div.innerHTML="您单击了 "改变字体颜色" 按钮";
}

</script>
</head>
<body>
    <!--图片-->
    <img id="myImg" src="images/grape.png" BORDER="0">
    <br>
    <div>执行结果</div>
    <div></div>
    <!--按钮-->
    <input type="button" onclick="chgBorder()" value="图片加框线">
    <input type="button" onclick="chgColor()" value="改变字体颜色">
</body>
</html>
```

执行结果如图 10-1 所示。

图 10-1

在该范例程序中调用了 document.getElementById('myImg')通过 id 来获取 myImg 的组件，也就是<img>对象；document.getElementsByTagName('div')[1]表示获取标签名为<div>的对象，其中[1]是索引值，索引值从 0 开始，由于网页中有 2 个 div 对象，因此[1]表示获取第 2 个<div>对象。

提示　getElementsByTagName 方法返回的是 HTMLCollection 对象集合，即使整个文件里只有一个元素，也会返回一个对象集合。同样必须指定对象的索引值，例如：document.getElementsByTagName('div')[0]。

修改对象的 CSS 样式必须通过对象的 style 属性，它会返回 CSSStyleDeclaration 对象，使用方式如下：

```
//设置多种 CSS 样式
HTMLElement.style.cssText = "color: red; border: 1px solid blue";
//或是调用 setAttribute 方法
HTMLElement.setAttribute("style", "color:red; border: 1px solid blue;");

//设置特定的 CSS 样式
HTMLElement.style.color = "red";
```

不管调用哪一种方法来获取或设置对象的 CSS 样式，程序代码都会是很长一串，例如设置 CSS 样式，程序代码如下：

```
document.getElementsByTagName('div')[1].style.cssText = "...";
```

这一串表示法太过冗长，如果需要重复操作则程序代码会显得杂乱不易读，我们可以先将 document.getElementsByTagName('div')[1]赋值给一个变量，之后就可以直接以变量名称来操作，例如：

```
let d1 = document.getElementsByTagName('div')[1];
d1.style.cssText = "color: blue;font-size:25px;";    //改变 CSS 样式
d1.innerHTML="您单击了"改变字体颜色"按钮";  //改变 div 的 HTML 内容
```

10.1.2　处理对象节点

DOM 对象模型可以将 HTML 文件视为树结构，利用表 10-2 所列的属性，就可以遍历和处理树结构中的节点。

表 10-2　HTML 文件树结构中的属性

属　性	说　明
firstChild	第一个子节点
parentNode	遍历父节点
childNodes	遍历子节点
previousSibling	遍历上一个节点
nextSibling	遍历下一个节点

遍历节点时，可以获取节点的名称、内容及对象的种类，如表 10-3 所示。

表 10-3　节点的属性

属　性	说　明
nodeName	名称
nodeValue	内容
nodeType	种类

nodeType 属性表示对象的种类，1 表示元素节点，3 表示文字节点。下面就来看看实际的范例程序。

【范例程序：NodeList.htm】

```
<!DOCTYPE HTML>
<html>
<head>
<meta charset="UTF-8">
<title>NodeList</title>
<style>
*{
    font-size:20px;
    font-family: Microsoft YaHei;
}
div{
    color:red;
    border:1px solid red;
    width:500px;
    padding:10px;
    text-align:center
}
</style>
<script>
function check()
{
    let result = document.getElementById("result");
    let d1 = document.getElementById("div1");
    result.value = "第一个子节点(firstChild)的 nodeValue = " + d1.firstChild.nodeValue
+"\n";
    result.value += "第一个子节点(childNodes)的 nodeValue = "+
d1.childNodes.item(0).nodeValue+"\n";
    result.value += "最后一个子节点(lastChild)的 nodeType = "+
d1.lastChild.nodeType+"\n";
    result.value += "div1 对象下一个的节点(nextSibling) = "+
d1.firstChild.nextSibling.getAttribute("id")+"\n";
    result.value += "a1 的父节点(parentNode) =
"+document.getElementById("a1").parentNode.getAttribute("id");
}
</script>
</head>
<body>

<input type="button" value="检查节点关系" onclick="check()"><br>
<textarea cols="50" rows="9" id="result"></textarea>

<div id="div1">Coffee
<a href="#" id="a1">这是 a1</a>
<a href="#" id="a2">这是 a2</a>
<a href="#" id="a3">这是 a3</a>

</div>
</body>
</html>
```

执行结果如图 10-2 所示。

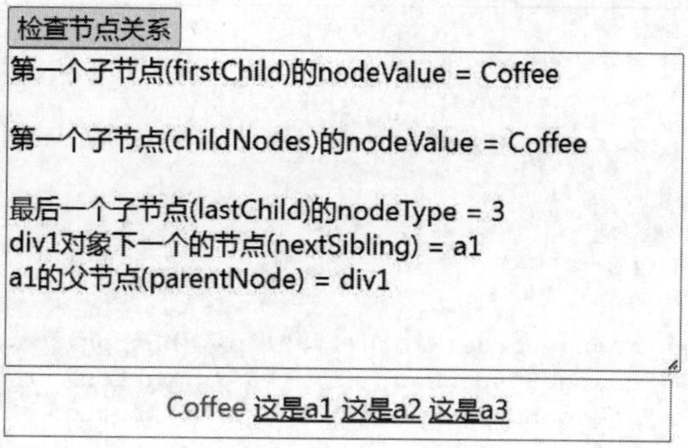

检查节点关系

第一个子节点(firstChild)的nodeValue = Coffee

第一个子节点(childNodes)的nodeValue = Coffee

最后一个子节点(lastChild)的nodeType = 3
div1对象下一个的节点(nextSibling) = a1
a1的父节点(parentNode) = div1

Coffee 这是a1 这是a2 这是a3

图 10-2

10.1.3　属性的读取与设置

DOM 为每个元素提供了两个方法来读取和设置元素的属性值，可参考表 10-4。

表 10-4　用于读取和设置元素属性值的两个方法

方　　法	说　　明
getAttribute(string name)	读取由 name 参数指定的属性值
setAttribute(string name, string value)	增加新属性值或改变现有的属性值

下面来看一个范例程序。

【范例程序：attribute.htm】

```
<!DOCTYPE HTML>
<html>
<head>
<meta charset="UTF-8">
<title>属性的读取与设置</title>
<style>
td{text-align:center;color:#ffffff}
</style>
<script>
function changeBorderWidth(px){
        let showTable = document.getElementById("myTable");
        showTable.setAttribute("border",px);  //设置属性值
        document.getElementById("showMessage").value="表格宽度:
"+showTable.getAttribute("width");  //获取属性值
    }
</script>
</head>
<body>
<input type="text" id="showMessage">
<table id="myTable" width="200" cellspacing="2" cellpadding="2" border="1"
bgcolor="#775B59">
    <tr id="Tr1" bgcolor="#32161F">
        <td>数学</td>
        <td>英语</td>
        <td>语文</td>
    </tr>
    <tr id="Tr2">
      <td>90</td>
```

```
            <td>60</td>
            <td>80</td>
        </tr>
        <tr id="Tr2">
            <td>80</td>
            <td>86</td>
            <td>98</td>
        </tr>
        </table><br>
        <button onclick="changeBorderWidth(1);">1px</button>
        <button onclick="changeBorderWidth(5);">5px</button>
        <button onclick="changeBorderWidth(10);">10px</button>
    </body>
    </html>
```

执行结果如图 10-3 所示。

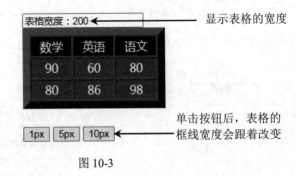

图 10-3

事实上，调用 setAttribute()方法与直接利用 JavaScript 语句设置属性值的结果是一样的，例如下面 3 行语句执行的结果是相同的。

```
document.getElementById("myTable").setAttribute("border", 5);
document.getElementById("myTable").border=5;
myTable.border=5;
```

10.2   DOM 对象的操作

DOM 明确定义每个对象，一个对象包含了属性、事件、方法和集合，下面逐一来进行说明。

10.2.1   window 对象

对象在 9.2 节已有详细介绍，相信读者记忆犹新，在 DOM 里包含的网页上的图片、标签等都是对象，操作方法与前面学过的相同。操作的语法如下：

对象.方法或属性

下面来看一个范例程序。

【范例程序：showAllElements.htm】

```
<!DOCTYPE HTML>
<html>
<head>
```

```
<meta charset="UTF-8">
<title>对象</title>
<script>
function showAllElements()
{
    let all = document.getElementsByTagName("*");
    let tagname="当前文件内共有 "+ all.length + " 个对象<br>";
    for (i = 0; i < all.length; i++) {
        tagname += all[i].tagName + "、";
    }
    showAllItems.innerHTML = tagname;
}

</script>
</head>
<body>
<div id="showAllItems"></div>
<hr>
<div>我是 DIV</div>
<table border=1>
<tr>
    <td align="center">我是表格</td>
</tr>
</table>
<form>
<input type="text" size="20" value="我是文本框">
</form>
<img src="images/grape.png" border="0"><br>
<input type="button" name="myButton" value="显示所有对象" onClick="showAllElements()">

</body>
</html>
```

执行结果如图 10-4 所示。

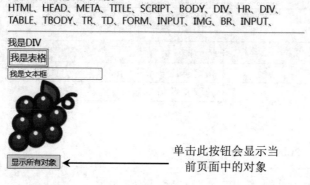

图 10-4

在该范例程序中列出了文件中的所有对象名称，不管是基本对象还是网页上的图片、HTML 标签，都可以视为对象。

10.2.2　DOM 集合

Document 对象中包含许多的集合，如 Anchors、Fonts、Forms、Scripts 和 StyleSheets 等，当想

要操作具有特定名称的对象时，就可以使用集合。集合可以让我们方便地管理相同性质的对象，如表 10-5 所示。

表 10-5　Document 对象中包含的集合

集　合	说　明
all[]	所有对象
anchors[]	所有 Anchor 对象（具有 name 属性的<a>标签）
forms[]	所有的 Form 对象
images[]	所有的 Image 对象
links[]	所有的 Area 和 Link 对象（具有 href 属性的<a>标签和<area>标签）

存取集合中的对象有两种方法，使用索引或是对象名称。例如，有一个图片对象，名称为 myImg，那么想要存取 images 集合中的第三个成员，可以使用索引 2：

```
document.images[2]
```

或者使用 myImg 名称：

```
document.images["myImg"]
```

另外，也可以使用 all 来返回文件内名称符合要求的集合：

```
document.all["myImg")
```

表示获取对象名称为 myImg 的对象。

每个集合对象都有属性和方法，可参考表 10-6 和表 10-7。

表 10-6　集合对象的属性

属　性	说　明
length	集合中的成员数

表 10-7　集合对象的方法

方　法	说　明
item(index)	指定第几个元素（index 从 0 开始）
namedItem(id)	获取元素 id 的名称

下面来看一个范例程序。

【范例程序：Collection.htm】

```
<!DOCTYPE HTML>
<html>
<head>
<meta charset="UTF-8">
<title>集合的存取</title>
<script>
function check()
{
    n = document.images.length;
    document.myform.result.value = "images 对象的数目: " + n
    + "\nimage1 的图片宽度: " + document.images[0].width
    + "\nimage2 的边框宽度: " + document.images["myimg2"].border
```

```
            + "\nimage3 的名称: " + document.all["myimg3"].name
            + "\n 超链接的 href: " + document.links.item(0).href;
    }
    </script>
    </head>
    <body>
    <form name=myform>
    <textarea name=result rows=6 cols=60></textarea><br>
    <input type="button" value="存取 images 对象的属性" name="mybtn" onclick="check()">
    </form>
    <img src="images/grape.png" border="0" name="myimg1">
    <img src="images/pineapple.png" border="0" name="myimg2">
    <img src="images/strawberry.png" border="0" name="myimg3">
    <a href="https://www.baidu.com/">百度</a>
    </body>
    </html>
```

执行结果如图 10-5 所示。

图 10-5

10.3　DOM 风格样式

一般来说，网页元素通常会使用 CSS 来设置特定的风格样式，不过网页上所显示的 CSS 效果可能会因浏览器的不同而有所差异。为了解决这个问题，可以利用 DOM 让元素都通过 style 属性来定义 CSS。

10.3.1　查询元素样式

在 JavaScript 中想要知道某个元素的样式属性值，可以利用 style 来查询，如下所示：

```
document.getElementById('textStyle').style.backgroundColor
```

然而，每个元素可供设置的样式繁多，因此我们就利用循环将元素的样式列出，请参考下面的范例程序。

【范例程序：elementStyle.htm】

```
<html>
<head>
<script language="JavaScript">
window.onload = (event) => {
    document.addEventListener('click', e => {
        console.log(e.target.style)
    })
}
</script>
<title>显示对象样式属性</title>
</head>
<body>
<h1 id="h1Style"
style="font-family:arial;font-size:20px;font-color:#FF0000;background-color:#FFCCFF;wid
th:300;">这是 h1 对象</h1>
    <img src="images/strawberry.png" style="border:0">
    <button style="background-color: #00ccff; color: #ffffff; width:100px; height:30px;
border-radius:10px">这是按钮</button>
</body>
</html>
```

执行结果如图 10-6 所示。

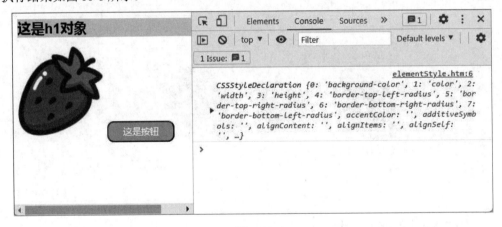

图 10-6

在该范例程序中，对 document 对象添加了 click 事件的监听器和事件处理程序（Event Handler），当我们单击页面上的任何对象时，都会在开发者工具的控制台窗口显示属性值对（成对表示，也就是"属性:属性值"），例如单击"这是按钮"，就会显示 CSSStyleDeclaration（CSS 属性值对的集合）。按钮添加了 background-color、color、width、height、border-radius 等属性，因此属性 backgroundColor、color、width、height、borderRadius 都有属性值；其他的属性值未设置，因此都是空值。

我们可以从范例程序中发现 CSS 的 style 样式名称与 JavaScript 操作的 CSSStyleDeclaration 属性名称稍有差异，例如 CSS 样式是 background-color，而 CSSStyleDeclaration 则是 backgroundColor。这是使用 JavaScript 程序存取 CSS 样式时经常犯错的地方，编写时需多加留意。CSS 样式操作的细节请参考下一小节的介绍。

10.3.2　设置组件样式

设置组件样式的方式很简单，格式如下：

组件名称.style.样式属性值

当我们想利用 JavaScript 来指定样式的值时，可以直接利用 CSS 样式来指定。例如，想要设置 id 名称为 textStyle 的宽度，可以使用下列代码：

```
document.getElementById('textStyle').style.width=500;
```

提醒读者注意，有些 CSS 样式值以"-"连接符来连接，例如 font-color、background-color，这时，JavaScript 执行时会出现错误，因此必须将"-"符号后的第一个字母改为大写，并删除"-"符号，如表 10-8 所示。

表 10-8　CSS 属性和 JavaScript 样式表示法

CSS 属性	JavaScript 样式表示法
width	style.width
font-size	style.fontSize
background-color	style.backgroundColor
border-top-width	style.borderTopWidth

下面来看一个范例程序。

【范例程序：cssStyle.htm】

```
<!DOCTYPE HTML>
<html>
<head>
<meta charset="UTF-8">
<title>改变元素样式</title>
<style>
table{
background-color:#F6FEAA;
}
th{background-color:#118AB2;}
td,th{
padding:10px;
text-align:center;
}
th{color:white}
.colorbtn{width:30px; height:20px;}
</style>
<script>
function tableWidth(w){
    let table = document.getElementById("myTable");
    table.style.width=w;
}
function setTableColor(col){
    let table = document.getElementById("myTable");
    table.style.backgroundColor = col;
}
</script>
</head>
<body>
```

```
    <table id="myTable" cellspacing="2" cellpadding="2" border="1">
    <tr id="Tr1">
        <th>数学</th>
        <th>英语</th>
        <th>语文</th>
    </tr>
    <tr id="Tr2">
        <td>90</td>
        <td>60</td>
        <td>80</td>
    </tr>
    <tr id="Tr2">
        <td>80</td>
        <td>86</td>
        <td>98</td>
    </tr>
    </table><br>
    改变表格宽度<br>
      <button onclick="tableWidth('200px');">宽度 200px</button>
      <button onclick="tableWidth('300px');">宽度 300px</button>
    <p>
    改变背景颜色<br>
        <button class="colorbtn" onclick="setTableColor('#C7DFC5');"
style="background-color:#C7DFC5;"></button>
        <button class="colorbtn" onclick="setTableColor('#C1DBE3');"
style="background-color:#C1DBE3;"></button>
        <button class="colorbtn" onclick="setTableColor('#CEBACF');"
style="background-color:#CEBACF;"></button>
        <button class="colorbtn" onclick="setTableColor('#EBD2B4');"
style="background-color:#EBD2B4;"></button>
    </p>
  </body>
  </html>
```

执行结果如图 10-7 所示。

图 10-7

第 11 章

前端数据存储

制作网页时，需要记录一些信息，例如用户登录状态、小程序或游戏的暂存数据，但又不希望动用到后端服务器的数据库，这时候就可以充分利用 Web Storage 或 IndexedDB 将数据存储在用户的浏览器端（前端）。

11.1 认识 Web Storage

Web Storage 是一种将少量数据存储于客户端磁盘的技术。只要是支持 Web Storage API 规范的浏览器，网页设计者都可以使用 JavaScript 来操作它。下面我们就先来了解一下 Web Storage。

11.1.1 Web Storage 的概念

网页在没有 Web Storage 之前，其实就有在客户端存储少量数据的功能，称之为 Cookie。Web Storage 与 Cookie 有两点不同之处：

（1）存储大小不同：Cookie 只允许每个网站在客户端存储 4KB 的数据，而在 HTML 5 的规范里，Web Storage 的容量是由客户端程序（浏览器）决定的，容量通常是 1MB~5MB。

（2）安全性不同：Cookie 每次处理网页的请求都会连带传送 Cookie 值给服务器端，使得安全性降低，而 Web Storage 纯粹运行于客户端，不会有这样的问题。

Cookies 是以键-值对的组合形式来保存数据，Web Storage 也采用同样的形式。

Web Storage 提供两个对象可以将数据存储在客户端：一个是 localStorage，另一个是 sessionStorage。这两者的主要差异在于生命周期及有效范围，如表 11-1 所示。

表 11-1　Web Storage 提供的两个对象

Web Storage 类型	生命周期	有效范围
localStorage	执行删除指令才会消失	同一网站的网页可跨窗口及标签页
sessionStorage	浏览器窗口或标签页关闭就会消失	只对当前浏览器窗口或标签页有效

接下来，先来检测浏览器是否支持 Web Storage。

11.1.2 检测浏览器是否支持 Web storage

为了避免浏览器不支持 Web Storage 功能，我们在操作之前，最好先检测一下浏览器是否支持这项功能。范例代码如下：

```
if(typeof(Storage)=="undefined")
{
    alert("您的浏览器不支持 Web Storage")
}else{
    //localStorage 及 sessionStorage 程序代码
}
```

浏览器如果不支持 Web Storage，就会弹出警示窗口；如果支持 Web Storage，则执行 localStorage 和 sessionStorage 的程序代码。

目前，大多数浏览器都支持 Web Storage。然而，需要注意的是，在 IE 和 Firefox 浏览器中进行测试时，需要把文件上传到服务器或本地主机（localhost）才能正常执行 Web Storage 相关代码。建议读者在测试时使用 Google Chrome 浏览器。

11.2 localStorage 和 SessionStorage

localStorage 的生命周期和有效范围与 Cookie 类似，它的生命周期由网页程序设计者自行指定，不会随着浏览器的关闭而消失，适用于数据需要跨标签页或跨窗口的场合。关闭浏览器之后除非执行清除操作，否则 localStorage 数据会一直存在。sessionStorage 则是在浏览器窗口或标签页关闭后，其数据就会消失，因为数据只对当前窗口或标签页有效，适用于数据只需暂时保存的场合。

11.2.1 存取 localStorage

JavaScript 基于同源策略（same-origin policy），限制只有来自相同网站的网页才能相互调用。localStorage API 通过 JavaScript 来操作，同样只有来自相同来源的网页才能存取同一个 local Storage。

什么是相同网站的网页呢？所谓相同网站，即协议、主机（网域和 IP 地址）、传输端口都必须相同。举例来说明一下，下面三种情况都视为不同来源：

（1）http://www.abc.com 与 https://www.abc.com（协议不同）。

（2）http://www.abc.com 与 https://www.abcd.com（网域不同）。

（3）http://www.abc.com:801/ 与 https://www.abc.com:8080/（端口不同）。

在 HTML 5 标准，Web Storage 只允许存储字符串数据，存取方法有下列 3 种：

（1）Storage 对象的 setItem 和 getItem 方法。

（2）数组索引。

（3）属性。

下面逐一来看看这 3 种存取 localStorage 的方法。

1. Storage 对象的 setItem 和 getItem 方法

存储使用的是 setItem 方法，格式如下：

```
window.localStorage.setItem(key, value);
```

例如，我们想指定一个 localStorage 变量 userdata，并指定它的值为 Hello!HTML5，程序代码可以这样写：

```
window.localStorage.setItem("userdata", " Hello!HTML5");
```

当我们想读取 userdata 数据时，可调用 getItem()方法，格式如下：

```
window.localStorage.getItem(key);
```

例如：

```
var value1 = window.localStorage.getItem("userdata");
```

2. 数组索引

用于存储的示例语法：

```
window.localStorage["userdata"] = "Hello!HTML5";
```

用于读取的示例语法：

```
var value = window.localStorage["userdata"];
```

3. 属性

用于存储的示例语法：

```
window.localStorage.userdata= "Hello!HTML5";
```

用于读取的示例语法：

```
var value1 = window.localStorage.userdata;
```

> 提示　前面的 window 可以省略不写。

下面我们通过范例程序来实际操作一下。

【范例程序：localStorage.htm】

```
<!DOCTYPE html>
<html>
<head>
<meta charset="UTF-8">
<title>Storage</title>
<link rel=stylesheet type="text/css" href="style.css">
<script>

window.addEventListener('load', () => {
    if(typeof(Storage)=="undefined")
    {
        alert("Sorry! 您的浏览器不支持 Web Storage. ");
    }else{
```

```
                btn_save.addEventListener("click", saveToLocalStorage);
                btn_load.addEventListener("click", loadFromLocalStorage);
        }
    })

    function saveToLocalStorage(){
        let name = document.getElementById("username").value;
        let vehicle = document.querySelector('input[name="vehicle"]:checked').value;
        if (name == ""){
            alert("请输入姓名");
            return false;
        }
        localStorage.username = name;
        localStorage.vehicle = vehicle;
        show_LocalStorage.innerHTML = "保存成功! ";
    }

    function loadFromLocalStorage(){
        if (localStorage.username != null && localStorage.vehicle != null)
        {
            show_LocalStorage.innerHTML = "姓名: " + localStorage.username +" <br>交通工
具: " + localStorage.vehicle;
        }else{
            show_LocalStorage.innerHTML = " localStorage 无问卷数据";
        }
    }
    </script>
    </head>
    <body>
    <fieldset>
    <legend>通勤使用交通工具调查问卷</legend>
    <form method="post" action="" id="frm">
        姓名: <input type="text" id="username" value=""><br>
        最常使用的交通工具: <br>
        <input type="radio" class="vehicle" id="vehicle1" name="vehicle" value="步行">
        <label for="vehicle1">步行</label><br>
        <input type="radio" class="vehicle" id="vehicle2" name="vehicle" value="骑自行车
" checked>
        <label for="vehicle2">骑自行车</label><br>
        <input type="radio" class="vehicle" id="vehicle3" name="vehicle" value="骑电动车
">
        <label for="vehicle3">骑电动车</label><br>
        <input type="radio" class="vehicle" id="vehicle4" name="vehicle" value="家用小汽
车">
        <label for="vehicle4">家用小汽车</label><br>
        <input type="radio" class="vehicle" id="vehicle5" name="vehicle" value="公共交通
工具">
        <label for="vehicle5">公共交通工具</label><br>
        <button type="button" id="btn_save">保存到 localStorage</button>
        <button type="button" id="btn_load">从 localStorage 读取数据</button>
    </form>
    <div id="show_LocalStorage"></div>
    </fieldset>

    </body>
    </html>
```

执行结果如图 11-1 所示。

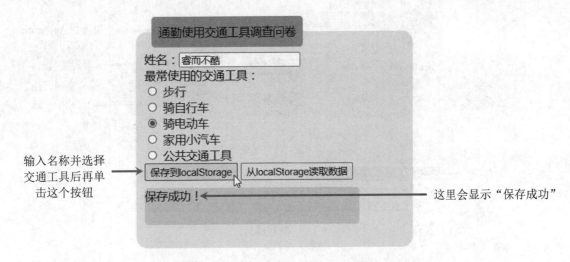

图 11-1

当用户输入姓名并选择交通工具之后，单击"保存到 localStorage"按钮时，数据将被保存起来，当单击"从 localStorage 读取数据"按钮时，问卷结果将会显示出来，如图 11-2 所示。

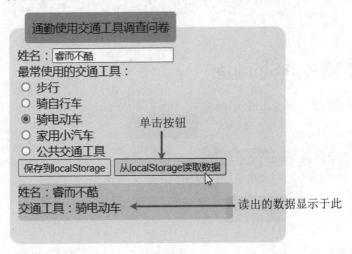

图 11-2

关闭浏览器窗口，重新打开这份 HTML 文件，再次单击"从 localStorage 读取数据"按钮，我们会发现保持在 localStorage 中的数据一直都在，不会因为浏览器的关闭而消失。

打开浏览器的控制台窗口（按 F12 键），切换到 Application 面板，单击 Local Storage，再单击"file:///"，就可以查看和管理保存在 localStorage 中的数据，如图 11-3 所示。

Local Storage 数据上方有一排管理工具，其功能如图 11-4 所示。

虽然 localStorage 非常方便，但是通过开发者工具就能够将存储的数据一览无遗，毫无安全性可言。localStorage 适用于将数据带往下一页或者是离线状态下暂存数据，如果必须保存重要数据，则可以考虑将数据加密之后再存入 localStorage。

图 11-3

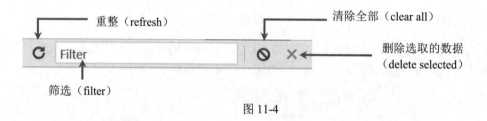

图 11-4

11.2.2   删除 localStorage

如果想要清除某一笔 localStorage 数据，可以调用 removeItem()方法或是使用 delete 属性进行删除，例如：

```
window.localStorage.removeItem("userdata");
delete window.localStorage.userdata;
delete window.localStorage["userdata"]
```

如果想要清除 localStorage 全部数据，可调用 clear()方法：

```
localStorage.clear();
```

下面延续范例程序 localStorage.htm，增加一个"清除 localStorage 数据"按钮。

【范例程序：clearLocalStorage.htm】

```
<!DOCTYPE html>
<html>
<head>
<meta charset="UTF-8">
<title>Storage</title>
<link rel=stylesheet type="text/css" href="style.css">
<script>

window.addEventListener('load', () => {
    if(typeof(Storage)=="undefined")
    {
        alert("Sorry! 您的浏览器不支持 Web Storage。");
    }else{
```

```
            btn_save.addEventListener("click", saveToLocalStorage);
            btn_load.addEventListener("click", loadFromLocalStorage);
            btn_clear.addEventListener("click", clearLocalStorage);
        }
    })

    function saveToLocalStorage(){
        let name = document.getElementById("username").value;
        let vehicle = document.querySelector('input[name="vehicle"]:checked').value;
        if (name == ""){
            alert("请输入姓名");
            return false;
        }
        localStorage.username = name;
        localStorage.vehicle = vehicle;
        show_LocalStorage.innerHTML = "保存成功! ";
    }

    function loadFromLocalStorage(){
        if (localStorage.username != null && localStorage.vehicle != null)
        {
            show_LocalStorage.innerHTML = "姓名: " + localStorage.username +" <br>交通工
具: " + localStorage.vehicle;
        }else{
            show_LocalStorage.innerHTML = "localStorage 无问卷数据";
        }
    }

    function clearLocalStorage(){
        if (localStorage.username != null && localStorage.vehicle != null)
        {
            localStorage.clear();     //清空 localStorage 数据
            loadFromLocalStorage();   //调用 loadFromLocalStorage 函数
        }else{
            show_LocalStorage.innerHTML = "localStorage 无问卷数据";
        }
    }
    </script>
    </head>
    <body>
    <fieldset>
    <legend>通勤使用交通工具调查问卷</legend>
    <form method="post" action="" id="frm">
        姓名: <input type="text" id="username" value=""><br>
        最常使用的交通工具: <br>
        <input type="radio" class="vehicle" id="vehicle1" name="vehicle" value="步行">
        <label for="vehicle1">步行</label><br>
        <input type="radio" class="vehicle" id="vehicle2" name="vehicle" value="骑自行车
" checked>
        <label for="vehicle2">骑自行车</label><br>
        <input type="radio" class="vehicle" id="vehicle3" name="vehicle" value="骑电动车
">
        <label for="vehicle3">骑电动车</label><br>
        <input type="radio" class="vehicle" id="vehicle4" name="vehicle" value="家用小汽
车">
        <label for="vehicle4">家用小汽车</label><br>
        <input type="radio" class="vehicle" id="vehicle5" name="vehicle" value="公共运输
工具">
```

```
                <label for="vehicle5">公共运输工具</label><br>
        <button type="button" id="btn_save">保存到 localStorage</button>
        <button type="button" id="btn_load">从 localStorage 读取数据</button>
        <button type="button" id="btn_clear">清除 localStorage 中的数据</button>
    </form>
    <div id="show_LocalStorage"></div>
    </fieldset>

    </body>
    </html>
```

执行结果如图 11-5 所示。

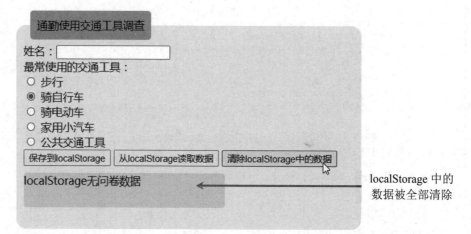

图 11-5

11.2.3　存取 sessionStorage

sessionStorage 只能在单个浏览器窗口或标签页中保存数据，浏览器一旦关闭，则保存在其中的数据就消失了。sessionStorage 的最大用途在于保存一些临时的数据，防止用户不小心刷新网页后数据就不见了。sessionStorage 的操作方法与 localStorage 的操作方法相同。下面整理列出 sessionStorage 的存取示例语句供读者参考，就不再逐一重复说明了。

（1）存储：

```
window.sessionStorage.setItem("userdata", " Hello!HTML5");
window.sessionStorage ["userdata"] = "Hello!HTML5";
window.sessionStorage.userdata= "Hello!HTML5";
```

（2）读取：

```
var value1 = window.sessionStorage.getItem("userdata");
var value1 = window.sessionStorage["userdata"];
var value1 = window.sessionStorage.userdata;
```

（3）清除：

```
window.sessionStorage.removeItem("userdata");
delete window.sessionStorage.userdata;
delete window.sessionStorage ["userdata"]
//清除全部
sessionStorage.clear();
```

localStorage 与 sessionStorage 适用于存储较少量的数据，如果想要存储大量结构化的数据则可以使用 IndexedDB。下一小节就来认识 IndexedDB 的用法。

11.3　IndexedDB 数据库

浏览器提供的数据库有两种，一种是 WebSQL，另一种是 IndexedDB。WebSQL 是关系数据库，而 IndexedDB 是索引数据表数据库。W3C 在 2011 年 11 月已经宣布弃用 WebSQL，前端要存储大量的数据则建议使用 IndexedDB。

IndexedDB 是索引数据表数据库，顾名思义就是利用数据键存取数据，通过索引功能能搜索数据。IndexedDB 适用于大量的结构化数据，例如日程表、记事本等。

11.3.1　IndexedDB 的重要概念

先来看看 IndexDB 的几个重要概念。

1. 以键-值对形式来保存数据

IndexedDB 与 Web Storage 相同，都是以键-值对的形式来保存数据，只要建立索引，就可以进行数据搜索以及排序。

2. 事务数据库模型（transactional database model）

为了确保事务的正确性及可靠性，IndexedDB 进行的数据库操作都属于事务。

事务简单来说是将数据库所做的存取操作（例如添加、删除、修改、查询等）包装成单个工作项目来执行，事务管理的主要处理机制有并发控制（concurrency control）与失败恢复（failure recovery）。

1）并发控制

当用户在两个页面打开同一个网页时，有禁止并发的事务机制，否则对数据库的存取将会产生冲突。

2）失效恢复

一个事务可能包含了数个步骤，这些步骤必须全部执行成功，事务才算成功，只要有一个步骤失败，则整个事务就取消并且事务所做的变更都要被复原。

3. IndexedDB 大部分的 API 都是异步的

IndexedDB 大部分的 API 执行都采取的是异步方式。异步简单来说就是当操作数据库时，用户仍然可以继续操作网页，不会有网页被停住的感觉。当 IndexedDB API 执行完毕后，DOM 事件会通过我们事先创建好的回调函数返回执行状态，借此判断作业是成功还是失败。

4. 通过监听 DOM 事件获取执行结果

IndexedDB 作业完成时，通过监听 DOM 事件来获取执行结果。DOM 事件的 type 属性会返回成功（success）或失败（error）。

5. 同源政策

基于同源策略，限制必须来自相同来源的网页才能存取数据。

认识了 IndexedDB 之后，下面我们就来看看它是怎么操作的。

11.3.2　IndexedDB 的基本操作

要操作 IndexedDB 数据库，建议遵循以下几个步骤：

步骤 01 打开数据库和事务。

步骤 02 创建存储对象（objectStore）。

步骤 03 对存储对象发出操作请求，例如添加或读取数据。

步骤 04 监听 DOM 事件等待操作完成。

步骤 05 从 result 对象上获取结果以进行其他工作。

由于 IndexedDB 的标准仍在演进中，并不是所有的浏览器都支持它，因此在使用之前可以加上浏览器前缀标示来确定浏览器是否支持。以 Gecko 为核心的浏览器（例如 Firefox）前缀标示为 moz，以 WebKit 为核心的浏览器（例如 Chrome）前缀标示为 webkit，以 MSHTML 为核心的浏览器（例如 IE）前缀标示为 ms。可以使用下列通用语法来进行测试，当浏览器不支持 IndexedDB 时就显示不支持信息：

```
window.indexedDB = window.indexedDB || window.mozIndexedDB || window.webkitIndexedDB ||
window.msIndexedDB;
if (!window.indexedDB) {
    alert("您的浏览器不支持 indexedDB。");
}
```

1. 打开数据库

打开数据库时，必须调用 open()方法，如果指定的数据库不存在，则会创建新的数据库；如果已经存在，则会打开现有的数据库。调用 open()方法并不会立刻打开数据库，而是返回 IDBOpenDBRequest 对象，该对象具有两个事件，即 success 和 error。打开数据库的语句如下：

```
var request = window.indexedDB.open(dbName, dbVersion);
```

例如：

```
var request = window.indexedDB.open("MyDatabase", 3);
```

上述语句先调用 open()方法打开一个名为 MyDatabase、版本编号为 3 的数据库。open()方法的第二个参数是数据库版本编号，省略不写时，表示是第一个版本。每一个数据库同一时间只能有一个版本。当数据库结构改变时，就必须更新版本编号。版本编号变更时会先触发 onupgradeneeded 事件，之后才会触发 success 事件。onupgradeneeded 事件处理函数如下：

```
request.onupgradeneeded = (event) => {
    //更新存储对象和索引的语句
}
```

打开数据库成功时会返回一个 IDBDatabase 对象，这个对象拥有两个事件，即 success 和 error。我们可以针对 success 事件及 error 事件加入事件处理函数（回调函数）。成功时触发 success 事件处理函数，其语句如下：

```
request.onsuccess = (event) => {
    var db = request.result;
};
```

失败时触发 error 事件处理函数，其语句如下：

```
request.onerror = (event) => {
  //失败时执行的语句
};
```

完整打开数据库的程序代码如下：

```
var request = indexedDB.open("MyDatabase");
request.onerror = (event) => {
  alert("IndexedDB 打开失败! "+ event.target.errorCode);
};
request.onsuccess = (event) => {
 var db = request.result;
};
```

2. 创建存储对象

IndexedDB 将数据存储在存储对象（见图 11-6），类似关系数据库所称的"数据表"的概念，不过 IndexedDB 使用对象来存储。一个对象的数据值对应一个数据键（key），数据键可以是 number、string、date 以及 array；数据值（value）可以是任何 JavaScript 支持的数据类型，包括 Blobs、boolean、number、string、date、object、array、regexp、undefined 以及 null。

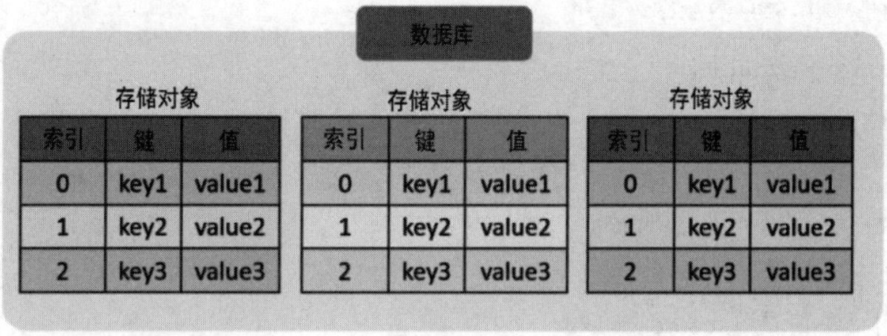

图 11-6

刚刚提到过新版本数据库创建时会触发 onupgradeneeded 事件，在第一次创建数据库时也会触发这个事件，当触发这个事件时就在回调函数里创建存储对象，如下：

```
request.onupgradeneeded = (event) => {
  var db = event.target.result;
  //创建 objectStore
  var objectStore = db.createObjectStore("customer", { keyPath: "user_id" });
  //创建索引
  objectStore.createIndex("name", "name", { unique: false });
};
```

createObjectStore 方法会创建一个存储对象，它就好像数据库里的一个数据表，第一个参数是存储对象的名称，第二个参数是参数对象（可省略）。

参数对象有两个属性：keyPath 和 autoIncrement，属性以逗号（,）分隔开，例如：

```
{ keyPath: "myKey", autoIncrement : true }
```

属性说明可参考表 11-2。

表 11-2　keyPath 和 autoIncrement 属性及其说明

属　　性	说　　明
keyPath	数据键，此存储对象的数据不允许重复，必须是唯一值
autoIncrement	自动编号，类型为布尔值（true 或 false），默认为 false。 当值为 true 时，表示此存储对象的数据值从整数 1 开始自动累加；当值为 false 时，表示每次添加数据时要自行设置

createObjectStore 的 createIndex 方法会创建索引。createIndex 方法有 3 个参数，分别是索引名称、索引查找目标以及 unique。程序代码如下：

```
objectStore.createIndex("title", " target", { unique: false });
```

unique 的值是布尔值（true 或 false），设置为 true 表示是唯一值，为 false 表示非唯一值。默认情况下，key 是可以重复的，如果 createIndex 指定了 unique，那么该目标将不可以有重复的数据，例如想要存储不重复的身份证号码，unique 就可以设置为 true。

3. 添加数据

有了 objectStore 之后就可以开始添加数据。添加数据可调用 objectStore 的 add 方法或 put 方法，调用 add 方法的语法如下：

```
objectStore.add (value, key);
```

调用 put 方法的语法如下：

```
objectStore.put (value, key);
```

add 方法只在 objectStore 中没有相同数据键存在时有效。如果 keypath 的值已存在，则 put 方法会直接更新数据，否则，它将添加数据。

indexedDB 不使用数据表而是使用对象来存储数据。每个对象存储中的数据值对应一个数据键，每笔数据被称为一条记录（record）。

数据键可以是 string、date、float、array 或 Object 类型，举例如下：

```
var request = objectStore.add({name: "eileen", address: "北京市", tel:"010" });
```

上面语句中的{name: "eileen", address: "北京市", tel:"010" }是一个对象。在 JavaScript 中，可以使用花括号（{}）来定义一个对象，而方括号（[]）用于定义数组。

除了逐条输入数据记录外，我们也可以使用循环的方式把数据记录添加到存储对象中。下面是一个完整的范例程序，用于创建数据库并添加初始值。

【范例程序：ObjectStore_new.htm】

```
<!DOCTYPE html>
<html>
<head>
<meta http-equiv="Content-Type" content="text/html; charset=utf-8"/>
<title>创建数据库及初始值</title>
```

```
<script>
window.addEventListener('load', () => {
    window.indexedDB = window.indexedDB || window.mozIndexedDB ||
window.webkitIndexedDB || window.msIndexedDB;
    if (!window.indexedDB) {
        alert("您的浏览器不支持 indexedDB。");
    }
    //要添加的数据 array
    const customerData = [
        {user_id:"A001", name: "eileen", address: "北京市", tel:"010" },
        {user_id:"A002", name: "jennifer", address: "上海市", tel:"021" },
        {user_id:"A003", name: "brian", address: "上海市", tel:"021" }
    ];
    //打开数据库
var db = null;
var req = window.indexedDB.open("MyDatabase");
req.onsuccess = (evt) => {
    db = this.result;
    alert("打开数据库成功");
};
    req.onerror = (evt) => {
     alert("打开数据库失败");
     console.error("openDb:", evt.target.errorCode);
    };
    //onupgradeneeded 事件
    req.onupgradeneeded = (evt) => {
        var db = evt.target.result;
        //创建 objectStore
        if (!db.objectStoreNames.contains("customer")) {
            var objectStore = db.createObjectStore("customer", { keyPath: "No",
autoIncrement : true });
            objectStore.createIndex("name", "name", { unique: false });
            objectStore.createIndex("user_id", "user_id", { unique: true });

            //添加数据到 objectStore
            customerData.forEach(function(user){
                objectStore.add(user);
            })
        }
    };
})
</script>
</head>
<body>
</body>
</html>
```

执行结果如图 11-7 所示。

建议使用 Google Chrome 浏览器来执行该范例程序，Google Chrome 浏览器提供了方便的开发者工具（即 DEV Tools），可用于预览 IndexedDB 的内容。在 Chrome 中按 F12 键即可打开开发者工具，打开"应用"面板即可看到 IndexedDB 项目，如图 11-8 所示。

图 11-7

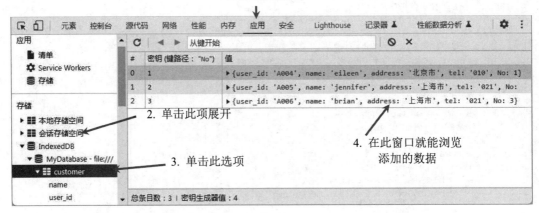

图 11-8

创建了 objectStore 之后，就会有对数据库进行添加、读取与删除等操作的需求，下面就来介绍添加、读取与删除等操作。

在操作之前必须要先开启事务，事务中要指定 objectStore 的名称以及操作权限，格式如下：

```
var transaction = db.transaction(objectStore Name, 操作权限);
```

操作权限有下列 3 种模式：

（1）只读模式：readonly。

（2）读写模式：readwrite。

（3）版本升级模式：versionchange。

如果未指定操作权限，则默认为 readonly。例如，如果要把数据写入名为 customer 的 objectStore，就必须设为读写事务，示例语句如下：

```
var transaction = db.transaction("customer", "readwrite");
```

开启事务获取 objectStore，以便添加数据，示例语句如下：

```
store = transaction.objectStore("customer"); //获取 ObjectStore
r= store.add({name: "Jenny", address: "广州市",tel: "020"}); //添加数据
```

添加成功时，会触发请求对象的成功事件（success），而在添加失败时会触发错误（error）事件：

```
r.onsuccess = (event) => {...}
r.onerror = (event) => {...}
```

事务的完成与失败也会触发相应的事件，包括错误事件（error）、中止事件（abort）以及完成事件（complete）：

```
transaction.oncomplete = (event) => {...}
transaction.onerror = (event) => {...}
```

下面我们就来看一个实际的范例程序。

【范例程序：ObjectStore_add.htm】

```
<!DOCTYPE html>
<html>
<head>
<meta charset="UTF-8">
<title>添加数据</title>
<link rel=stylesheet type="text/css" href="style.css">
<style>
div{border:2px dotted #ff0000;padding:5px;margin-top:5px}
</style>
<script>
window.addEventListener('load', () => {

    window.indexedDB = window.indexedDB || window.mozIndexedDB ||
window.webkitIndexedDB || window.msIndexedDB;
    if (!window.indexedDB) {
        alert("您的浏览器不支持 indexedDB。");
    }

    /*********
    openDB() 打开数据库
    DB_tx() 启动事务
    addOrPutData() 添加数据
    ********/

    function openDB() {
      var req = indexedDB.open(dbName, version);

      req.onsuccess = (e) => {
        message.innerHTML = "打开数据库成功! ";
        db = e.target.result;
      };

      req.onerror = (e) => {
        message.innerHTML = "打开数据库失败! ";
      };

      req.onupgradeneeded = (e) => {
        var thisDB = e.target.result;
        if (!thisDB.objectStoreNames.contains(storeName)) {
            var objectStore = thisDB.createObjectStore(storeName, { keyPath: "No",
autoIncrement : true });
            objectStore.createIndex("user_id", "user_id", { unique: true });
            objectStore.createIndex("name", "name", { unique: false });
```

```
            }
        };
    }
    function DB_tx(storeName, mode) {
        let tx = db.transaction(storeName, mode);
        tx.onerror = (e) => {
          console.error(e);
        };
        return tx;
    }

    function addOrPutData() {
      let tx = DB_tx(storeName, 'readwrite');
      let store = tx.objectStore(storeName);

      let user_id = document.getElementById("user_id").value.trim();
      let name = document.getElementById("name").value.trim();
      let email = document.getElementById("email").value.trim();

      value = {
          user_id,
          name,
          email
      };
      value.timestamp = new Date().toLocaleString('zh', {timeZone: 'Asia/Shanghai'});

      let r = null;
      let memo = "";

      r = store.add(value);

      r.onsuccess = (e) => {
          message.innerHTML += "<br>数据添加成功! <br>" + JSON.stringify(value);
      };

      r.onerror = (e) => {
          message.innerHTML = "<br>数据添加失败! <br>" + e.target.error.message;
      };
    }

    var db = null;
    const dbName = "MyDatabase";
    const storeName = "customer";
    const version = 1;

    openDB();

    addbtn.onclick = (e) => {
        addOrPutData('add')
    }

})
</script>
</head>
<body>
<label for="user_id">账号: </label><input type="text" id='user_id'><br>
<label for="name">姓名: </label><input type="text" id='name'><br>
<label for="email">E-Mail: </label><input type="text" id='email'><br>
<button id="addbtn" class="btn">添　加</button>
<div id="message"></div>
```

```
</body>
</html>
```

执行结果如图 11-9 所示。

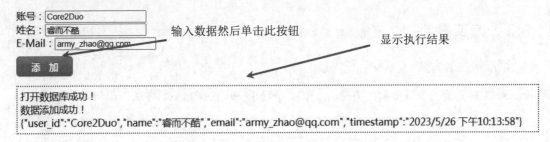

图 11-9

该范例程序执行完成之后，从控制台可以看到数据已经被成功添加并保存，如图 11-10 所示。

图 11-10

在该范例程序中，存入数据库的值是一个对象。直接在网页中输出对象会显示为"object Object"。为了查看对象的内容，我们可以使用以下方法之一：调用 console.log()、使用循环遍历（例如，使用 for...in 语句）或者调用 JSON.stringify()方法将对象转换为 JSON 字符串后显示在网页中。

```
//value 对象
value = {
         user_id,
         name,
         email
      };
//将 value 对象转换成 JSON 字符串
JSON.stringify(value);
```

另外，在范例程序中使用了时间戳（timestamp）记录当前的日期和时间。通过调用 Date 对象的 toLocaleString()方法，我们可以获取本地的日期和时间信息，通过 locales 和 options 这两个参数来指定日期和时间的格式，示例如下：

```
dateObj.toLocaleString([locales[, options]])
```

如果不指定时区，默认会以 GMT 标准时间（格林威治标准时间）格式来显示。上海时间比 GMT 时间快 8 小时，因此会以 GMT+0800 的形式显示，如下所示：

```
Fri May 25 2023 22:13:58 GMT+0800
```

范例程序中使用 Asia/Shanghai 作为 toLocaleString 方法的第二个参数，以显示上海时间的表示方式，如下所示：

```
new Date().toLocaleString('zh', {timeZone: 'Asia/Shanghai'});
```

显示的日期时间格式如下：

```
2023/5/26 下午 22:13:58
```

11.3.3　读取数据

1. 读取数据的方法

indexedDB 常用的读取数据的方法有 get()、getAll()和 openCursor()方法，说明如下。

1）get()

get()方法用于获取符合搜索条件的第一个值，并返回一个 IDBRequest 对象。语法如下：

```
var request = objectStore .get (key);
```

参数 key 可以是主键或是 IDBKeyRange 对象。例如上一个范例程序（ObjectStore_add.htm）想要读取 NO.为 1 的数据，那么程序代码就可以表示如下：

```
var request = store.get(1);
request.onsuccess = (e) => {
  str="账号: "+e.target.result.user_id+"姓名: "+e.target.result.name;
  message.innerHTML = str;
};
```

如果想要通过姓名来获取数据，可以利用先前介绍过的 createIndex 方法建立索引，再利用索引名称来获取数据。下面的示例调用 createIndex 方法建立 name 的索引，并命名 nameIndex。

```
objectStore.createIndex("nameIndex", "name", { unique: false });
```

建立 nameIndex 索引的程序如下：

```
var index = store.index("nameIndex");
var request=index.get("睿而不酷");
request.onsuccess = (e) => {
    str="账号: "+e.target.result.user_id+"姓名: "+e.target.result.name;
    message.innerHTML = str;
};
```

对于 get()方法，如果数据库里有多个数据符合搜索条件（例如姓名），那么它将返回具有最小键值的数据。

2）getAll()方法

getAll()方法用于获取符合条件的所有数据，并返回 IDBRequest 对象，语法如下：

```
var request =objectStore .getAll ([key][, count]);
```

调用 getAll()时不提供任何参数，则表示返回所有符合条件的数据；参数 key 可以是主键或是 IDBKeyRange 对象，参数 count 用于限定返回的数据条数。

3）openCursor()方法

openCursor 用于按序逐条读取符合条件的数据，它会返回一个 IDBRequest 对象。游标（cursor）是数据库中的概念，它会先指向结果集的第一笔数据，接收到 continue()指令时游标才会指向下一笔数据。与 openCursor 方法不同的是，getAll()方法是一次性读取全部符合条件的数据，并将其返回。
openCursor 的语法如下：

```
var request = objectStore.openCursor([key][, direction])
```

参数 key 可以是主键或是 IDBKeyRange 对象；参数 direction 是游标移动的方向，direction 值有
下列 4 种：

- next: 从小到大（默认值）。
- prev: 从大到小。
- nextunique: 当有多个相同键值时，按从小到大的方向取第一笔数据。
- prevunique: 当有多个相同键值时，按从大到小的方向取第一笔数据。

如果要将移动方向改为 prev，则可以这样编写程序代码：

```
var request = objectStore.openCursor(null, "prev")
```

openCursor 的程序语句如下：

```
var request = store.openCursor();
    request.onsuccess = (e) => {
        var cursor = e.target.result;
        if(cursor) {
            console.log(
            "key: " + cursor.key +
            "账号: "+ cursor.value.user_id+
            "姓名: "+ cursor.value.name
            );
            cursor.continue();
        }
};
```

e.target.result 返回的是 IDBCursor 对象，cursor.continue()是执行下一笔的意思，cursor.key 是取
得该笔数据的 key；cursor.value 是取得该笔的值。

2. IDBKeyRange 对象

IDBKeyRange 对象表示一个搜索键值的范围，例如表示搜索 A~F 范围的语句如下：

```
var request = objectStore.getAll(IDBKeyRange.bound('A', 'F'))
```

IDBKeyRange 方法有 4 种：

1）IDBKeyRange.lowerBound(lower, [open])

用于设置下限，也就是值必须大于或等于 lower；参数 open 如果设为 true，则表示不包含 lower
本身（>lower）。

2）IDBKeyRange.upperBound(upper, [open])

用于设置上限，也就是值必须小于或等于 upper，参数 open 如果设为 true，则表示不包含 upper
本身（<upper）。

3）IDBKeyRange.bound(lower, upper, [lowerOpen], [upperOpen])

用于设置上限与下限，也就是值必须大于或等于 lower 且小于或等于 upper。参数 lowerOpen 如果设为 true，则表示不包含 lower 本身（>lower）；upperOpen 如果设为 true，则表示不包含 upper 本身（>upper）。

4）IDBKeyRange.only(key)

用于按 key 值进行搜索。

11.3.4　删除数据

indexedDB 提供了 delete 方法来删除数据，语法如下：

```
objectStore .delete(query);
```

例如，在 ObjectStore_add.htm 范例程序中想要删除 NO.为 1 的数据，则在程序代码中就可以如下编写：

```
var request = store.delete(1);
request.onerror = (e) => {
  $("div").html("删除数据失败"+e.target.error)
};
request.onsuccess = (e) => {
  $("div").html("删除成功");
};
```

11.3.5　清空数据

调用 objectStore 的 clear 方法可以清空 objectStore 的数据，语法如下：

```
var transaction=db.transaction(objectStore Name,'readwrite');
var store=transaction.objectStore(objectStore Name);
store.clear();
```

只要调用 deleteDatabase 方法就能删除 IndexedDB 的 objectStore，语法如下：

```
var req = windows.indexedDB.deleteDatabase(dbName);
```

删除成功时会触发 success 事件，失败时触发 error 事件，语法如下：

```
req.onsuccess = (e) => {
$("div").html ("删除成功! ");
};
req.onerror = (e) => {
$("div").html ("删除失败! ");
}
```

indexedDB 就介绍到此，下一章将实现一个"个人通讯录"的范例程序，我们将会再次回顾 indexedDB 的完整用法。

第 12 章

整合练习——
个人通讯录的实现

12

本章将通过实践来练习之前介绍的 HTML、CSS 与 JavaScript 语法。我们的主题是个人通讯录，将练习 JavaScript 语法并使用 IndexedDB 执行完整的 CRUD（增、删、改、查）操作。

12.1　网页架构说明

CRUD 是数据库非常重要的基本操作，分别代表了新增（create）、查询（read）、修改（update）以及删除（Delete）4 个操作。举个例子，大家非常熟悉的网络购物的购物车操作就是 CRUD，包括将商品加入购物车（create）、查看购物车中的商品（read）、修改购物车商品的数量和颜色（update）以及删除购物车中的商品（delete）。本章将以个人通讯录为范例程序，实现 CRUD 操作。

12.1.1　网页功能架构图及线框图

个人通讯录的功能架构规划如图 12-1 所示，包括添加（对应新增）、查询、修改以及删除操作，其中删除部分有删除单笔数据、清空全部数据以及删除整个数据库 3 种删除方式。

按照网页架构设计界面的线框图，如图 12-2 所示。

网页上的添加联络人、查询联络人、修改联络人和删除联络人 4 个按钮是使用图像文件来作为按钮。这里使用了 CSS Sprites 技术将这 4 张小图像合并成 1 张大图像，以减少网页 HTTP 请求的次数。下面介绍 CSS Sprites 技术。

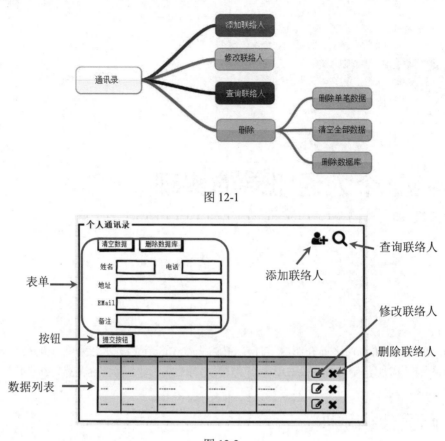

图 12-1

图 12-2

12.1.2　CSS Sprites

　　浏览网页时，浏览器会向网页服务器发起 HTTP 请求，以下载网页所需的 HTML 文件和图像文件。为了让网页更加生动，通常会使用许多图片或图标。虽然这些图像文件可能只有几千字节大小，但如果使用了 100 个图像文件，加载页面时就必须发出 100 个 HTTP 请求，这不仅会增加服务器的负担，还会影响网页的加载速度。因此，在制作网页时，应尽量减少 HTTP 请求的次数。

　　CSS Sprites 技术是一种将多张小图像合并成一张大图像的技术，只需要一次 HTTP 请求就可以下载网页所需的所有图像。例如，图 12-3 就是由六张小图组成的一个图像文件。合并后的图像文件只需要利用 CSS 的定位技巧，就可以分别取用其中的各张小图像。

　　CSS Sprites 技术合并后的图像文件称为 Sprite 图，也有人称之为精灵图像或雪碧图像。要制作 Sprite 图像，必须先合并图像然后计算它们各自的位置，制作过程烦琐。现在网络上有许多 CSS Sprites Generator 工具，只要导入所需的图像文件，就可以自动生成 Sprite 图像和 CSS 程序代码，相当方便。

　　这 里 以 笔 者 常 用 的 一 款 在 线 工 具 ——　CSS　Sprites　Generator （ 网 址 为 https://spritegen.website-performance.org/）为例进行说明。

　　CSS Sprites 适用于大小相同的图像，如项目符号、小图标等。本示例程序使用 4 个图标文件，尺寸均为 32px×32px。读者可以在范例程序文件夹 ch12 的 icons 子文件夹中找到这些图像文件（见图 12-4）。

图 12-3　　　　　　　　　　　　　　　　　图 12-4

产生 Sprite 图像的步骤如下：

步骤 01 进入 CSS Sprites Generator 网页后，先单击 Clear 按钮，清除已有的图像，再设置 Sprite 图像的样式，然后单击 Save 按钮完成设置，如图 12-5 所示。

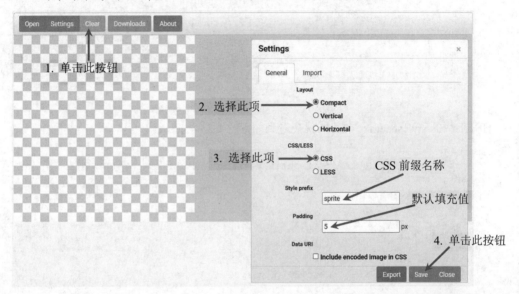

图 12-5

步骤 02 单击 Open 按钮，选择 4 个图标文件，再单击"打开"按钮，如图 12-6 所示。

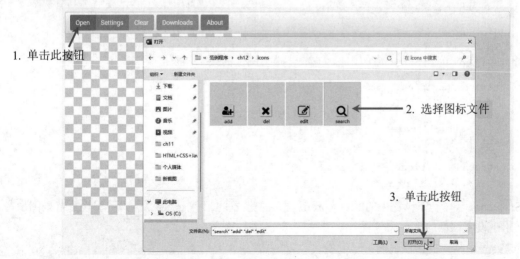

图 12-6

步骤 03 单击 Downloads 按钮，然后单击 Spritesheet 按钮即可生成并下载图像文件。默认情况下，文件名为 spritesheet.png，但可以修改为自己想要的文件名。单击 Stylesheet 按钮将生成 CSS 程序代码并提供下载，文件名为 stylesheet.txt。如图 12-7 所示。

图 12-7

打开下载的 stylesheet.txt 文件，就会看到如下的 CSS 程序代码。

```
.sprite {
    background-image: url(spritesheet.png);
    background-repeat: no-repeat;
    display: block;
}

.sprite-add {
    width: 32px;
    height: 32px;
    background-position: -5px -5px;
}

.sprite-del {
    width: 32px;
    height: 32px;
    background-position: -47px -5px;
}

.sprite-edit {
    width: 32px;
    height: 32px;
    background-position: -5px -47px;
}

.sprite-search {
    width: 32px;
    height: 32px;
    background-position: -47px -47px;
}
```

CSS 的 class 名称是在设置中的 Style prefix 选项中设置的。".sprite" 样式用于设置背景图像，其他样式用于设置图像的大小和位置。

以下是.sprite 样式的语法说明：

```
background-image: url(spritesheet.png);    //背景图像文件路径及文件名
```

```
background-repeat: no-repeat;              //背景图像的重复方式
display: block;                            //以区块方式显示
```

CSS Sprites 以背景图像的方式把图像放在网页要显示图标的位置，background-image 用于设置背景图像，文件名就是下载的大图的文件名 spritesheet.png。如果更改过文件名，则将它替换为自定义文件名即可。

对于 4 个小图标，它们的位置是通过 CSS 属性 background-position 来控制的，以下是 background-position 的语法说明：

```
background-position: x y
```

background-position 的默认值以左上角为起点，其中 x 代表水平轴，向右移动为正值，向左移动为负值；y 代表垂直轴，向下移动为正值，向上移动为负值。

在这个范例程序代码的开始位置，padding 值被设置为 5px（参考范例程序 address_book.htm），表示图案的上下左右各有 5px 的填充距离，如图 12-8 所示。

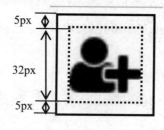

图 12-8

以左上角的 add 图标为例，其 CSS 语法如下：

```
.sprite-add {
    width: 32px;                           //网页上图标的宽度
    height: 32px;                          //网页上图标的高度
    background-position: -5px -5px;        //图标在大图的位置
}
```

background-position 属性用于设置背景图像的位置，以左上角为起点。由于 add 图标的容器设置了 5px 的内边距，因此需要将背景图像向左移动 5px 并向上移动 5px，以使图标在 32px×32px 的范围内居中显示，如图 12-9 所示。

图 12-9

以相同的方式，我们可以计算出其他图像的 x 与 y 值，如图 12-10 所示。

我们可以将整个 CSS 程序代码复制到 HTML 文件的<style></style>标签中，或者将 stylesheet.txt 文件改名为 stylesheet.css 并放置在网站目录中，以供 HTML 文件加载使用。例如，在本例中，要将 stylesheet.css 文件放置在 CSS 文件夹中，则只需要在 HTML 文件中添加以下语法：

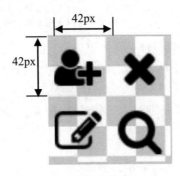

图 12-10

CSS 文件路径

```
<link rel=stylesheet type="text/css" href="css/sprite.css">
```

如果要在 HTML 文件中添加样式为 sprite-add 的按钮，则必须给按钮添加 sprite 和 sprite-add 两个 class 名称，如下所示：

```
<button class="sprite sprite-add"></button>
```

class 属性可以添加多个 class 名称，用空格分隔，表示该按钮指定了两个 class，一个是 sprite，另一个是 sprite-add。

由于此范例程序中的图标希望横向并排显示，因此将 sprite 样式的 display 属性更改为 inline-block，使按钮以行内方式呈现，但仍然具有 block 的属性。

修改的程序代码如下：

```
.sprite {
    background-image: url(../images/icons.png);   //sprite 图像文件放在 images 文件夹中，文件
名是 icons.png
    background-repeat: no-repeat;
    display: inline-block;
}
```

执行结果如图 12-11 所示。

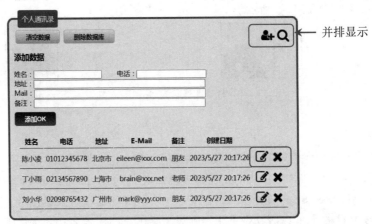

图 12-11

12.2　IndexedDB 的 CURD

笔者已建立好网页用户界面，读者可以用程序编辑器打开 address_book_未完成.htm 文件，而后参考以下的说明一起练习 indexedDB 数据库的操作，最终完成的程序代码可参考程序文件 address_book.htm。

12.2.1　创建数据库、存储对象以及启动事务处理

1. 创建数据库和存储对象

首先创建 indexedDB 数据库并命名为 address_book，然后创建存储对象并命名为 contacts。contacts 中的数据属性如表 12-1 所示。

表 12-1　contacts 中的数据属性

属　　性	说　　明	属性参数
id	自动编号	keyPath、autoIncrement
name	姓名	Index
tel	电话	Index
address	地址	
email	电子邮件	
memo	备注	
timestamp	创建时间	Index

打开数据库的程序代码如下：

```
var db = null;
const dbName = "address_book";
const storeName = "contacts";
const version = 3;

//打开数据库
(function init() {
 var req = indexedDB.open(dbName, version);

 req.onsuccess = (e) => {
    db = e.target.result;
    contactsList('','');
 };

 req.onerror = (e) => {
    showMessage("openDB error");
 };

 req.onupgradeneeded = (e) => {
 var thisDB = e.target.result;
 if (!thisDB.objectStoreNames.contains(storeName)) {
     var objectStore = thisDB.createObjectStore(storeName, { keyPath: "id",
autoIncrement : true });
     objectStore.createIndex("name", "name", { unique: false });
     objectStore.createIndex("tel", "tel", { unique: true });
     objectStore.createIndex("timestamp", "timestamp", { unique: false });
```

```
        //要添加的数组数据
        const contactsData = [
          {name: "陈小凌", tel:"01012345678", address:"北京市", email: "eileen@xxx.com",
memo:"朋友", timestamp:new Date()},
          {name: "丁小雨", tel:"02134567890", address:"上海市", email: "brain@xxx.net",
memo:"老师", timestamp:new Date()},
          {name: "刘小华", tel:"02098765432", address:"广州市", email: "mark@yyy.com",
memo:"朋友", timestamp:new Date()}
          ];

        //把数据添加到 objectStore
        contactsData.forEach(function(user){
          objectStore.add(user);
        })

    }
  };
        putbtn.style.display = 'none';        //隐藏 putbtn 按钮
        findbtn.style.display = 'none';       //隐藏 putbtn 按钮
        findDate.style.display = 'none';      //隐藏 findDate 区块
})();
```

上述程序定义了全局变量和立即执行的 init 函数。init 函数使用 createObjectStore 创建了一个名为 contacts 的存储对象，并将 id 定义为 keyPath 的键，让它自动递增。此外，还创建了 3 个索引，分别是 name、tel 和 timestamp，用以提高查询速度。稍后我们将使用这 3 个索引来执行查询。为了方便读者操作，我们的范例程序在数据库创建时会先添加 3 笔数据。

网页上有 3 个组件是预先创建好的，刚开始时先设置为隐藏，如图 12-12 所示。

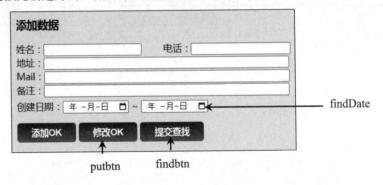

图 12-12

2. 启动事务处理

IndexedDB 中所有的读写操作都需要通过事务处理来完成，即调用 db.transaction()方法来打开存储对象。我们可以将它写成函数，以便后续调用。启动事务处理的代码如下：

```
function DB_tx(storeName, mode) {
let tx = db.transaction(storeName, mode);
tx.onerror = (e) => {
   console.error("tx", e);
};
return tx;
}
```

该函数接收两个参数：storeName 表示存储表的名称， mode 表示操作权限。函数中只定义了 onerror 事件的处理函数，而 oncomplete 事件的处理方式会因调用该函数的主体不同而有所不同。 DB_tx 函数会返回 tx 对象。

12.2.2 设置事件的处理函数

先来看看网页上有哪些元素以及分别设置的事件与处理函数，如图 12-13 所示。

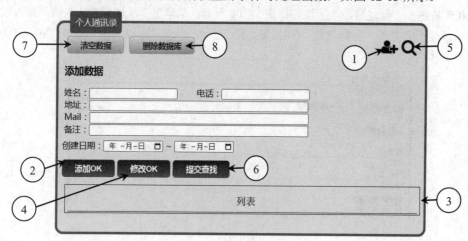

图 12-13

使用的组件与处理函数可参考表 12-2。

表 12-2 使用的组件与处理函数及其说明

编 号	功 能	HTML 组件	ID 名	Onclick 事件处理函数
1	添加联络人	button	newbtn	newData()
2	添加 OK	button	addbtn	createAndUpdate()
3	单笔修改/删除	table	listTb	匿名函数内处理
4	修改 OK	button	putbtn	createAndUpdate()
5	查找	button	searchDatabtn	searchDataStart()
6	提交查找	button	findbtn	readData()
7	清空数据	button	clearDatabtn	clearData()
8	删除数据库	button	dropDBbtn	dropDB()

12.2.3 添加联络人与添加完成

1. 添加联络人

首先看一下添加联络人的方法。添加联络人按钮的 ID 名为 newbtn，可以调用 onclick 事件处理器来处理事件，语法如下：

```
document.getElementById('newbtn').addEventListener('click', newData);
function newData(){
        putbtn.style.display = 'none';          // "修改 OK" 按钮设置为隐藏
```

```
        addbtn.style.display = 'inline';        // "添加 OK" 按钮设置为显示
        findbtn.style.display = 'none';         // "提交查找" 按钮设置为隐藏
        findDate.style.display = 'none';        // "创建日期" 区块设置为隐藏
        document.getElementById('showJob').innerHTML = "添加数据";
        //更改<h3>标签的文本内容
        //清空表单上所有字段的数据
        document.getElementById('contactsform').reset();
}
```

当单击"添加联络人"按钮时，应将"添加 OK"按钮设置为显示，同时隐藏"修改 OK"按钮、"提交查找"按钮和"创建日期"区块，如图 12-14 所示。在单击"添加联络人"或"修改联络人"按钮时，标题应相应更改，标题使用<h3>标签，ID 为 showJob，可以调用 innerHTML 方法来更改<h3>标签的文本内容。

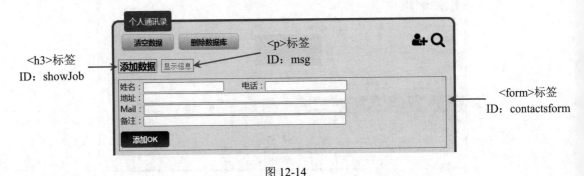

图 12-14

在新增数据时，用户需要在表单文本框中进行输入，因此需要调用表单的 reset()方法先清空文本框。reset()方法可以重置表单组件的值，效果类似于单击重置按钮。

2. 添加完成

当用户完成输入并单击"添加 OK"按钮时，将调用 createAndUpdate 函数。无论添加还是修改数据，都会调用 createAndUpdate 函数。表单中有一个隐藏字段，其 ID 名称为 IDkey。通常情况下，该字段的值为空。当用户单击"修改联络人"按钮时，才会将 ID 数据带入 IDkey 字段。我们可以通过判断 IDkey 是否有值来确定用户完成的是添加操作还是修改操作。程序代码如下：

```
function createAndUpdate(e) {
    e.preventDefault();                         //取消元素默认的操作
    let tx = DB_tx(storeName, 'readwrite');     //事务处理权限是可读写
    tx.oncomplete = (e) => {                     //事务处理完成时触发
            contactsList('','');                 //刷新列表数据
    };
     let store = tx.objectStore(storeName);

    //获取文本框输入的内容
    let name = document.getElementById("name").value.trim();
    let tel = document.getElementById("tel").value.trim();
    let address = document.getElementById("address").value.trim();
    let email = document.getElementById("email").value.trim();
    let memo = document.getElementById("memo").value.trim();

    let r = null;

    //借助 IDkey 的值，判断是添加还是修改
    let IDkey = document.getElementById("IDkey").value.trim();
```

```
        if (IDkey === "")                        //IDkey为空，表示正在添加
        {
            value = {
                name,
                tel,
                address,
                email,
                memo,
                timestamp:new Date()             //加上时间戳
            };
            r = store.add(value);                //添加数据
            r.onsuccess = (e) => {
                showMessage("数据添加成功！");     //显示成功的信息
            };
            r.onerror = (e) => {
                showMessage("数据添加失败！<br>" + e.target.error.message);   //显示失败的信息
            };
        }else{
            //修改数据
            value = {
                id: Number(IDkey),               //更新此 ID 的数据
                name,
                tel,
                address,
                email,
                memo,
                timestamp:new Date()             //加上时间戳
            };

            r = store.put(value);                //更新数据
            r.onsuccess = (e) => {
                showMessage("数据修改成功！");
            };
            r.onerror = (e) => {
                showMessage("数据修改失败！<br>" + e.target.error.message);
            };
        }
    }
```

程序代码中的 preventDefault() 方法用于阻止元素默认的操作，完整的说明会在 12.2.7 节中给出。当添加完成后，会调用 showMessage() 函数来显示成功或失败的信息，并在 2 秒后将信息清空。showMessage() 函数的代码如下：

```
function showMessage(m){
        document.getElementById('msg').innerHTML = m;
        setTimeout(() => {
            document.getElementById('msg').innerHTML = "";
        }, 2000);
    }
```

3. 定时器方法

JavaScript 中有两个定时器方法，分别是 setTimeout() 和 setInterval()。两者的区别在于，setTimeout() 只会执行一次，而 setInterval() 会重复执行。

1）setTimeout()

setTimeout() 方法会在指定的延迟时间后执行指定的函数，其基本语法格式如下：

```
let timeoutID =setTimeout(function, milliseconds);
```

其中，timeoutID 表示要取消的定时器的编号；milliseconds 是延迟的时间，单位是毫秒（1 秒等于 1000 毫秒），如果省略 milliseconds 参数，则将被视为 0，表示立刻执行函数。setTimeout()方法的返回值是一个定时器的编号，可以通过调用 clearTimeout(timeoutID)方法来取消定时器。

2）setInterval()

setInterval()方法的语法与 setTimeout()方法的语法相同，不同之处在于 setInterval()会一直重复执行，直到调用 clearInterval()方法将它取消，其基本语法格式如下：

```
let timeoutID =setInterval(function, milliseconds)
```

setInterval()方法的返回值是一个定时器的编号，可以通过调用 clearInterval(timeoutID)方法来取消这个定时器。

12.2.4　动态产生数据列表

数据列表需要在读取数据后动态填充表格。在 HTML 的部分，需要先添加一个空的表格，其 ID 属性为 listTb，如下所示：

```
<table id='listTb'></table>
```

调用 indexedDB 的 getAll()方法可以从 objectStore 中取出数据。

无论是数据更新还是查询数据，都需要更新数据列表。因此，我们可以将更新数据列表的函数独立出来，以便在不同的情况下都可以调用该函数来呈现数据列表。该函数的代码如下：

```
function contactsList(find, findvalue) {
let ulist = document.getElementById("listTb");
ulist.innerHTML = "正在加载……";
let tx = DB_tx(storeName, 'readonly');
let store = tx.objectStore(storeName);
let allRecords = null;

//判断是查找还是获取完整的数据列表
if (find != ""){
    if(find=="timestamp"){                          //以创建的时间查找
        let d = findvalue.split('|');
        findvalue = IDBKeyRange.bound(new Date(d[0]), new Date(d[1]));
    }
    let index = store.index(find);                  //按索引字段查找
    allRecords = index.getAll(findvalue);           //获取查找到的全部数据
}else{
    allRecords = store.getAll();                    //获取全部数据
}

allRecords.onsuccess = (e) => {
    let request = e.target;

    //调用 map 和 join 方法合并字符串
    let contents = request.result.map((obj) => {
        return "<tr data-key="+obj.id+"><td>"+obj.name+"</td>
<td>"+obj.tel+"</td><td>"+obj.address+"</td><td>"+obj.email+"</td>
<td>"+obj.memo+"</td><td>"
        + obj.timestamp.toLocaleString('zh', {timeZone: 'Asia/Shanghai'})
        + "</td><td><button class='mdybtn smallBtn sprite sprite-edit'></button><button
```

```
class='delbtn smallBtn sprite sprite-del'></button></td></tr>";
    }).join('');
        if (contents==""){
            ulist.innerHTML = "没有查找到数据！"
        }else{
            ulist.innerHTML = "<thead><tr><th>姓名</th><th>电话</th><th>地址
</th><th>E-Mail</th><th>备注</th><th>创建日期
</th><th> </th></tr></thead><tbody>"+contents+"</tbody>";
        }
    };
    allRecords.onerror = (e) => {
        console.error("allRecords", e);
    };
    }
```

contactsList 函数的第一个参数用于判断要执行的是全部列表还是搜索列表，第二个参数用于传递搜索条件。例如，下面的代码表示搜索 name 字段：

```
contactsList("name", name);
```

当两个参数都为空值时，表示要显示全部数据。

```
contactsList("", "");
```

该函数调用了 map()和 join()方法来合并字符串。

map()方法会将数组或对象的每个元素依次传入回调函数中，并生成一个新的数组，该方法的基本语法格式如下：

```
let new_array = arr.map(callback function(obj){
    //返回新的数组
})
```

join()方法会将数组中的所有元素连接、合并成一个字符串，并返回该字符串，其基本语法格式如下：

```
arr.join([separator])
```

参数 separator 用来指定连接的符号。如果未传入此参数，则数组中的元素将默认用逗号（,）隔开。最后，将合并后的数据传给 listTb 表格对象，就能呈现如图 12-15 所示的数据列表。

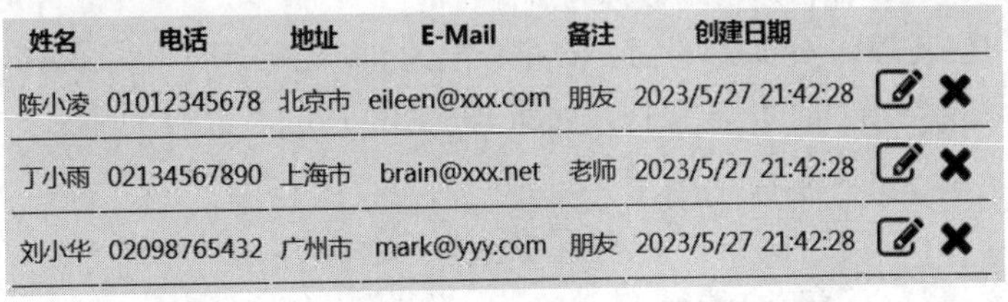

姓名	电话	地址	E-Mail	备注	创建日期		
陈小凌	01012345678	北京市	eileen@xxx.com	朋友	2023/5/27 21:42:28	✏	✖
丁小雨	02134567890	上海市	brain@xxx.net	老师	2023/5/27 21:42:28	✏	✖
刘小华	02098765432	广州市	mark@yyy.com	朋友	2023/5/27 21:42:28	✏	✖

图 12-15

以下是其中一笔数据的 HTML 代码，展开后可以清楚地看到各个数据字段。

```
<tr data-key=1>
  <td>陈小凌</td>
  <td>01012345678</td>
  <td>北京市</td>
  <td>eileen@msa.hinet.net</td>
  <td>朋友</td>
  <td>2023/5/17 下午 9:42:28</td>
```

```
    <td>
      <button class='mdybtn smallBtn sprite sprite-edit'></button>
      <button class='delbtn smallBtn sprite sprite-del'></button>
    </td>
  </tr>
```

由于每一笔数据的末栏都有“修改联络人”及“删除联络人”按钮，因此为了方便识别，该程序中定义了一个自定义属性 data-key，该属性的值为 objectStore 的 keyPath 指定的 ID。由于该程序中的 ID 是自动编号的，因此每一笔数据都会有各自的 ID。我们可以通过该 ID 来修改或删除某一笔数据。

12.2.5　修改与删除联络人

修改和删除联络人的按钮是在动态生成数据列表时产生的，对应的按钮对象的 ID 分别为 mdybtn 和 delbtn。这两个按钮分别用于修改和删除联络人，其位置如图 12-16 所示。

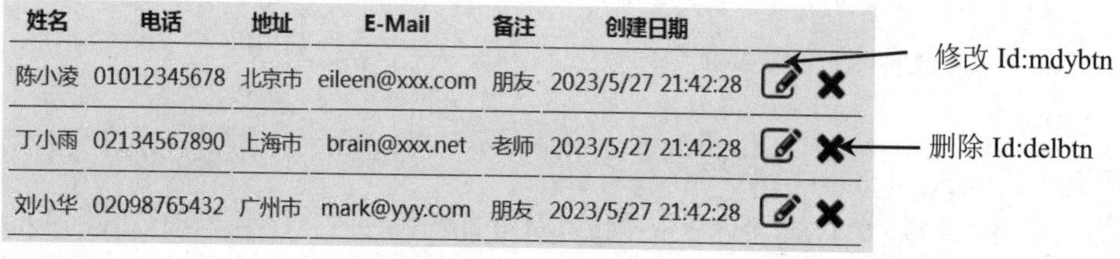
姓名
电话
地址
E-Mail
备注
创建日期
陈小凌 01012345678 北京市 eileen@xxx.com 朋友 2023/5/27 21:42:28
丁小雨 02134567890 上海市 brain@xxx.net 老师 2023/5/27 21:42:28
刘小华 02098765432 广州市 mark@yyy.com 朋友 2023/5/27 21:42:28
修改 Id:mdybtn
删除 Id:delbtn

图 12-16

这两个按钮也需要加上 click 的触发事件。但是由于数据列表是动态生成的，必须逐一绑定每个按钮的事件，这种方法效率低下，因此，这里使用了一种技巧——事件委托。

1. 事件委托

所谓事件委托，就是把事件的处理委托给其他元素。通常，我们会把子元素的事件处理函数委托给上层的父元素。由于 JavaScript 的事件传递机制，当子元素被单击时，事件会逐层向上传递，最终触发父元素的 click 事件。通过父元素的事件处理函数中的 event.target 属性，就可以知道是哪个子元素被单击了。这种事件传递机制被称为事件冒泡。

在本范例程序中，可以将 click 事件绑定在最外层的 table 元素上。当 table 元素内的任何一个元素被单击时，都会触发父元素的 click 事件，如图 12-17 所示。

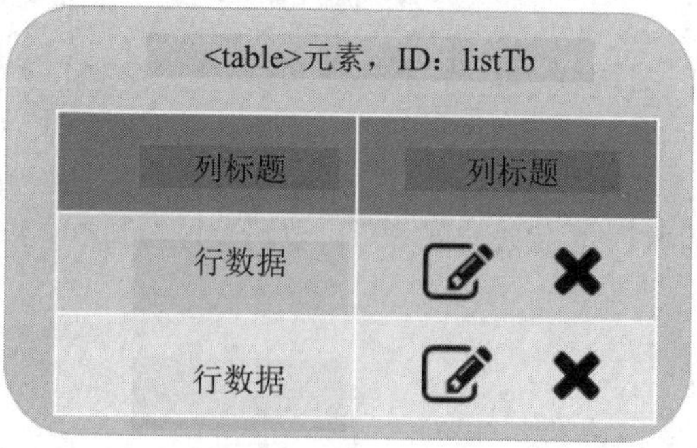
<table>元素，ID：listTb
列标题
列标题
行数据
行数据

图 12-17

事件委托的程序代码如下：

```
document.getElementById('listTb').addEventListener('click', (e) => {
    e.preventDefault();
    let target = e.target;          //单击的目标对象
    //当目标对象是按钮时才进行处理
    if( target.tagName.toLowerCase() === 'button' ){
        let tr = target.closest('tr');
        let keyNo = parseInt(tr.dataset.key);

        //当单击的是修改按钮时
        if(target.classList.contains('mdybtn')){
            //程序语句
        }
        //当单击的是删除按钮时
        if(target.classList.contains('delbtn')){
            //程序语句
        }
    }
})
```

从该程序代码可以看出，当 listTb 表格中的元素被单击时，都会触发 listTb 的 click 事件。listTb 表格中包含很多元素，包括<tr>、<th>、<td>、<button>等，但只有<button>元素需要处理，其他的元素都可以忽略。

可以通过 event.target 属性来获取最初发生事件的元素，然后可以利用 Element.tagName 属性来获取元素的标签名称。

HTML 的标签名称通常都是以大写表示，为了避免大小写问题，可以在比较之前先将标签名称转换为小写形式，如下所示：

```
target.tagName.toLowerCase() === 'button'
```

当单击按钮时，必须要知道是哪一笔数据的按钮被单击了。前面已经替<tr>标签添加了一个 data-key 属性，用于存储 id key 的值，因此，只要获取 data-key 属性的值，就可以知道是哪一笔数据了。

Element.closest()方法可以向上查找与给定选择器匹配的最近祖先元素。可以使用下面的代码来获取 tr 对象：

```
let tr = target.closest('tr');
```

如图 12-18 所示，当单击的是第一笔数据的修改按钮时，往前查找 tr 就会找到<tr data-key="1">的标签。

图 12-18

接下来，只要获取 data-key 的值，就可以知道待处理的是第几笔数据了。data-key 是自行定义的属性，是 HTML 5 新增的属性之一，下面就来认识它。

2. HTML 5 的数据属性（data-*）

在 HTML 标签中可以自定义属性，格式如下：

```
data-attributeName = value
```

属性名称必须以 "data-" 开头，attributeName 是自定义的属性名称。例如，下面都是允许的自定义属性：

```
data-x = "53783"
data-y = "46322"
data-key = '3'
data-item = 'A'
```

属性的名称可以包含英文字母和数字，属性值可以是任意的字符串，但是，属性名称中不可以有空格。

获取属性值有下列两种方法：

1）使用 JavaScript 的 dataset 对象

下列两种写法都可以：

```
let value = element.dataset.attributeName
let value = element.dataset[attributeName]
```

返回的属性值是 string 格式，例如下面定义了一个 DIV 对象并添加一个 data-animal 属性：

```
<div id="dog" data-animal="puppy">小狗</div>
```

要获取 data-animal 属性值，可以这样编写：

```
let dog = document.getElementById('dog');
console.log(dog.dataset.animal);
console.log(dog.dataset['animal']);
```

2）调用 Element.getAttribute 方法

getAttribute 方法直接通过属性名称来读取，语法如下：

```
let value = element.getAttribute(data-attributeName);
```

同上例，以 getAttribute 方法来获取属性值，可以这样编写：

```
dog.getAttribute('data-animal')
```

CSS 样式也可以将自定义的属性当作属性选择器：

```
<style>
#dog[data-animal="puppy"]{
    color:red;
}
</style>
```

再回到范例程序，我们可以看到是利用下面的语句来获取 `<tr data-key="1">..</tr>` 的 data-key 属性值。由于 dataset 属性值是 string 格式，而 objectStore 的 ID 是自动编号的数字格式，因此调用 parseInt 方法先将它转换为数字，方便后续数据的对比。

```
let keyNo = parseInt(tr.dataset.key);
```

当用户单击修改按钮时，必须开启修改模式。而当用户单击删除按钮时，则必须执行删除操作。因此，还需要判断用户单击的是哪个按钮。可以使用 Element 的 classList 属性来获取元素的 class 属性列表。具体语法如下：

```
let elementClasses = element.classList;
```

classList 属性返回的是以空格分隔的内容列表（DOMTokenList）。例如范例程序中修改按钮的 HTML 代码：

```
<button class="mdybtn smallBtn sprite sprite-edit"></button>
```

执行 "console.log(target.classList);" 就会得到如下的对象：

```
mdybtn smallBtn sprite sprite-edit
```

调用 Element.classList 提供的 contains()方法可以检查元素的 class 属性是否包含指定的值。contains()方法会返回布尔值，因此可以通过下面的代码来检查一个元素的 class 属性是否包含 mdybtn：

```
if(target.classList.contains('mdybtn')){...}
```

12.2.6　清空数据与删除数据库

1. 清空数据

"清空数据"按钮的 ID 为 clearDatabtn，可以调用 onclick 事件处理器来处理事件。具体语法如下：

```
clearDatabtn.onclick = (e) => {
    e.preventDefault();
    if (confirm("确定要清空全部数据？")){
    clearData();
    }
}
```

当单击"清空数据"按钮时，可以调用 confirm()方法来显示确认对话窗口，让用户再次确认是否要清空数据。如果用户单击"确定"按钮，则可以执行 clearData()函数来清空数据。clearData 函数的代码如下：

```
function clearData() {
    let tx = DB_tx(storeName, 'readwrite');      //调用 DB_tx 函数启动事务处理
    let store = tx.objectStore(storeName);        //指定存储对象
    store.clear();                                //清空数据
    contactsList('','');                          //调用 contactsList 函数显示列表数据
    showMessage("数据已清空！");                   //调用 showMessage 函数显示执行结果
}
```

学习小教室

关于 JavaScript 的弹出窗口（Popup）

JavaScript 的弹出窗口有 3 种类型，分别是 alert()、confirm()和 prompt()。

（1）alert()方法用于弹出警告框，相信读者已经很熟悉了，就不再多做说明。

（2）confirm()方法用于弹出一个确认对话框，其中包含一段自定义提示信息、一个"确定"按钮和一个"取消"按钮，用法如下：

```
let result = confirm(自定义信息)
```

confirm()方法会返回值布尔值 true 或 false，当用户单击"确定"时会返回 true，单击"取消"按钮时则返回 false，如图 12-19 所示。

图 12-19

自定义信息可以是单行，也可以使用换行符（\n）来换行。例如：

```
confirm("正确请单击确定\n不正确请单击取消。")
```

执行结果如图 12-20 所示。

图 12-20

（3）prompt()方法用于弹出让用户输入文字的对话框，其中包含一段自定义提示信息、一个输入框、一个"确定"按钮和一个"取消"按钮。该方法有两个参数可供设置，语法如下：

```
let result = prompt(自定义信息, 默认值)
```

prompt()方法会返回用户输入的文字，当单击"取消"按钮时会返回 null，举例来说：

```
let message = prompt("请输入昵称", "路人甲");
alert('你的昵称是${message}');
```

执行之后会弹出如图 12-21 所示的对话框，输入框内会填入默认值。

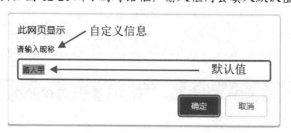

图 12-21

当单击"确定"按钮时就会弹出如图 12-22 所示的 alert 框。

图 12-22

如果不需要默认值，则可以省略，写法如下：

```
let message = prompt("请输入昵称");
```

2. 删除数据库

删除数据库只要执行下面的语句即可。

```
indexedDB.deleteDatabase(dbName)
```

删除之后数据库就不存在了，本范例程序会重载网页，让数据库重新生成数据。删除数据库的程序代码如下：

```
document.getElementById('dropDBbtn').addEventListener('click', (e) => {
    e.preventDefault();
    if (confirm("确定要删除数据库？\n（删除之后将重载页面）")){
        dropDB();
        location.reload();  //重载网页
    }
})

function dropDB() {
    let req = indexedDB.deleteDatabase(dbName);
    req.onsuccess = (e) => {
        showMessage("数据库已删除！");
    };
    req.onerror = (e) => {
        showMessage("数据库删除失败！<br>" + e.target.error.message);
    }
}
```

12.2.7　阻止事件传递与默认行为

1. 阻止事件传递

HTML DOM 的触发事件会往上层或往下层传递，因此常发生只单击了一下按钮而外层元素的 click 事件也被触发的诡异现象。其实这是 DOM 的事件传递机制（又称为冒泡（bubble）与捕获（capture））导致的，当子元素事件被触发后，会一层层地往外传递。捕获触发事件的顺序与冒泡的顺序相反，捕获触发事件的顺序是由外而内的，而冒牌的顺序是由内而外的。

下面先来看看冒泡的范例程序。

【范例程序：bubble.htm】

```
<!DOCTYPE html>
<html>
<head>
<meta charset="UTF-8">
```

```
<title>事件冒泡</title>
<style>
#outer{width:100px;height:50px;background-color:#C7DFC5;text-align:center}
</style>
</head>
<body>
<div id="outer">
    <a href="javascript:void(0);" id="link">超链接</a>
</div>
<div id="showMsg">

</div>
<script>
document.getElementById("outer").addEventListener("click", (e) => {
    document.getElementById("showMsg").innerHTML += "DIV 对象被单击了! <br>";
});

document.getElementById("link").addEventListener("click", (e) => {
    document.getElementById("showMsg").innerHTML += "超链接被单击了! <br>";
});
</script>
</body>
</html>
```

执行结果如图 12-23 所示。

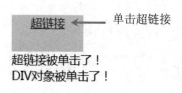

图 12-23

这个范例程序是为了测试冒泡的效果，我们不希望单击超链接之后跳转到其他地方，因此在<a>对象的 href 属性中指定了"javascript:void(0);"，这里也可以这样编写：

```
<a href="#"> ...</a>
```

参数 href 的#号是链接到页面的锚点，类似书签，用于指定链接的目标位置。#号后面通常会跟着一个元素标签的 id 属性，表示跳转到该标签所在的位置。如果只加#号，则会跳转到页面最上方。

在该范例程序中单击超链接时，会依次显示"超链接被单击了！""DIV 对象被单击了！"。虽然只单击了超链接，但是事件会往外传递，因此 DIV 对象的 click 事件也会被触发，这样的现象称为冒泡，这是事件默认的传递方式，请参考图 12-24。

捕获的传递顺序与冒泡的传递顺序相反。若想将传递顺序改为捕获，则可以通过设置 addEventListener()方法的 useCapture 参数来实现。它的语法如下：

```
Element.addEventListener("click", (e) => {...}, useCapture)
```

参数 useCapture 是布尔值，默认为 false。若将它设置为 true，则事件将以捕获的方式传递。下面来看看捕获的范例程序。

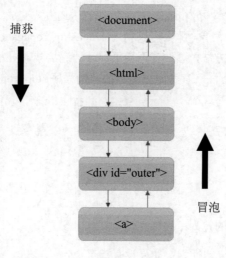

图 12-24

【范例程序：capture.htm】

```html
<!DOCTYPE html>
<html>
<head>
<meta charset="UTF-8">
<title>事件捕获(capture)</title>
<style>
#outer{width:100px;height:50px;background-color:#C7DFC5;text-align:center}
</style>
</head>
<body>
<div id="outer">
    <a href="javascript:void(0);" id="link">超链接</a>
</div>
<div id="showMsg">

</div>
<script>
document.getElementById("outer").addEventListener("click", (e) => {
    document.getElementById("showMsg").innerHTML += "DIV对象被单击了! <br>";
}, true);

document.getElementById("link").addEventListener("click", (e) => {
    document.getElementById("showMsg").innerHTML += "超链接被单击了! <br>";
}, true);
</script>
</body>
</html>
```

执行结果如图 12-25 所示。

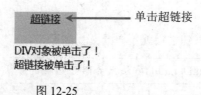

图 12-25

范例程序将 useCapture 参数设置为 true，这时事件的传递方式变成了捕获，即由外向内传递。

如果不想将事件传递给其他对象，那么可以利用 event.stopPropagation()方法来取消事件的传递。只要碰到 event.stopPropagation()方法，事件就不会再继续传递给其他对象。例如，在超链接<a>的事件函数中加入 stopPropagation()方法（参考本书提供的范例程序 stopPropagation.htm）：

```
document.getElementById("link").addEventListener("click", (e) => {
    e.stopPropagation();    //加入 stopPropagation 方法
    document.getElementById("showMsg").innerHTML += "超链接被单击了! <br>";
});
```

执行结果如图 12-26 所示。

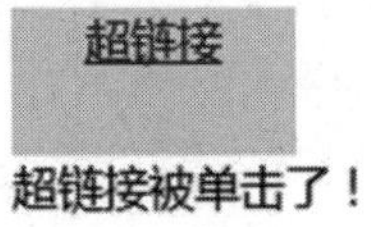

2. 阻止事件的默认行为

DOM 组件通常都会有默认的行为：

（1）表单里单击按钮后默认的行为：如果没有指定 type 属性，则单击按钮时会提交表单。

（2）单击复选框的（Checkbox）组件后默认的行为：改变复选的状态，原来的选中会变成取消选中。

超链接

超链接被单击了！

图 12-26

当组件绑定了其他事件时，组件默认的行为有可能会影响程序的运行。

以本章的个人通讯录为例，表单组件里的按钮被单击时除了会执行我们所赋予的事件处理函数外，还会提交表单，该段组件对应的编码如下：

```
<form id="contactsform">
...
<button id="addbtn" class="btn">添加 OK</button>
<button id="putbtn" class="btn">修改 OK</button>
<button id="findbtn" class="btn">提交查找</button>
</form>
```

以 ID 名称为 addBtn 的按钮为例，我们已经为它绑定了 click 事件的触发函数 createAndUpdate()。因此，当数据添加完成后，需要调用 showMessage()函数来显示执行结果，持续 2 秒。由于该按钮的类型被设置为 submit（提交），因此单击按钮会触发表单的默认提交事件，而由于表单没有指定 action 属性，因此会提交到同一页面，导致页面重新加载，看起来就是执行完成的信息一闪而过，这不是我们想要的效果。读者可以在浏览器中打开 address_book_Default.htm 并添加一笔数据，就可以明显感受到数据添加后表单被提交的情况。

如果不想要 DOM 组件去执行默认行为，可以在触发函数内加上 Event.preventDefault()方法，例如：

```
function createAndUpdate(e) {
    e.preventDefault();     //阻止默认的行为
    ...
}
```

如此一来，在单击按钮之后就不会提交表单了。

提示　Event.preventDefault()方法只会阻止组件的默认行为，并不会阻止事件的传递。

第三部分 善用前端框架

　　网页设计的需求越来越复杂，不再像早期那样只需要设计好桌面浏览器的版本就行。现在，还需考虑智能手机、平板电脑以及各种不同平台的浏览器在浏览网页时都要自动调整至最适合的配置。响应式网站设计（Responsive Web Design，RWD）及跨平台已经成为网页设计的基本要求。本部分将介绍最受欢迎也是最多人使用的框架——Bootstrap。它不仅可以统一网页组件的视觉外观，还能够帮助我们满足 RWD 及跨平台的需求，加快网页开发速度。

响应式网页框架——
Bootstrap

13

前端框架（Framework）是指他人开发好的一套函数库（Library）或类别库（Class Library），有了这些开源又免费的框架，就可以大大节省程序开发的时间。大部分的程序语言都有框架可供选用。以前端开发来说，Bootstrap 是很受欢迎的框架，它由 HTML、CSS 和 JavaScript 写成，轻易就能制作出响应式网页，也就是能够针对不同屏幕的大小而自动调整网页图文内容。本章将介绍大名鼎鼎的 Bootstrap。

13.1 认识 Bootstrap

虽然之前介绍了 HTML、CSS 和 JavaScript 语言，但是如果要从零开始编写一个响应式网页仍然需要花费不少时间。为了加快网页开发的速度，我们可以借助 Bootstrap 框架来快速搭建网站。

13.1.1 为什么要使用 Bootstrap

Bootstrap 是由 Twitter 公司开发的一套网页框架，主打模块化和快速应用。即使不懂设计，我们也能够使用它轻松地创建颇具水平的视觉网页。Bootstrap 具有以下几个优点：

（1）Bootstrap 提供了许多设计模板，例如排版、表格、表单、按钮、导航和图片轮播等，可以轻松应用这些模板来设计网页。

（2）Bootstrap 可以跨设备、跨浏览器，兼容大部分的浏览器。

（3）Bootstrap 提供了响应式网页设计和移动设备优先的网格系统，可以根据用户的屏幕尺寸进行排版，各种尺寸的设备都可以顺利浏览网页。

学习 Bootstrap 需要具备 HTML、CSS 和 JavaScript 的基础知识。在进入本章之前，建议先阅读前面的章节，以便更好地灵活运用 Bootstrap。

现在，先来介绍如何下载和使用 Bootstrap。

13.1.2　下载 Bootstrap

Bootstrap 仍在持续更新中，目前最新的版本是 v5.2。如果读者下载时发现有更新的版本，不用担心，新版本的改动都会在官网公告中列出。读者只要熟悉其中一个版本，很快就能适应新版本。

使用 Bootstrap 之前必须在 HTML 文件中加载它的 CSS 文件和 JavaScript 文件，这可以通过以下两种方式来实现。

（1）到官网下载相关的 CSS 和 JavaScript 文件。

（2）使用 Bootstrap 的 CDN。

使用 CDN 加载 Bootstrap 文件必须保持网络联机状态，如果读者的网站必须在离线环境下使用，那么只能下载文件并在本地进行加载。

1. 下载 Bootstrap

步骤 01　进入 Bootstrap 官网，网址为 https://getbootstrap.com/。

步骤 02　单击主页的 Download 链接，进入下载页面，如图 13-1 所示。

图 13-1

步骤 03　单击 Download 按钮下载文件，如图 13-2 所示。

先下载 ZIP 文件并将它解压缩，里面有 CSS 和 JS 两个文件夹，将它们放入网站项目文件夹中。在 JS 文件夹中，我们可以找到 Bootstrap 的 JavaScript 文件，包括 dist 版的 bootstrap.js 和 bootstrap.min.js，以及 bundle 版的 bootstrap.bundle.js 和 bootstrap.bundle.min.js。如果文件名中有.min，那么它就是压缩版，例如 bootstrap.min.js 和 bootstrap.min.css。

bundle 版本包含 Popper，主要用于制作工具提示和弹窗效果。但是，bundle 版的文件相对于 dist 版来说会更大，读者可以根据自己的需求选择合适的 JavaScript 和 CSS 文件。一旦嵌入 HTML 文件，就可以开始使用 Bootstrap 了。

例如，如果想要嵌入 bootstrap.bundle.min.js 和 bootstrap.min.css，那就将 CSS 链接放在 HTML 的<head></head>标签中，示例代码如下：

```
<link href="css/bootstrap.min.css" rel="stylesheet">
```

将 JS 文件放在网页尾端，即</body>结尾标签之前，示例代码如下：

```
<script src="js/bootstrap.bundle.min.js"></script>
```

图 13-2

2. 使用 CDN

前往 Bootstrap 主页，滚动网页到下方就会看到"Include via CDN"标题，将 CSS 链接放在 HTML 的<head></head>之间；把 JavaScript 语句复制到网页尾端（</body>结尾标签之前），如图 13-3 所示。

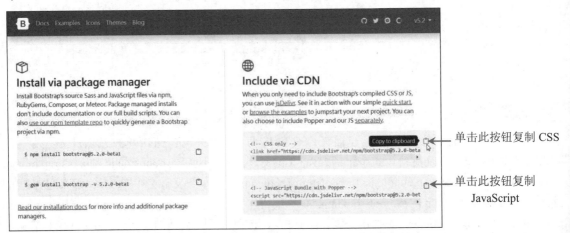

图 13-3

标准的 Bootstrap 网页架构会包含 HTML 5 声明、语言设置、viewport（视口）设置以及 CSS 和 JavaScript 链接。一个典型的 Bootstrap 网页代码如下：

```
<!DOCTYPE html>
<html>
<head>
    <meta charset="UTF-8">
    <meta name="viewport" content="width=device-width, initial-scale=1">
    <title>Hello, Bootstrap!</title>
    <!-- Bootstrap CSS -->
    <link
href="https://cdn.jsdelivr.net/npm/bootstrap@5.2.0-beta1/dist/css/bootstrap.min.css"
rel="stylesheet"
integrity="sha384-0evHe/X+R7YkIZDRvuzKMRqM+OrBnVFBL6DOitfPri4tjfHxaWutUpFmBp4vmVor"
crossorigin="anonymous">
    </head>
    <body>
    <h1>Hello, Bootstrap!</h1>

    <!-- Bootstrap JavaScript Bundle with Popper -->
    <script src="https://cdn.jsdelivr.net/npm/bootstrap@5.2.0-beta1/dist/js/
bootstrap.bundle.min.js" integrity="sha384-pprn3073KE6tl6bjs2QrFaJGz5/
SUsLqktiwsUTF55Jfv3qYSDhgCecCxMW52nD2" crossorigin="anonymous"></script>
    </body>
</html>
```

Bootstrap 的开发是以响应式设计为主，为了确保所有设备都能正确显示和操作，需要添加 viewport 声明。viewport 声明可以随着移动设备的调整而调整可见区域的比例。一般来说，viewport 声明的语法如下：

```
<meta name="viewport" content="width=device-width, initial-scale=1">
```

13.1.3 RWD 的设计理念

RWD 的网页元素大部分会以百分比及相对单位 rem 来呈现其大小尺寸，而非固定的 px 或 pt。制作 RWD 网页的主要技术包含流动布局（fluid grid）、弹性缩放图片（fluid image）、媒体查询（media query）以及 meta viewport 设置，分别说明如下：

1. 流动布局

流动布局将网页布局的尺寸改为百分比设置，可以让页面元素相对于视口尺寸来缩放，从而在不同大小的浏览器中都能呈现适当的样式。

2. 弹性缩放图片

图片同样以百分比方式来呈现，并通过 CSS 中的 max-width 属性来避免图片过度放大，从而避免分辨率变差。

3. 媒体查询

媒体查询是通过检测设备的属性（例如设备类型、分辨率、屏幕尺寸等）来决定应用哪种样式。

4. meta viewport 设置

通过设置 viewport，我们可以控制网页的缩放比例。

这 3 个技术虽然可以通过 HTML 5 搭配 CSS 3 来实现，但是 Bootstrap 作为一种类别精简的工具，使用它可以快速、轻松地搭建美观的响应式网站，减轻开发人员的负担。

13.2　Bootstrap 排版

网页布局是网页设计中非常核心的点。使用 Bootstrap 的网格系统可以很轻松地完成各种类型的布局。Bootstrap 布局主要使用容器以及网格系统（包括行和列的组合）来进行排版。随着屏幕可视区域（viewport，即视口）大小的变化，Bootstrap 布局可以自动调整，让不同设备在浏览同一网站时都能获得最佳的视觉体验。

本节就按序来认识 Bootstrap 的容器与网格系统。

13.2.1　断点与容器

如果想要使用 Bootstrap 强大的网格系统来进行页面排版，就必须使用容器。一个页面可以有多个容器，容器内部还可以包含其他容器（称为嵌套容器）。容器的宽度会随着断点的变化而发生改变。

断点可以看作响应式设计中的分界点，在 Bootstrap 中有 6 种不同的断点。例如，最小的断点是 Extra small，当屏幕尺寸小于 576px 时，就会应用 Extra small 的布局样式。表 13-1 列出了 Bootstrap 提供的 6 种断点及其对应的屏幕尺寸范围。

表 13-1　Bootstrap 提供的 6 种断点及其对应的屏幕尺寸范围

断　点	class 标签	尺　寸
Extra small	无	<576px
small	sm	≥576px
medium	md	≥768px
large	lg	≥992px
Extra large(X-large)	xl	≥1200px
Extra extra large(XX-large)	xxl	≥1400px

容器的样式有 3 种：固定容器（fixed container）、断点容器（breakpoint container）以及 100% 宽度。

1. 固定容器

使用.container 样式可以创建一个固定宽度的容器，容器的宽度会随着不同的断点而有不同的最大宽度（max-width），用法如下。

```
<div class="container">...</div>
```

2. 断点容器

使用.container-{breakpoint}样式可以创建一个断点容器，该容器的宽度会在指定的断点及以下时为 100%。例如，下面的语句表示使用.container-sm 定义的断点容器：

```
<div class="container-sm">...</div>
```

small 断点的尺寸是≥576px，当屏幕尺寸小于 576px 时，容器的宽度会是 100%。当屏幕尺寸大于或等于 576px 时，容器的宽度会根据屏幕尺寸的不同而有不同的最大宽度（max-width）。

3. 100%宽度

要创建一个宽度为 100%的容器，可以使用.container-fluid 样式。容器宽度将始终为 100%（width: 100%）。使用方法如下：

```
<div class="container-fluid">...</div>
```

容器的宽度尺寸会随着不同浏览器的可视范围宽度而发生变化。

表 13-2 列出了在不同浏览器宽度下容器的宽度。

表 13-2　容器的宽度尺寸对照表

容器样式	Extra small <576px	Small ≥576px	Medium ≥768px	Large ≥992px	X-Large ≥1200px	XX-Large ≥1400px
.container	100%	540px	720px	960px	1140px	1320px
.container-sm	100%	540px	720px	960px	1140px	1320px
.container-md	100%	100%	720px	960px	1140px	1320px
.container-lg	100%	100%	100%	960px	1140px	1320px
.container-xl	100%	100%	100%	100%	1140px	1320px
.container-xxl	100%	100%	100%	100%	100%	1320px
.container-fluid	100%	100%	100%	100%	100%	100%

当容器宽度不是 100%时，容器会居中，两边留空白，如图 13-4 所示。

容器

图 13-4

容器的实际用法请参考以下范例程序。

【范例程序：container.htm】

```
<!DOCTYPE html>
```

```
<html>
<head>
    <meta charset="UTF-8">
    <meta name="viewport" content="width=device-width, initial-scale=1">
    <title>容器</title>
<!-- Bootstrap CSS -->
    <link href="https://cdn.jsdelivr.net/npm/bootstrap@5.2.0-beta1/
dist/css/bootstrap.min.css" rel="stylesheet" integrity="sha384-0evHe/ X+R7YkIZDRvuzKMRqM+
OrBnVFBL6DOitfPri4tjfHxaWutUpFmBp4vmVor" crossorigin="anonymous">

    <Style>
       .container{border:0px solid;background-color:#dbdbdb}
    </style>

    </head>
    <body>
     <!--container-->
      <div class="container">
         <h1>鹿柴 唐·王维</h1>
         <p>空山不见人，但闻人语响。<br>
         返景入深林，复照青苔上。</p>
      </div>

     <!-- Bootstrap JS -->
        <script src="https://cdn.jsdelivr.net/npm/bootstrap@5.2.0-beta1/dist/js/
bootstrap.bundle.min.js" integrity="sha384-pprn3073KE6tl6bjs2QrFaJGz5/
SUsLqktiwsUTF55Jfv3qYSDhgCecCxMW52nD2" crossorigin="anonymous"></script>

        <script>
         let box = document.querySelector('.container');
         box.insertAdjacentHTML("afterend", "<div style='text-align:center'>宽度:
"+box.clientWidth+"px</div>");
        </script>
     </body>
    </html>
```

执行结果如图 13-5 所示。

图 13-5

范例程序中使用.container 创建了一个容器，<h1>与<p>元素都放置在容器中。此外，程序还调用了 JavaScript 的 insertAdjacentHTML 方法，在.container 容器之后添加了一个<div>元素，用于显示容器的宽度。

insertAdjacentHTML 的语法如下：

```
element.insertAdjacentHTML(position, text);
```

参数说明：

- 参数 position 用于指定新增的组件要放置在 element 对象的哪个位置，它的取值有 4 种：
  - ➢ beforebegin：在 element 对象之前。
  - ➢ afterbegin：在 element 对象内部的起始处。
  - ➢ beforeend：在 element 对象内部的结束处。
  - ➢ afterend：在 element 对象之后。
- 参数 text 是指要插入 DOM 树的 HTML 字符串。

13.2.2　了解网格系统

Bootstrap 的网格系统（grid system）使用 flexbox 构建，通过组合容器、行和列来实现页面排版，能够根据屏幕可见区域自动调整布局。

1. 网络系统的基本概念

Bootstrap 网格系统的外层是容器，容器内使用.row 样式定义行，每一行总共有 12 列；.col 样式用于指定合并的列数，可以任意合并列数以控制页面的列数和宽度。例如：col-4 表示占了 12 列中的 4 列，如图 13-6 所示。

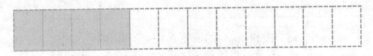

图 13-6

下面的范例程序示范博客常见的 3 列结构。由于嵌入 Bootstrap CSS 与 Bootstrap JS 文件的语法都相同，为了让读者能看清楚 Bootstrap 的语法，因此这个范例程序将只列出\<body\>区块内的程序代码，完整的程序代码请参考范例程序文件。

【范例程序：gridSystem.htm】

```
<div class="container">
    <div class="h-100 row">
        <div class="col-2">
          左列
        </div>
        <div class="col">
          内容区
        </div>
        <div class="col-2">
          右列
        </div>
    </div>
</div>
```

执行结果如图 13-7 所示。

在该范例程序中左右两列的样式设置为.col-2；中间的样式设置为.col，中间的区块宽度就会自动缩放。这里.row 多加了 Bootstrap 的样式.h-100，相当于.row{height:100%}。

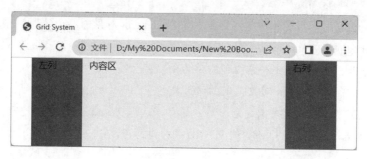

图 13-7

2. 列的断点样式

列的宽度同样也有断点，不同浏览器宽度可以指定不同的断点样式，如表 13-3 所示。

表 13-3　列的宽度尺寸对照表

断　点	xs <576px	sm ≥576px	md ≥768px	lg ≥992px	xl ≥1200px	xxl ≥1400px
container	None (auto)	540px	720px	960px	1140px	1320px
class 样式	.col-*	.col-sm-*	.col-md-*	.col-lg-*	.col-xl-*	.col-xxl-*

当容器的宽度在断点以上时，Bootstrap 的网格系统会采用 flex 布局来水平排列栏。当容器的宽度小于断点时，Bootstrap 会将栏的宽度设置为 100%，以便在小屏幕上垂直排列。

容器已经有了断点样式，为什么列也还需要有断点样式呢？

当容器宽度小于断点时，表示浏览者可能是在使用智能手机或平板电脑这类屏幕较小的移动设备，如果硬要分成多列，则不易阅读，因此 Bootstrap 会自动转换为 100%列宽。

举例来说，如果我们希望在屏幕宽度大于或等于 992px 时，将列设置为水平排列，而在屏幕宽度小于 992px 时，将列设置为垂直排列，则可以使用.col-lg-*样式来指定列的宽度和排列方式。通过实际使用下面的范例程序，相信读者就清楚了。

【范例程序：col_breakpoint.htm】

```
<div class="container">
  <div class="row">
    <div class="col-lg">
      col-lg
    </div>
    <div class="col-lg">
      col-lg
    </div>
    <div class="col-lg">
     col-lg
    </div>
  </div>
</div>
```

当浏览器宽度超过 992px 时，执行结果如图 13-8 所示。

图 13-8

当浏览器宽度小于 992px 时，执行结果如图 13-9 所示。

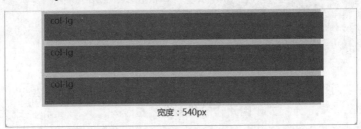

图 13-9

读者调整浏览器的宽度就能看到实际的效果。

3. 列宽随着内容长度而改变

如果想要让列的宽度随着内容多寡来调整，可以使用.col-{breakpoint}-auto 样式类。当内容较少时，有可能列的宽度不会到 100%，容器会靠左，这时候可以搭配上 flex 水平对齐的语句来指定列的对齐方式，参考下面的范例程序。

【范例程序：autoColumn.htm】

```
<div class="container">
  <div class="row justify-content-center">
    <div class="col-lg-2">
      左列<br>
      col-lg-2
    </div>
    <div class="col-lg-auto">
      空山不见人<br>
      col-lg-auto
    </div>
    <div class="col-lg-2">
      右列<br>
      col-lg-2
    </div>
  </div>
  <div class="row">
    <div class="col">
      左列<br>
      col
    </div>
    <div class="col-lg-auto">
      空山不见人，但闻人语响。返景入深林，复照青苔上。<br>
      col-lg-auto
    </div>
    <div class="col-lg-2">
      右列<br>
      col-lg-2
    </div>
```

```
        </div>
    </div>
```

执行结果如图 13-10 所示。

图 13-10

图中第一行左右两边都是.col-lg-2 样式，而中间应用.col-lg-auto 样式里的内容又很少，该行又没有添加.justify-content-center 样式，因此它的各列会靠左对齐。

图中第二行在行样式中添加.justify-content-center 样式，列就水平居中对齐。

4. 应用多组断点样式

同一个列可以有多个断点样式，以让网页在不同屏幕尺寸呈现不同的布局。例如下面的示例语句，当浏览器的宽度超过 992px 时采用.col-lg-4 样式，当浏览器宽度小于 576px 时采用.col-sm-8 样式：

```
<div class="col-lg-4 col-sm-8">...</div>
```

下面通过范例程序的实现来具体看看。

【范例程序：multi_breakpoint.htm】

```
<div class="container">
    <div class="row">
    <div class="col-lg-4 col-sm-8">.col-lg-4 .col-sm-8</div>
    <div class="col-lg-8 col-sm-4">.col-lg-8 .col-sm-4</div>
</div>
  </div>
```

执行结果如下：

（1）当浏览器宽度超过 992px 时，列宽会采用.col-lg-4 与.col-lg-8 样式，如图 13-11 所示。

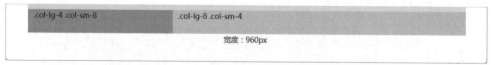

图 13-11

（2）当浏览器宽度小于 576px 时，列宽会采用.col-sm-8 与.col-sm-4 样式，如图 13-12 所示。

图 13-12

13.2.3 视口与媒体查询

RWD（Responsive Web Design）是一种网页设计技术，也称为响应式网页设计或自适应网页设计。这种设计模式可以检测访问者使用的设备屏幕尺寸，并自动调整网页排版和样式，以便在不同的设备上都能呈现最适当的视觉效果。

制作 RWD 网页有几个关键之处需要注意。

1. viewport 标签

viewport 标签只对移动设备有效，主要用来控制浏览器页面的宽度和缩放比例，常见的写法如下：

```
<meta name="viewport" content="width=device-width, initial-scale=1">
```

viewport 标签的 content 属性常用的设置值有下列几种：

（1）width=device-width：把浏览器页面的宽度设置为与设备的宽度相同。

（2）initial-scale=1：设置初始缩放比例为 100%，也就是不放大也不缩小，该值如果设为 2 表示放大两倍。

（3）user-scalable=no：防止浏览者缩放网页。

（4）minimum-scale=1：设置浏览者能调整的最小缩放比例。

（5）maximum-scale=1：设置浏览者能调整的最大缩放比例。

2. CSS 的媒体查询

CSS 的媒体查询可以根据不同的设备宽度提供相应的样式。媒体查询包括两种条件，即媒体类型（media type）和媒体特征（media feature）。媒体查询使用@media 语法来定义规则，其语法如下：

```
@media "媒体类型"(媒体特征){
    CSS 样式
}
```

1）媒体类型

媒体类型用于指定适用的类型，常见的网页媒体类型可参考表 13-4。

表 13-4 常见的网页媒体类型

媒体类型	说　明
all	所有类型
print	打印机打印
screen	计算机屏幕

当省略媒体类型时默认会使用 all。用法示例如下：

```
@media print {              //打印时应用的 CSS 样式
    p{ font-size: 10pt }
}
@media screen {             //计算机屏幕应用的 CSS 样式
    p { font-size: 13px }
}
@media screen, print {      //打印、计算机屏幕应用的 CSS 样式
```

```
    P { color: green; }
  }
```

2）媒体特征

媒体特征指符合的条件，必须使用括号包围。特征只要有范围就可以加上前缀 min-*或 max-*，来查询最小值或最大值。常见的网页媒体特征可参考表 13-5。

表 13-5　常见的网页媒体特征

媒体特征	说　明
width	屏幕宽度，max-width（最大宽度）、min-width（最小宽度）
height	屏幕高度，max- height（最大高度）、min-height（最小高度）
aspect-ratio	屏幕长宽比例（长宽比格式为 1/1、3/2、8/5……），max-aspect-ratio（最大长宽比）、min-aspect-ratio（最小长宽比）
orientation	设置方向，landscape（水平）、portrait（垂直）
resolution	分辨率（单位为 dpi、dpcm、dppx），max-resolution（最高分辨率）和 min-resolution（最低分辨率）

媒体查询最常用到的媒体特征是 min-width 和 max-width。初学者常会混淆 min 与 max，搞不清楚宽度范围。

min-width 表示最小值，即屏幕宽度必须大于此值才符合条件，例如 min-width: 576px 表示大于或等于 576px 都符合。

max-width 表示最大值，即屏幕宽度必须小于此值才符合条件，例如：max-width: 600px 表示小于或等于 600px 都符合。

媒体查询可以用 and、not 或 only 来组合条件，例如：

```
@media screen and (max-width: 600px) {
    P { color: green; }
}
```

上述指令表示当媒体设备为屏幕且浏览器的宽度为 600px 或以下时，将应用花括号里面的 CSS 样式。

Bootstrap 的开发是以行动优先为原则，当使用 min-*时，媒体查询要按照断点尺寸从小到大编写，这样才能涵盖不同尺寸的设备，例如：

```
//智能手机
@media (min-width: 576px) { ... }
//平板电脑
@media (min-width: 768px) { ... }
//计算机屏幕
@media (min-width: 992px) { ... }
//大计算机屏幕，宽度 1200px 或以上
@media (min-width: 1200px) { ... }
//大计算机屏幕，宽度 1400px 或以上
@media (min-width: 1400px) { ... }
```

13.3　Bootstrap 的样式

CSS 是网页美化中非常重要的技术，可以用于设置网页的背景、文字颜色、间距、对齐等样式。Bootstrap 提供了许多快速的 CSS 自定义属性，可以节省网页设计和开发的时间。

13.3.1　Bootstrap 通用颜色

Bootstrap 提供的通用颜色样式使用语义化的颜色名称，共有 11 种颜色，包括 transparent（透明），如图 13-13 所示。

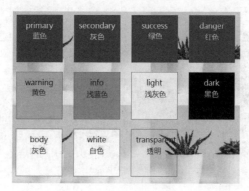

图 13-13

通用颜色样式既适用于背景颜色，也适用于文字颜色。下面将介绍它们的应用方法。

1. 背景颜色

在 Bootstrap 中，可以通过添加.bg-前缀的 class 样式来快速设置背景颜色。例如，如果想要将一个 div 组件设为蓝色背景，只需要添加.bg-primary 样式，用法如下：

```
<div class="bg-primary">...</div>
```

2. 渐层背景色

添加.bg-gradient 样式可以创建线性渐变背景，用法如下：

```
<div class="bg-primary bg-gradient">...</div>
```

背景未应用渐层与应用渐层的效果对比，如图 13-14 所示。

图 13-14

Bootstrap 的背景渐层就相当于使用如下的 CSS 语法，从半透明的白色（alpha 透明度为 0.15）开始，逐渐淡出到完全透明（alpha 透明度为 0）：

```
background: linear-gradient(180deg, rgba(255, 255, 255, 0.15), rgba(255, 255, 255, 0));
```

3. 设置背景透明度

除了使用渐变背景之外，也可以使用.bg-opacity-*属性来设置背景的透明度。例如，如果想要将背景设置为 75%的透明度，则只需要添加.bg-opacity-75 属性，如下所示：

```
<div class="bg-primary bg-opacity-75">...</div>
```

下面来看一个范例程序。

【范例程序：background.htm】

```
<div class="bg-primary p-2 text-white text-center">bg-primary</div>
<div class="bg-primary p-2 text-white bg-opacity-75 text-center">opacity: 75%</div>
<div class="bg-primary p-2 text-dark bg-opacity-50 text-center">opacity: 50%</div>
<div class="bg-primary p-2 text-dark bg-opacity-25 text-center">opacity: 25%</div>
<div class="bg-primary p-2 text-dark bg-opacity-10 text-center">opacity: 10%</div>
```

执行结果如图 13-15 所示。

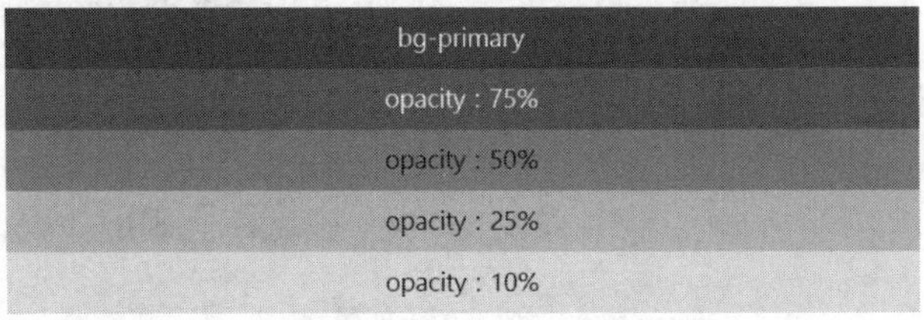

图 13-15

范例程序中使用的.p-2 属性样式是添加了 CSS 的 padding 属性，而.text-white 用于设置文字颜色。

4. 文字颜色

在 Bootstrap 中，可以通过添加.text-前缀的 class 样式来快速设置文字颜色。例如，如果想要将一个 div 组件的文字设置为红色，则只需要添加.text-danger 样式属性，用法如下：

```
<div class="text-danger">...</div>
```

具有链接效果的文字

如果想要让文字具有鼠标移过的超链接效果，则需要添加.link-前缀。例如：

```
<a href="#" class="link-secondary">Secondary link</a>
```

添加.link-前缀属性的文字会在鼠标移过（:hover）和聚焦（:focus）状态下具有超链接效果。

13.3.2　Bootstrap 间距

CSS 中的间距可以使用 margin 和 padding 指令来设置，同时也可以使用 gutter 来调整间距。Bootstrap 提供了自定义的通用类来帮助我们快速设置间距。它们的语法格式相同，如下所示：

{属性前缀字}{应用边}-{间距数值}

1. margin

margin 用来设置元素与元素之间的距离，属于外边距，属性前缀为 m。在 CSS 中，可以使用

margin-top、margin-right、margin-bottom 和 margin-left 等 4 个属性来设置元素的上、右、下、左边距。而在 Bootstrap 中，只需添加一个字母就可以轻松给边设置格式，如表 13-6 所示。

表 13-6　Bootstrap 中设置应用边

设 置 边	说　明
t	设置 top
b	设置 bottom
s	在 LTR（left-to-right，从左到右）布局中是设置 left，在 RTL（right-to-left，从右到左）布局中是设置 right
e	在 LTR 布局中是设置 right，在 RTL 布局中是设置 left
x	同时设置 left 和 right
y	同时设置 top 和 bottom

学习小教室

网页布局与文字方向

网页布局和文字方向有 LTR 和 RTL 两种。大部分的中文和英文网站文字和排版方向都是 LTR，即从左到右，但是在一些中东地区（使用阿拉伯语、希伯来语等）布局方向是 RTL，即从右到左。在 HTML 标签中添加 "dir="rtl"" 属性就可以改变整个网页的布局方向为 RTL，例如：

```
<html lang="zh-cn" dir="rtl">
```

如果应用于 HTML 标签就会改变文字的方向，例如：

```
<div dir="rtl">
```

dir 属性的默认值是 LTR，因此对于中英文网站来说，不需要特别标注 "dir="ltr""。

在 Bootstrap 中，考虑到 LTR 和 RTL 的区别，许多与左右边有关的类别会使用 start 和 end 来代替左边和右边。

边间距数值的取值可以参考表 13-7。

表 13-7　边间距数值的取值

间 距 值	说　明
0	取消间距
1	1rem×0.25
2	1rem×0.5
3	1rem
4	1rem×1.5
5	1rem×3
auto	左右边距平均分配，margin 属性设置为 auto，会让元素在容器内水平居中对齐

如果想要设置上边距为 2，可以使用 mt-2。

在 Bootstrap 中，间距的单位是 rem，它是一种相对单位，相对于根层级的字体大小，即最外层的 HTML 字体大小。使用 rem 单位的好处是，它会随着 HTML 字体大小的缩放而改变，非常适合用于响应式网页设计。一般来说，HTML 的默认字体大小是 16px，因此 m-2 相当于 margin: 8px。

【范例程序：margin.htm】

```
<body class="m-5">
    <div class="w-50 border border-primary">
    <div class="bg-info text-center mx-2">content</div>
    </div>
    <div class="w-50 border border-primary">
    <div class="bg-info text-center m-2">content</div>
    </div>
    <div class="w-50 border border-primary">
    <div class="bg-info text-center mt-2">content</div>
    </div>
</body>
```

执行结果如图 13-16 所示。

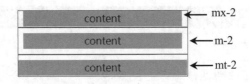

图 13-16

在最上面的 div 组件的 class 样式中加入 mx-2，表示设置水平（左右）方向的边距；中间的 div 组件的 class 样式中加入 m-2，表示设置四周的边距；最后一个 div 组件的 class 样式中加入 mt-2，表示只设置上方（top）的边距。

在 CSS 中，margin 属性也可以使用负值，只需在间距值之前添加 n 即可，例如：

```
<div class= "mt-n1">
```

2. padding

padding 用于设置元素内部的空白区域大小，属性前缀为 p。与 margin 属性类似，padding 属性也可以应用在元素的上、右、下、左四个方向，使用 padding-top、padding-right、padding-bottom 和 padding-left 等 4 个属性来设置。用法与 margin 属性类似，只需将前缀字改为 p 即可。例如：

```
<div class="p-2">content</div>
```

提示　padding 不能使用负值。

【范例程序：padding.htm】

```
<body class="m-5">
    <div class="w-50 border border-primary">
        <div class="bg-info text-center m-3 py-3">content</div>
    </div>
</body>
```

执行结果如图 13-17 所示。

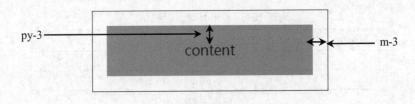

图 13-17

3. gutter

每个.col 预设都会有 padding-left 和 padding-right 各 0.75rem 的间距，这个间距称为 gutter。下面是基本的两栏结构的程序代码。

```
<div class="container">
   <div class="row">
      <div class="col">
          column
      </div>
   <div class="col">
          column
   </div>
   </div>
</div>
```

在执行之后，可以启动开发者工具来查看效果。可以看到，位于.col 内部的<div>元素的文字和左右两侧会自动出现间距，这就是 gutter 的效果，如图 13-18 所示。

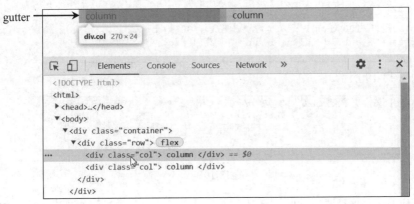

图 13-18

我们可以通过 gutter 类来修改这个间距，该类的说明可参考表 13-8。

表 13-8   gutter 类及其说明

类	说 明
.g-{breakpoint}-*	控制 gutter 的宽度，例如.g-5、g-lg-3
.gx-{breakpoint}-*	控制水平 gutter 的宽度，例如 gx-1、gx-md-0
.gy-{breakpoint}-*	控制垂直 gutter 的宽度，例如 gy-1、gy-md-0

gutter 值只能调整水平或垂直方向的宽度，共有 6 种值，取值为 0~5，具体参考表 13-9。

表 13-9　gutter 值及其说明

gutter 值	说　明
0	取消 gutter
1	1.5rem×0.25
2	1.5rem×0.5
3	1.5rem
4	1.5rem×1.5
5	1.5rem×3

13.3.3　Bootstrap 宽度与高度

　　Bootstrap 的宽度和高度都是相对于父元素的，单位是百分比（%）。它们的默认值包括 25%、50%、75%、100%和 auto。宽度使用 w-前缀，高度使用 h-前缀。例如，如果想将 div 组件的宽度设置为父元素的 50%，高度设置为父元素的 25%，可以这样表示：

```
<div class="w-50 h-25">
```

　　下面的范例程序演示了如何设置 div 组件的不同高度。

【范例程序：height.htm】

```
<div class="border border-primary" style="height:100px;">
    <div class="h-25 d-inline-block" >高度: 25%</div>
    <div class="h-50 d-inline-block" >高度: 50%</div>
    <div class="h-75 d-inline-block" >高度: 75%</div>
    <div class="h-100 d-inline-block" >高度: 100%</div>
    <div class="h-auto d-inline-block" >高度: auto</div>
</div>
```

　　执行结果如图 13-19 所示。

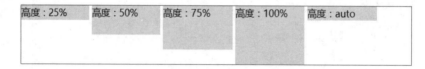

图 13-19

　　当使用百分比（%）来设置组件的高度时，该高度是相对于其父组件的高度来计算的。如果父组件没有设置高度，则无法正确显示组件的高度。因此，在范例程序中，我们在最外层的 div 组件上添加了 style="height:100px;"属性，以设置外层 div 的高度，确保子组件的高度可以正确计算并正确显示。

　　当组件的高度设置为 100%时，有时会出现无效的情况，这可能是因为组件被设置为"内联元素"（例如<span>），而内联元素无法设置高度和宽度。如果要设置高度和宽度，可以将组件指定为"块级元素"，通过在 style 属性中添加 display:inline-block 来实现。在 Bootstrap 中，我们可以使用 d-inline-block 类来实现相同的效果。

　　如果组件已经是块级元素，但其高度设置仍然无效，那么可能是其父组件的高度设置有问题。当父组件的高度以百分比设置时，必须确保其父组件也有高度设置。如果要将组件的高度扩展到浏览器视窗的高度，那么可以将根组件<html>的高度设置为100%，这样，组件的高度就可以扩展到整个窗口，如图 13-20 所示。

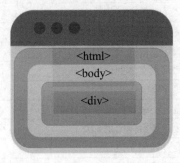

图 13-20

13.3.4 Bootstrap 文字

Bootstrap 提供了以 text-前缀开头的通用文字类，用于控制文字的对齐方式、样式和换行设置等。

1. 水平对齐

水平对齐的属性类可参考表 13-10。

表 13-10　Bootstrap 文字水平对齐属性类

类	说　明
.text-left	左对齐
.text-center	居中对齐
.text-right	右对齐

我们也可以在对齐属性中添加断点，格式如下：

```
text-{breakpoint}-start
```

例如：

```
<p class="text-sm-start">
```

这条语句的含义是当视口尺寸大于屏幕断点（即为 small）时才会左对齐。

2. 垂直对齐

在 CSS 中，垂直对齐的属性是 vertical-align，它的值可以是 baseline、sub、super、text-top、text-bottom、middle、top、bottom 等。这些值用于控制元素内部的行内元素或图像等在垂直方向上的对齐方式。具体取值可参考表 13-11。

表 13-11　CSS 中垂直对齐属性的取值

属 性 值	说　明
baseline	元素与父元素的基线对齐
length	将元素沿指定长度向上或向下移动，可以使用负值
%	将元素沿行高百分比向上或向下移动，可以使用负值

（续表）

属 性 值	说 明
sub	将元素与父元素的下标基线对齐
super	将元素与父元素的上标基线对齐
top	将元素与该行中最高元素的顶部对齐
text-top	将元素与父元素字体的顶部对齐
middle	元素位于父元素的中央
bottom	将元素与该中最低元素对齐
text-bottom	将元素与父元素字体的底部对齐
initial	将此属性设置为默认值
inherit	从其父元素继承此属性

3. 文字不换行

当文字超出元素的宽度时，默认情况下会自动换行。如果不想让文本换行，可以使用 CSS 属性 white-space: nowrap，在 Bootstrap 中则可以使用.text-nowrap 类。如果想要截断超出元素的文本并用省略号（…）来表示，则可以使用.text-truncate 类。范例程序如下所示。

【范例程序：text-nowrap.htm】

```
<!--默认为换行-->
<div class="bg-info m-2" style="width: 8rem;">
    An apple a day keeps the doctor away.
</div>
<!--text-nowrap 不换行-->
<div class="bginfo m-2 text-nowrap" style="width: 8rem;">
    An apple a day keeps the doctor away.
</div>
<!--text-truncate 超出元素的文字以 "..." 取代-->
<div class="bg-info m-2 text-truncate" style="width: 8rem;">
    An apple a day keeps the doctor away.
</div>
```

执行结果如图 13-21 所示。

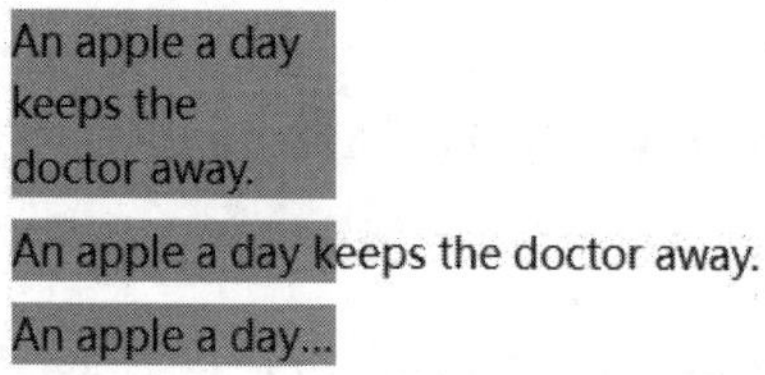

图 13-21

4. 文字大小

在 CSS 语法中，设置标题文字的标签是<h1>~<h6>。在 Bootstrap 中，同样可以使用.h1~.h6 类来设置标题。在 CSS 语法中，可以使用 font-size 属性来设置字体大小，而在 Bootstrap 中，可以使用 fs-前缀的类来控制字体大小的级别，共有 fs-1~fs-6 六个级别。数字越大，字体越小。这些类使用相对单位 rem，相对于根层级（html）的文字大小。具体说明可参考表 13-12。

表 13-12　控制字体大小的类

类	说　明
fs-1	1rem×2.5
fs-2	1rem×2
fs-3	1rem×1.75
fs-4	1rem×1. 5
fs-5	1rem×1.25
fs-6	1rem

在 CSS 语法中，font-style 属性用于控制字体样式，而在 Bootstrap 中，可以使用 fst-前缀的类来控制字体样式。另外，CSS 的 font-weight 属性用于控制字体粗细，而在 Bootstrap 中，可以使用 fw-前缀的类来控制字体粗细。表 13-13 列出了这些属性及其对应的类。

表 13-13　控制字体粗细的类

类	说　明
fw-bold	粗体字
fw-bolder	更粗的字（相对于父元素）
fw-light	细体字
fw-lighter	更细的字（相对于父元素）
fst-italic	斜体字

5. 行高

在 CSS 中，行高的属性是 line-height，在 Bootstrap 中，可以使用 lh-前缀的类来设置行高，设置值有 4 种，可参考表 13-14。

表 13-14　行高的 4 种设置值

设　置　值	说　明
lh-1	1rem
lh-sm	1rem×1.25
lh-base	1rem×1.5
lh-lg	1rem×2

下面的范例程序分别使用 lh-1 和 lh-lg 来改变行和高。

【范例程序：line-height.htm】

```
<div class="w-25 m-2">
<div class="fs-4 fw-bolder">诉衷情·琵琶女</div>
<div class="fst-italic">朝代: 宋代<br>
作者: 苏轼</div>
<div class="lh-1">小莲初上琵琶弦。弹破碧云天。分明绣阁幽恨，都向曲中传。
肤莹玉，鬓梳蝉。绮窗前。素娥今夜，故故随人，似斗婵娟。</div>

<div class="fs-4 fw-bolder mt-4">鹧鸪天·寒日萧萧上锁窗</div>
<div class="fst-italic">朝代: 宋代<br>
作者: 李清照</div>
<div class="lh-lg">寒日萧萧上锁窗。梧桐应恨夜来霜。酒阑更喜团茶苦，梦断偏宜瑞脑香。
```

```
秋已尽，日犹长。仲宣怀远更凄凉。不如随分尊前醉，莫负东篱菊蕊黄。</div>
    </div>
```

执行结果如图 13-22 所示。

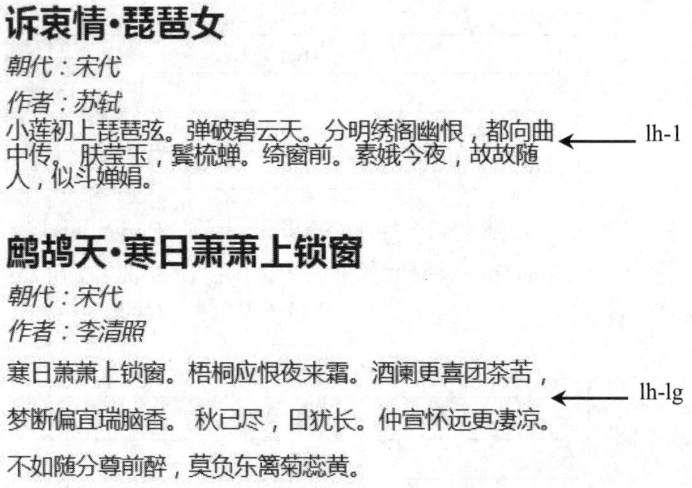

诉衷情·琵琶女
朝代：宋代

作者：苏轼

小莲初上琵琶弦。弹破碧云天。分明绣阁幽恨，都向曲
中传，肤莹玉，鬓梳蝉。绮窗前。素娥今夜，故故随
人，似斗婵娟。   ← lh-1

鹧鸪天·寒日萧萧上锁窗
朝代：宋代

作者：李清照

寒日萧萧上锁窗。梧桐应恨夜来霜。酒阑更喜团茶苦，

梦断偏宜瑞脑香。 秋已尽，日犹长。仲宣怀远更凄凉。   ← lh-lg

不如随分尊前醉，莫负东篱菊蕊黄。

图 13-22

13.4 图片与表格

图片和表格是网页中经常使用的元素，本节将介绍如何使用 Bootstrap 创建响应式图片和表格。Bootstrap 不仅可以让表格轻松实现自适应，还提供了许多可应用的样式，使得制作专业且美观的表格变得轻而易举。

13.4.1 响应式图片

在 Bootstrap 中，可以使用.img-fluid 类来将图片设置为响应式图片。.img-fluid 类通过应用样式 max-width: 100%和 height: auto 来实现图片随着其父元素进行缩放的效果。使用.img-fluid 类的语法如下：

```
<img src="..." class="img-fluid" alt="...">
```

我们还可以使用.img-thumbnail 类给图片添加 1px 的边距和边框，用法如下：

```
<img src="..." class="img-thumbnail" alt="...">
```

下面的范例程序展示这两个类的效果。

【范例程序：image.htm】

```
<!DOCTYPE html>
<html>
<head>
    <meta charset="UTF-8">
    <meta name="viewport" content="width=device-width, initial-scale=1">
```

```
    <title>响应式图片</title>
    <!-- Bootstrap CSS -->
    <link href="https://cdn.jsdelivr.net/npm/bootstrap@5.2.0-beta1/
dist/css/bootstrap.min.css" rel="stylesheet" integrity="sha384-0evHe/
X+R7YkIZDRvuzKMRqM+OrBnVFBL6DOitfPri4tjfHxaWutUpFmBp4vmVor" crossorigin="anonymous">
    </head>

    <body>

    <img src="images/sheep.jpg" class="img-fluid img-thumbnail" alt="绵羊">

    <!-- Bootstrap JS -->
    <script src="https://cdn.jsdelivr.net/npm/bootstrap@5.2.0-beta1/
dist/js/bootstrap.bundle.min.js" integrity="sha384-pprn3073KE6tl6bjs2QrFaJGz5/
SUsLqktiwsUTF55Jfv3qYSDhgCecCxMW52nD2" crossorigin="anonymous"></script>

    </body>
    </html>
```

执行结果如图 13-23 所示。

边框是.img-thumbnail
样式产生的效果

图 13-23

在范例程序中，图片使用了.img-fluid 和.img-thumbnail 两个类。图片的尺寸为 800px×600px，.img-fluid 类使用了 max-width: 100%和 height: auto 样式，因此当浏览器窗口宽度大于图片尺寸时，图片最大会以 800px×600px 的尺寸呈现；当浏览器窗口宽度小于图片尺寸时，图片会随着浏览器窗口大小的变化而缩放。如图 13-24 所示。

.img-thumbnail 类会为图片添加 1px 的边框和圆角。除此之外，我们还可以使用 border 和 rounded 类来改变元素的边框和圆角。在下一小节中，我们将学习如何使用这两个类。

图片最大只会到
800px×600px

图 13-24

13.4.2　边框圆角

除了图片，我们还可以在按钮、div 组件等元素中使用 border 和 rounded 类。下面先来看看 border 的用法。

1. border 类

在 Bootstrap 中，我们可以使用 border 类来为组件的四个边添加边框，而 border-0 类则用来移除边框。此外，我们还可以单独为某一边添加或移除边框。表 13-15 列出了一些常用的 border 类的属性。

表 13-15　常用的 border 类的属性

属　　性	说　　明
border	四边都加上边框
border-top	添加上边框
border-start	添加左边框
border-end	添加右边框
border-bottom	添加下边框
border-0	移除四边的边框
border-top-0	移除上边框
border-start-0	移除左边框
border-end-0	移除右边框
border-bottom-0	移除下边框

在 Bootstrap 中，我们可以使用 border-1~border-5 类来选择不同粗细的边框，数字越大边框越粗。默认的边框为 border-1，颜色为灰色。如果想要修改边框颜色，只需要应用前面介绍过的通用颜色类即可。例如：

```
<img src="images/sheep.jpg" class="border border-3 border-secondary" alt="绵羊">
```

在浏览器中打开范例程序文件 border.htm，就可以看到修改后的边框效果，如图 13-25 所示。

图 13-25

2. rounded 类

在 CSS 中，圆角的语法是 border-radius。而在 Bootstrap 中，我们可以使用 rounded 类来定义圆角。rounded 类可用于设置四个角的圆角，也可分别应用于每个角。表 13-16 列出了一些常用的 rounded 类属性。

表 13-16 常用的 rounded 类的属性

属　性	说　明
rounded	四边圆角
rounded-top	左上角与右上角圆角
rounded-end	右上角圆角
rounded-bottom	左下角与右下角圆角
rounded-start	左上角圆角
rounded-circle	相当于 border-radius:50%，通常用于正方形的组件
rounded-pill	相当于 border-radius:50%，通常用于长方形的组件

下面通过范例程序来看看 rounded 类的效果。

【范例程序：rounded.htm】

```
<img src="images/sheep-200.jpg" class="rounded-3 m-2" alt="绵羊">
<img src="images/sheep-200.jpg" class="rounded-top m-2" alt="绵羊">
<img src="images/sheep-200.jpg" class="rounded-end m-2" alt="绵羊">
<img src="images/sheep-200.jpg" class="rounded-bottom m-2" alt="绵羊">
<img src="images/sheep-200.jpg" class="rounded-start m-2" alt="绵羊">
<img src="images/sheep-200.jpg" class="rounded-circle m-2" alt="绵羊">
<img src="images/sheep-200.jpg" class="rounded-pill m-2" alt="绵羊">
```

执行结果如图 13-26 所示。

图 13-26

rounded-pill 与 rounded-circle 类也常被用于标记（badge）或按钮（button），例如：

```
<button type="button" class="btn btn-primary rounded-pill">
  Danger <span class="badge bg-secondary rounded-circle">1</span>
</button>
<button type="button" class="btn btn-warning rounded-pill">
  Warning <span class="badge bg-secondary rounded-circle">2</span>
</button>
```

执行结果如图 13-27 所示。

图 13-27

13.4.3　建立 Bootstrap 表格

在 Bootstrap 中，最基本的表格样式是在<table>标签中添加.table 类。表格必须明确区分表头、表身和表尾，并使用<thead>、<tbody>和<tfoot>标签进行定义。在表头中，可以使用<th>标签，并添加 scope="col"属性来表示栏标题，添加 scope="row"属性来表示行标题。下面的范例程序演示了基本的表格结构。

【范例程序：table.htm】

```
<table class="table">
  <thead>
   <tr>
   <th scope="col"> </th>
   <th scope="col">第一季</th>
   <th scope="col">第二季</th>
   <th scope="col">第三季</th>
    <th scope="col">第四季</th>
   </tr>
  </thead>
  <tbody>
   <tr>
   <th scope="row">空调</th>
   <td>134</td>
   <td>200</td>
   <td>50</td>
    <td>52</td>
```

```
      </tr>
      <tr>
       <th scope="row">冰箱</th>
       <td>150</td>
       <td>75</td>
       <td>75</td>
        <td>40</td>
      </tr>
      <tr>
       <th scope="row">洗衣机</th>
       <td>80</td>
       <td>78</td>
        <td>56</td>
        <td>46</td>
      </tr>
    </tbody>
    <tfoot>
       <td colspan="5" class="text-end">更新日期：oooo年oo月oo日</td>
    </tfoot>
  </table>
```

执行结果如图 13-28 所示。

	第一季	第二季	第三季	第四季
空调	134	200	50	52
冰箱	150	75	75	40
洗衣机	80	78	56	46
			更新日期：oooo年oo月oo日	

图 13-28

在范例程序中，我们在<table>标签中添加了.table 类，从而呈现出了 Bootstrap 默认的表格样式。除此之外，Bootstrap 还提供了一些 class 类，可以让我们根据需求来设置表格的样式。table 的一些常用的类可参考表 13-17。

表 13-17　table 常用的一些类

类	说　明
.table-striped	单双行应用不同的颜色
.table-dark	深色背景，浅色文字
table-light	浅色背景，深色文字
.table-bordered	单元格加上边框
.table-borderless	去除表格边框
.table-hover	行呈现鼠标移入的效果
.table-sm	将单元格的 padding 从 0.75rem 缩减到 0.3rem

当制作大型表格时，为了使表格能够适应不同大小的屏幕，可以将表格放在一个<div>元素中，并添加.table-responsive 类，这样表格就能有响应式效果。使用.table-responsive 类的语法如下：

```
<div class="table-responsive-xxl">
 <table class="table">
```

```
       ...
  </table>
</div>
```

当表格宽度大于窗口宽度时表格下方就会自动出现水平滚动条，如图 13-29 所示。

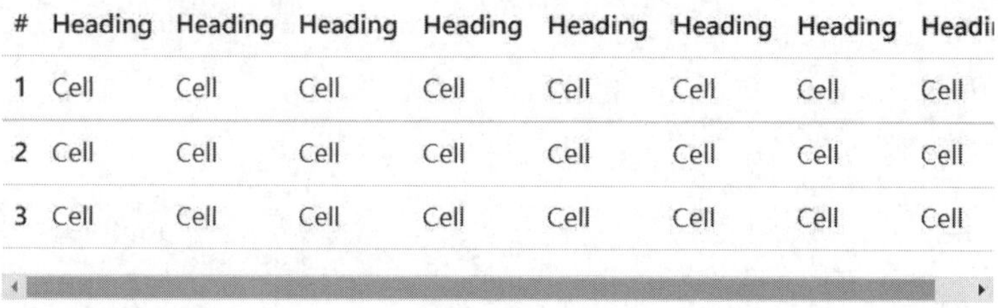

图 13-29

.table-responsive 类可以搭配断点一起使用，以控制水平滚动条出现的时机，该类的说明可参考表 13-18。

表 13-18　table-responsive 类搭配断点一起使用的情况

table-responsive 类搭配断点	说　明
table-responsive-sm	窗口宽度≤576px 时出现水平滚动条
table-responsive-md	窗口宽度≤768px 时出现水平滚动条
table-responsive-lg	窗口宽度≤992px 时出现水平滚动条
table-responsive-xl	窗口宽度≤1200px 时出现水平滚动条
table-responsive-xxl	窗口宽度≤1400px 时出现水平滚动条

表格行列或单元格的颜色可以用语义化的 class 来定义，请参考下面的范例程序。

【范例程序：tableColor.htm】

```
<table class="table table-hover table-bordered w-auto m-3">
  <thead>
   <tr>
    <th scope="col"> </th>
    <th scope="col">第一季</th>
    <th scope="col">第二季</th>
    <th scope="col">第三季</th>
     <th scope="col">第四季</th>
   </tr>
  </thead>
  <tbody>
   <tr class="table-secondary">
    <th scope="row">空调</th>
    <td>134</td>
    <td>200</td>
    <td>50</td>
     <td>52</td>
   </tr>
   <tr class="table-danger">
    <th scope="row">冰箱</th>
    <td>150</td>
    <td>75</td>
    <td>75</td>
    <td>40</td>
```

```
     </tr>
     <tr class="table-light">
      <th scope="row">洗衣机</th>
      <td>80</td>
      <td>78</td>
       <td class="table-info">56</td>
       <td>46</td>
     </tr>
   </tbody>
   <tfoot>
      <td colspan="5" class="text-end">更新日期: oooo年oo月oo日</td>
   </tfoot>
 </table>
```

执行效果如图 13-30 所示。

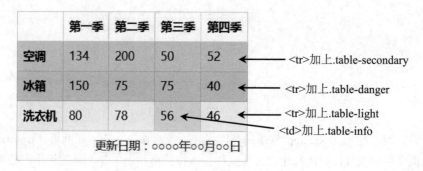

图 13-30

在范例程序中，我们在<tr>标签中分别添加了.table-secondary、.table-danger 和.table-light 类，为每一行添加了语义代表的颜色。除了应用于整个行之外，我们还可以为每个单元格设置语义化颜色，以便更好地突出其重要性。例如，可以在<td>标签中添加一个与表格主题相匹配的背景色，这样该单元格就会突出显示。

除了在<table>标签中使用.table 类外，我们还加入了其他类，包括.table-hover、.table-bordered、.w-auto 和.m-3 等。这几种类的效果说明如下：

（1）.table-hover 用于让表格的每一行具有鼠标移入的效果。

（2）.table-bordered 用于让单元格有边框。

（3）.w-auto 会自动调整列的宽度。

（4）.m-3 增加表格的外边距。

学会了 Bootstrap 基本的用法之后，下一章我们将介绍 Bootstrap 最受欢迎的功能——组件库。在组件库中，有许多现成的组件，如按钮、登录表单、导航栏和图片轮播（carousel）等。使用这些组件，不需要编写复杂的代码就可以快速完成美观又专业的实用功能。

Bootstrap 扩展
组件库

14

在上一章，我们使用 Bootstrap 常用的类样式轻松地制作出了响应式网页。Bootstrap 还可以为我们整合网页常用的组件，如图片轮播、导航栏、下拉菜单和表单等，只需使用一些简单的 HTML 标签和扩展组件的类，就可以轻松地创建实用的网页元素，非常方便。本章将介绍如何使用这些实用的扩展组件。

14.1　导航与菜单

网页 UI/UX 设计中有一个著名的 F 型模式理论（F-Shaped Pattern），主要讲述用户在浏览网页时的阅读习惯，即首先集中注意力在网页的顶部和左侧，因此大多数 Logo 都被放置在左上角，导航栏通常被放置在网页的顶部或左侧。本节将介绍 Bootstrap 提供的导航栏和选项卡扩展组件。

14.1.1　导航栏

导航栏就像网站的导航地图，可以让用户快速找到所需的页面。当网页在移动设备上浏览时，导航栏常见的呈现方式为汉堡菜单（hamburger menu），一个三条横杠组成的图标。当设备宽度达到断点时，汉堡菜单会出现在网页的左上角或右上角，用户单击汉堡菜单后会展开导航栏选项，如图 14-1 所示。

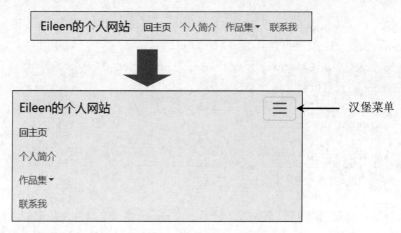

图 14-1

导航栏的主要结构包含以下 5 项：

（1）使用<nav>标签，并加上.Navbar 类和断点.navbar-expand{-sm|-md|-lg|-xl}样式。

（2）使用.container-fluid 或.container 建立容器。

（3）使用.navbar-brand 建立网站标题。

（4）使用按钮来建立汉堡菜单，需要加上.navbar-toggler 类。

（5）使用<div>标签加上.collapse 和.navbar-collapse 建立折叠菜单。

代码如下：

```
<!--<nav>加入.Navbar 类和.navbar-expand-lg 样式-->
<nav class="navbar navbar-expand-lg navbar-light bg-light">
    <!--使用.container 或.container-fluid 建立容器-->
 <div class="container-fluid">
    <!--网站标题-->
    <a class="navbar-brand" href="#">Eileen 的个人网站</a>
    <!-- 建立汉堡菜单-->
    <button class="navbar-toggler" type="button" data-bs-toggle="collapse"
data-bs-target="#navbarSupportedContent" aria-controls="navbarSupportedContent"
aria-expanded="false" aria-label="Toggle navigation">
      <span class="navbar-toggler-icon"></span>
    </button>
    <!--折叠的菜单-->
    <div class="collapse navbar-collapse" id="navbarSupportedContent">
      ...
    </div>
  </div>
</nav>
```

.navbar-expand{-sm|-md|-lg|-xl}用来指定在哪个断点以上才会出现汉堡菜单、折叠菜单以及垂直的选项列表。

除此之外，导航栏还使用了另一个常用的组件——折叠组件。下面我们来介绍折叠组件的用法。

14.1.2　折叠组件

折叠（collapse）组件常用于显示或隐藏信息，通过单击按钮或链接来触发折叠效果。通常按钮

（<button>）或链接（<a>）会加上 .data-bs-toggle="collapse" 和 .data-bs-target="#id" 属性，其中 .data-bs-target 是要触发显示或隐藏的目标元素的 id。例如，下面这条语句中的.data-bs-target="#divContent"表示一开始 id 为 divContent 的元素会被隐藏，当用户单击按钮时，id 为 divContent 的元素就会显示出来。

```
<button type="button" class="btn btn-primary" data-bs-toggle="collapse"
data-bs-target="#divContent">折叠</button>


<div id="divContent" class="collapse">
    这里是要显示与隐藏的内容
</div>
```

执行结果如图 14-2 所示，一开始 id 为 divContent 的 div 组件是隐藏的，当单击"折叠"按钮时，就会显示 id 为 divContent 的 div 组件，即显示出"这里是要显示与隐藏的内容"这句话。

图 14-2

启动浏览器的开发者工具（按 F12 键）并切换到 Elements 面板，观察一下单击"折叠"按钮前后组件的差异。当单击"折叠"按钮之后，<button>标签会自动产生无障碍属性 aria-expanded 并设置为 true，<div>标签添加了.show 类。

```
<button ... aria-expanded="true">
<div id="divContent" class="collapse show">
```

由此可知，如果我们想要让折叠效果一开始就显示，单击按钮后再隐藏，则只需在 class 中先添加.show 类即可。另外，如果想要在页面上放置多组折叠功能，可以在每个折叠区域中添加 data-bs-parent 属性，这样就可以将多个折叠功能设为组。当单击任一个折叠按钮时，该折叠区域会显示出来，其他折叠区域则会自动关闭，这样的效果也被称为"手风琴菜单"（Accordion）。

下面通过范例程序来看看手风琴菜单的具体程序代码。

【范例程序：accordion.htm】

```
    <div class="panel-group" id="accordion">
        <div class="panel">
            <button type="button" class="btn btn-primary" data-bs-toggle="collapse"
data-bs-target="#collapse1">金陵图</button>
            <div id="collapse1" class="panel-collapse collapse in"
data-bs-parent="#accordion">
                    谁谓伤心画不成，画人心逐世人情。<br>君看六幅南朝事，老木寒云满故城。
            </div>
        </div>
        <div class="panel">
            <button type="button" class="btn btn-primary" data-bs-toggle="collapse"
data-bs-target="#collapse2">与诸子登岘山</button>
            <div id="collapse2" class="panel-collapse collapse in"
data-bs-parent="#accordion">
                    人事有代谢，往来成古今。江山留胜迹，我辈复登临。<br>
                    水落鱼梁浅，天寒梦泽深。羊公碑字在，读罢泪沾襟。
            </div>
```

```
          </div>
        <div class="panel">
              <button type="button" class="btn btn-primary" data-bs-toggle="collapse"
data-bs-target="#collapse3">乌衣巷</button>
              <div id="collapse3" class="panel-collapse collapse in"
data-bs-parent="#accordion">
                      朱雀桥边野草花，乌衣巷口夕阳斜。<br>
                      旧时王谢堂前燕，飞入寻常百姓家。
              </div>
        </div>
     </div>
```

执行结果如图 14-3~图 14-5 所示。

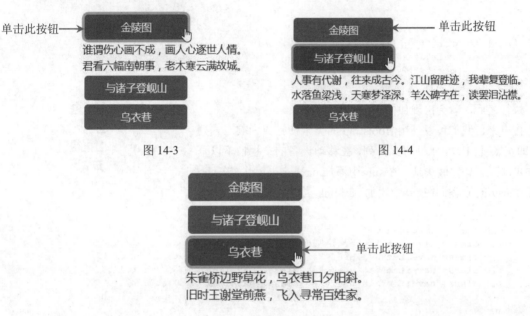

图 14-3　　　　　　　　　　　　　　　　图 14-4

图 14-5

在范例程序中，最外层是由 1 个 div 组件将 3 个折叠功能包裹起来的，其 id 为 accordion，代码如下：

```
<div class="panel-group" id="accordion">...</div>
```

其中，class="panel-group"只是为了方便识别，不是必要的。在折叠组中，包含了 3 个折叠按钮。下面以第一个折叠按钮为例来说明其架构，如图 14-6 所示。

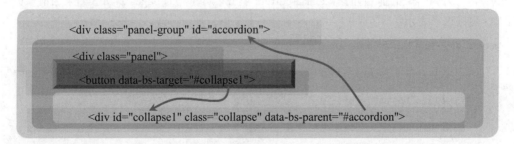

图 14-6

折叠组的重点在于被折叠的目标需要加入 data-bs-parent 属性，属性值为其父元素的 id。这样一来，当任意一个折叠项目被显示时，父元素内的其他可折叠元素就会被关闭。需要特别注意的是，data-bs-parent 属性需要添加到被折叠的组件上，而不是按钮上。

掌握了折叠菜单的使用方法之后，让我们继续完成导航栏。现在只需要在折叠菜单区域内添加项目列表即可完成。

14.1.3　项目列表

在 HTML 中，我们会使用<ul>来制作列表，<ul>内部搭配<li>来建立列表项目，例如：

```
<ul>
    <li><a href="#">回主页</a></li>
    <li><a href="#">个人简介</a></li>
    <li><a href="#">作品集</a></li>
    <li><a href="#">联络我</a></li>
</ul>
```

执行之后，就会出现如图 14-7 所示的列表。

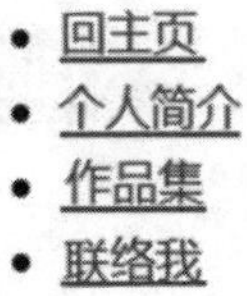

接下来，我们可以使用 Bootstrap 的类来使它成为响应式列表，即在宽视口下以水平方式排列，在移动设备的窄视口下以垂直方式排列。具体做法是，在<ul>中添加.navbar-nav 类，在<li>中添加.nav-item 类，在<a>中添加.nav-link 类，代码如下：

- 回主页
- 个人简介
- 作品集
- 联络我

图 14-7

```
<nav class="navbar navbar-expand-lg">
    <ul class="navbar-nav">
    <li class="nav-item"><a href="#" class="nav-link">回主页</a></li>
    <li class="nav-item"><a href="#" class="nav-link">个人简介</a></li>
    <li class="nav-item"><a href="#" class="nav-link">作品集</a></li>
    <li class="nav-item"><a href="#" class="nav-link">联络我</a></li>
      </ul>
  </nav>
```

执行结果如图 14-8 所示。

回主页　个人简介　作品集　　联系我

图 14-8

这就是基本的导航栏样式。如果要将某个列表项指示为当前页面，可以在相应的<a>标签中添加.active 类，最好再添加无障碍的语义 aria-current 属性，属性值为 page。例如，如果当前页面是"回主页"，可以这样表示：

```
<nav class="navbar navbar-expand-lg">
     <ul class="navbar-nav">
    <li class="nav-item"><a href="#" class="nav-link active" aria-current="page">回主
页</a></li>
        <li class="nav-item"><a href="#" class="nav-link">个人简介</a></li>
        <li class="nav-item"><a href="#" class="nav-link">作品集</a></li>
        <li class="nav-item"><a href="#" class="nav-link">联络我</a></li>
        </ul>
  </nav>
```

"回主页"链接文字就会以粗体显示，如图 14-9 所示。

回主页　个人简介　作品集　　联系我

图 14-9

导航栏的列表项也可以是下拉菜单，实现的关键是在<li>标签中添加.dropdown 类，在<a>标签中添加.dropdown-toggle 类和 data-bs-toggle 属性，属性值为 dropdown。

接着，需要为下拉菜单创建一个新的项目列表。为此，需要在新的<ul>标签中添加.dropdown-menu 类，最好再添加无障碍的语义 aria-labelledby 属性，属性值为相应<a>标签的 id。在新的<ul>标签中，每个列表项需要添加.dropdown-item 类。

例如，如果我们将作品集改为下拉菜单，则代码如下：

```
<li class="nav-item dropdown">
    <a href="#" class="nav-link dropdown-toggle" id="navbarDropdown"
data-bs-toggle="dropdown">作品集</a>
    <ul class="dropdown-menu" aria-labelledby="navbarDropdown">
        <li><a class="dropdown-item" href="#">网页设计</a></li>
        <li><a class="dropdown-item" href="#">程序设计</a></li>
    </ul>
</li>
```

作品集按钮旁边会出现一个倒三角图标，单击该图标即可展开下拉式的菜单列表，如图 14-10 所示。

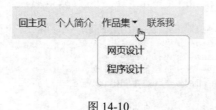

图 14-10

如果下拉菜单的项目太多，可以在相应的列表项中添加.dropdown-divider 类，以产生分隔线，代码如下：

```
<ul class="dropdown-menu" aria-labelledby="navbarDropdown">
    <li><a class="dropdown-item" href="#">网页设计</a></li>
    <li><a class="dropdown-item" href="#">程序设计</a></li>
    <li class="dropdown-divider"></li>
    <li><a class="dropdown-item" href="#">平面设计</a></li>
</ul>
```

如此一来，下拉菜单的项目就会产生分隔线，如图 14-11 所示。

图 14-11

根据以上介绍，我们可以完成如图 14-12 所示的响应式导航栏。

图 14-12

完整的程序代码如下：

```
<nav class="navbar navbar-expand-lg navbar-light bg-light">
    <div class="container">
        <a class="navbar-brand" href="#">Eileen 的个人网站</a>
        <button class="navbar-toggler" type="button" data-bs-toggle="collapse"
data-bs-target="#navbarSupportedContent" aria-controls="navbarSupportedContent"
aria-expanded="false" aria-label="Toggle navigation">
            <span class="navbar-toggler-icon"></span>
        </button>
        <div class="collapse navbar-collapse" id="navbarSupportedContent">
          <ul class="navbar-nav">
                <li class="nav-item">
                    <!-- active 表示当前页面 -->
                    <a class="nav-link active" aria-current="page" href="#">回主页</a>
                </li>
                <li class="nav-item">
                    <a class="nav-link" href="#">个人简介</a>
                </li>
                <!-- .dropdown 表示使用下拉菜单 -->
                <li class="nav-item dropdown">
                    <a class="nav-link dropdown-toggle" href="#" id="navbarDropdown"
role="button" data-bs-toggle="dropdown" aria-expanded="false">作品集</a>
                    <ul class="dropdown-menu" aria-labelledby="navbarDropdown">
                        <li><a class="dropdown-item" href="#">网页设计</a></li>
                        <li><a class="dropdown-item" href="#">程序设计</a></li>
                        <!-- .dropdown-divider 下拉菜单里的分隔线-->
                        <li class="dropdown-divider"></li>
                        <li><a class="dropdown-item" href="#">平面设计</a></li>
                    </ul>
                </li>
                <li class="nav-item">
                  <a class="nav-link" href="#">联络我</a>
                </li>
            </ul>

        </div>
    </div>
</nav>
```

14.2　表单与按钮

表单是网页中经常使用的元素之一，但是 HTML 默认的表单样式不够美观。通过 Bootstrap 提供的精美表单 UI，可以轻松美化表单外观并增加交互性，同时也具备响应式效果。

14.2.1　表单控制组件

表单控件（form controls）是指 form 表单中用于显示信息或提供用户输入的组件，例如 input、textarea、select、单选按钮、复选框等。在 Bootstrap 中，只需为 HTML 表单控件添加相应的类，即可轻松实现表单控件的统一外观。这些类通常以 form- 为前缀。

HTML 5 的表单控件搭配正确的 type 属性，可以实现基本的输入控制，例如<input type="email">表示电子邮件地址格式，<input type="number">表示数字格式等。如果再加上 required 属性，就可以在提交表单之前进行简单的数据验证。

下面是一个使用 Bootstrap 美化用户登录表单的范例程序。

【范例程序：login.htm】

```html
<div class="container">
    <h3>会员登录 Sign in</h3>
    <form>
        <div class="mb-3">
            <label for="email" class="form-label">E-mail</label>
            <input type="email" class="form-control" id="email"
placeholder="name@example.com">
        </div>
        <div class="mb-3">
            <label for="pwd" class="form-label">密码</label>
            <input type="password" class="form-control" id="pwd">
            <small id="pwdHelp" class="form-text text-muted">请输入 8~20 位数的密码
</small>
        </div>
        <div class="mb-3 form-check">
            <input type="checkbox" class="form-check-input" id="staySigned">
            <label class="form-check-label" for="staySigned">保持登录状态</label>
        </div>
        <button type="submit" class="btn btn-primary">送出</button>
    </form>
</div>
```

执行结果如图 14-13 所示。

图 14-13

每个表单控件都有其特定的功能，但仅从外观来看用户无法得知其作用，因此，在表单控件旁边需要添加描述性标题或说明文字。可以通过 placeholder 属性或者配合<label>标签的使用，来为<input>控件添加说明文字。同时，<input>控件必须指定 id 属性，<label>的 for 属性则需要指向相应的<input>控件的 id 属性，以便将两者关联起来。例如：

```
<label for="email" class="form-label">E-mail</label>

<input type="email" class="form-control" id="email">
```

当用户单击<label>的文字时，对应的 input 组件就会获得焦点。

表单组件常用的 Bootstrap 类样式可参考表 14-1。

表 14-1　表单组件常用的 Bootstrap 类样式

类 样 式	说　明
.form-control	设置一般外观、焦点状态及大小等样式，.form-control 后面加上-sm 或-lg 可调整对象的尺寸，例如： ● .form-control-lg：大尺寸。 ● .form-control-sm：小尺寸。
.form-label	用于 label 组件，设置说明标题样式
.form-text	建立组件的说明文字，被说明的组件应加入 aria-describedby 属性，指向加入.form-text 的组件 id，让两者建立关联。 加入.form-text 的组件可以是块级元素（如<div>）或是内联元素（如<span>、<small>）
.form-check-label	复选框与单选按钮，设置说明文字样式

14.2.2　表单布局

表单同样可以使用网格类来安排控制组件的位置。例如，如果想要生成如图 14-14 所示的表单，则只需添加 div 组件，通过.row 类建立水平表单，并使用.col-*类来指定标签和表单组件的宽度。

图 14-14

参考程序代码如下：

```
<form>
 <div class="row g-3">
  <div class="col-md-3">
    <input type="text" class="form-control" placeholder="请输入账号" aria-label="First
name">
  </div>
  <div class="col-md-3">
    <input type="text" class="form-control" placeholder="请输入密码" aria-label="Last
name">
  </div>
  <div class="col-md">
    <button type="submit" class="btn btn-primary">提交</button>
  </div>
 </div>
```

```
</form>
```

　　Bootstrap 的网格在.row 类中放置适当的.col，就会按照比例分配宽度。对于上述例子中的 3 个 div 组件，我们可以在前两个 div 中加上.col-md-3 来指定列宽度，而最后一个 div 只需要加上.col-md 就会分配剩余的宽度。

　　当使用视口宽度小于 768px 的设备来浏览时，会自动转换成如图 14-15 所示的界面。

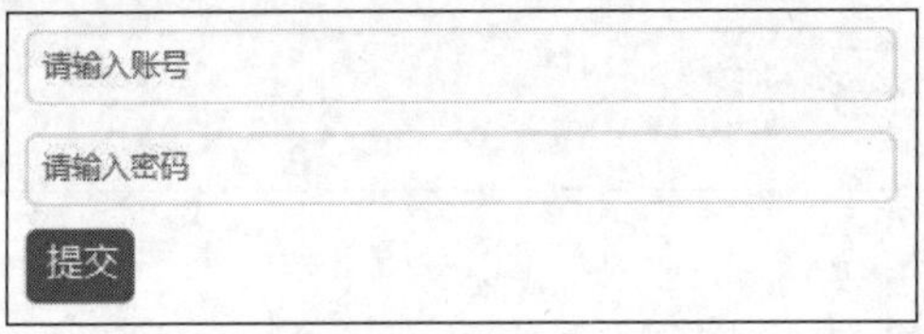

图 14-15

　　我们也可以利用网格系统建立更复杂的表单布局，通过.col 类搭配断点，可以让移动设备（如智能手机）自动转换成小视口适合的浏览界面。下面来看一个范例程序。

【范例程序：layout.htm】

```html
<form class="row m-1">
  <div class="row mb-3">
   <label for="inputName" class="col-md-1 col-form-label">姓名</label>
    <div class="col-md-11">
   <input type="text" class="form-control" id="inputName">
    </div>
  </div>
  <div class="row mb-3">
     <label for="inputZip" class="col-md-1 col-form-label">地址</label>
     <div class="col-md-1">
       <label for="inputZip" class="form-label small">邮政编码</label>
       <input type="text" class="form-control" id="inputZip">
     </div>
     <div class="col-md-2">
       <label for="inputState" class="form-label small">县市</label>
       <select id="inputState" class="form-select">
        <option selected>请选择县市</option>
        <option>...</option>
       </select>
     </div>
     <div class="col-md">
       <label for="inputAddress" class="form-label small">住址</label>
       <input type="text" class="form-control" id="inputAddress">
     </div>
  </div>
  <div class="row mb-3">
     <div class="col-md offset-md-1">
        <input class="form-check-input" type="checkbox" id="gridCheck">
        <label class="form-check-label" for="gridCheck">
         保持登录状态
        </label>
     </div>
  </div>
  <div>
   <button type="submit" class="btn btn-primary">送出</button>
  </div>
</form>
```

执行结果如图 14-16 所示。

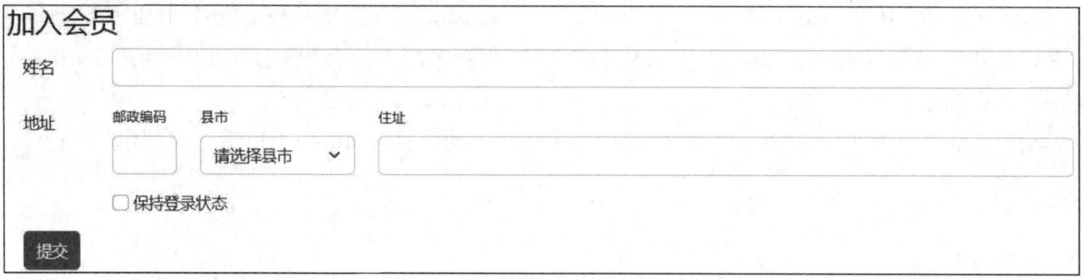

图 14-16

当使用视口宽度小于 768px 的设备浏览时，呈现的界面如图 14-17 所示。

图 14-17

如果我们希望在大屏幕浏览时复选框能对齐输入组件，那么需要让列向右偏移一格。有两种实现方式：

（1）加上.ml-*类，增加左边界。

（2）加上.offset-*类，让网格向右偏移。

在该范例程序中，我们使用了.offset-md-1 类，当视口宽度大于 768px 时，会往右偏移 1 个网格。

14.3   轮播组件 Carousel

Carousel 是旋转木马的意思，Bootstrap 提供了 Carousel 功能，能够让图片或短文自动左右循环播放，也能让用户自行操控浏览。Carousel 轮播的优点是能够有效地利用版面，即使在小空间中也能呈现大量信息，特别是在移动设备这类屏幕较小的界面上更为有用。下面将介绍这个实用的功能。

14.3.1　基本的轮播效果

Carousel 适用于展示多张图片或短文，播放方式很像幻灯片，因此也称为幻灯片轮播功能，Carousel 架构是使用区块组件 div 添加.carousel 类作为容器，容器里放置.carousel-inner 类，再放入每一组要轮播的对象，每一组轮播对象需添加.carousel-item 类，起始的轮播对象必须再加上.active 类，如图 14-18 所示，图片会如箭头方向往左循环播放。

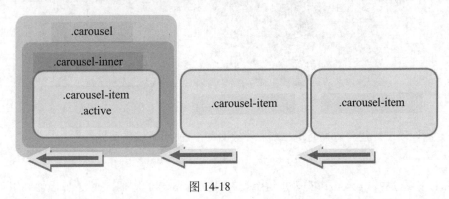

图 14-18

为了避免产生闪动，轮播对象的图片最好大小相同。另外，可以在图片上加上.d-block 及.w-100 类，让图片宽度充满父对象。这样可以确保图片在轮播过程中的显示效果更加一致，避免出现闪动的情况。

下面通过范例程序来看看基本的 Carousel 效果。

【范例程序：carousel.htm】

```
    <div class="container">
      <!—创建 carousel 对象-->
      <div id="carouselSlides" class="carousel" data-bs-ride="carousel">
        <!--幻灯片内容-->
        <div class="carousel-inner">
          <div class="carousel-item">
            <img src="images/carousel/s1.jpg" class="d-block w-100" alt="第一张图">
          </div>
          <div class="carousel-item active">
            <img src="images/carousel/s2.jpg" class="d-block w-100" alt="第二张图">
          </div>
          <div class="carousel-item">
            <img src="images/carousel/s3.jpg" class="d-block w-100" alt="第三张图">
          </div>
        </div>
          <!--加入"上一项"与"下一项"按钮-->
        <button class="carousel-control-prev" type="button"
data-bs-target="#carouselSlides" data-bs-slide="prev">
          <span class="carousel-control-prev-icon" aria-hidden="true"></span>
          <span class="visually-hidden">Previous</span>
        </button>
        <button class="carousel-control-next" type="button"
data-bs-target="#carouselSlides" data-bs-slide="next">
          <span class="carousel-control-next-icon" aria-hidden="true"></span>
          <span class="visually-hidden">Next</span>
        </button>
      </div>
    </div>
```

执行结果如图 14-19 所示。

"上一项" 按钮 ⟶　　　　　　　　　　　　　　　　　　　⟵ "下一项" 按钮

图 14-19

在范例程序中，建立 carousel 对象最外层的 <div> 使用了以下属性：

```
<div id="carouselSlides" class="carousel slide" data-bs-ride="carousel">
```

在 class 属性中，.carousel 类表示这个 <div> 是 Carousel 的容器，而 slide 属性则用于指定图片的转场效果。如果添加了 slide 属性，那么图片之间的转换效果将会是连续不间断的滑动效果；如果没有添加 slide 属性，那么图片之间的转换效果将会有一定的间隔空白。

属性 data-bs-ride="carousel" 会使页面加载时自动播放 Carousel。默认情况下，每张幻灯片的切换时间为 5 秒。如果不想让 Carousel 自动播放，可以省略此属性，并使用 JavaScript 语法来控制。下一小节中，我们将介绍如何使用 JavaScript 语法来控制 Carousel。

可以使用 data-bs-interval 属性来修改幻灯片转换的时间间隔，单位是毫秒。例如：

```
<div id="carouselSlides" class="carousel slide" data-bs-ride="carousel"
data-bs-interval="2000">
```

所有幻灯片都将停留 2 秒后再转换至下一张。我们也可以为每张幻灯片单独设置转换时间，例如：

```
<div class="carousel-item" data-bs-interval="2000">
```

这样设置后，只有当前这张幻灯片会停留 2 秒。对于支持屏幕触碰的设备，用户也可以通过滑动屏幕上的 carousel 对象来切换幻灯片。如果不想让用户滑动，可以加上 data-bs-touch="false" 属性。

在本范例程序中，还有 "上一项" 和 "下一项" 按钮让用户可以点选自己想看的幻灯片。接下来，我们以 "上一项" 按钮为例，看一下具体的程序代码。

```
<button class="carousel-control-prev" type="button" data-bs-target="#carouselSlides"
data-bs-slide="prev">
        <span class="carousel-control-prev-icon" aria-hidden="true"></span>
        <span class="visually-hidden">Previous</span>
</button>
```

属性 data-bs-target 是用来指定 carousel 对象的 id 的，而 data-bs-slide 属性则用来改变幻灯片的相对位置。它的属性值可以是 prev 或 next 关键字，分别表示前一张或后一张幻灯片，也可以使用 data-bs-slide-to 属性指定要去的幻灯片索引值。幻灯片的索引值从 0 开始，也就是添加了 .active 类的幻灯片的索引值为 0。举个例子，data-bs-slide-to="2" 表示移动到第 3 张幻灯片。

通常情况下，指定幻灯片索引值会用在幻灯片数量比较少的情况下，可以直接在页面上添加单独的幻灯片按钮（幻灯片页数指示器），方便用户点击。

下面的范例程序演示为各张幻灯片添加按钮。

【范例程序：carouselSideTo.htm】

```html
<div class="container">
    <!--创建 carousel 对象-->
    <div id="carouselSlides" class="carousel slide" data-bs-ride="carousel"
data-bs-interval="2000">
        <!--各张幻灯片按钮-->
        <div class="carousel-indicators">
            <button type="button" data-bs-target="#carouselSlides" data-bs-slide-to="0"
class="active" aria-current="true" aria-label="Slide 1"></button>
            <button type="button" data-bs-target="#carouselSlides" data-bs-slide-to="1"
aria-label="Slide 2"></button>
            <button type="button" data-bs-target="#carouselSlides" data-bs-slide-to="2"
aria-label="Slide 3"></button>
        </div>
        <!--幻灯片内容-->
        <div class="carousel-inner">
          <div class="carousel-item">
            <img src="images/carousel/s1.jpg" class="d-block w-100" alt="第一张图">
          </div>
          <div class="carousel-item active">
            <img src="images/carousel/s2.jpg" class="d-block w-100" alt="第二张图">
          </div>
          <div class="carousel-item">
            <img src="images/carousel/s3.jpg" class="d-block w-100" alt="第三张图">
          </div>
        </div>
        <!--加入"上一项"与"下一项"按钮-->
        <button class="carousel-control-prev" type="button"
data-bs-target="#carouselSlides" data-bs-slide="prev">
          <span class="carousel-control-prev-icon" aria-hidden="true"></span>
          <span class="visually-hidden">Previous</span>
        </button>
        <button class="carousel-control-next" type="button"
data-bs-target="#carouselSlides" data-bs-slide="next">
          <span class="carousel-control-next-icon" aria-hidden="true"></span>
          <span class="visually-hidden">Next</span>
        </button>
    </div>
</div>
```

执行结果如图 14-20 所示。

幻灯片页
数指示器

图 14-20

除了图片之外，还可以使用.carousel-caption 类为幻灯片添加字幕。下面范例程序演示如何在幻灯片中加入文字。

【范例程序：carouselCaption.htm】

```html
    <div class="container">
        <!—创建 carousel 对象-->
        <div id="carouselSlides" class="carousel carousel-dark slide"
data-bs-ride="carousel" data-bs-interval="2000">
            <!—各个幻灯片按钮-->
            <div class="carousel-indicators">
                <button type="button" data-bs-target="#carouselSlides" data-bs-slide-to="0"
class="active" aria-current="true" aria-label="Slide 1"></button>
                <button type="button" data-bs-target="#carouselSlides" data-bs-slide-to="1"
aria-label="Slide 2"></button>
                <button type="button" data-bs-target="#carouselSlides" data-bs-slide-to="2"
aria-label="Slide 3"></button>
            </div>
            <!--幻灯片内容-->
            <div class="carousel-inner">
                <div class="carousel-item active">
                    <img src="images/carousel/s1.jpg" class="d-block w-100" alt="第一张图">
                    <!--第一张图的文字-->
                    <div class="carousel-caption d-none d-md-block">
                        <h5>仙人掌多肉</h5>
                        <p>植物能在气候或土壤干旱的条件下拥有肥大的叶或茎或根茎，以利于存储大量的水分，主要
生长于热带和亚热带地区，如草原、半沙漠、沙漠及海岸干旱地区。</p>
                    </div>
                </div>
                <div class="carousel-item">
                    <img src="images/carousel/s2.jpg" class="d-block w-100" alt="第二张图">
                    <!--第二张图的文字-->
                    <div class="carousel-caption d-none d-md-block">
                        <h5 class="text-white">景天科多肉</h5>
                        <p class="text-white">容易群生的生长方式、及花型的样貌遗传到胧月，叶长且厚实，叶
子有明显的几何棱角及淡淡的白粉，光滑下凹，背面较为圆润，每一朵最大直径不超过成人手掌大小，种植超过两年容易
木质化成老欉姿态。</p>
                    </div>
                </div>
                <div class="carousel-item">
                    <img src="images/carousel/s3.jpg" class="d-block w-100" alt="第三张图">
                    <!--第三张图的文字-->
                    <div class="carousel-caption d-none d-md-block">
                        <h5>硬叶系百合科多肉</h5>
                        <p class="">「十二之卷」是硬叶系百合科多肉的代表品种，叶子上有白色像是糖霜的凸出纹
路，在送礼盆栽组上很常见，尾端尖尖的，实际上不刺不伤人，摸起来反而硬硬 QQ 的，有另一种扎实的治愈感。</p>
                    </div>
                </div>
            </div>
            <!--加入"上一项"与"下一项"按钮-->
            <button class="carousel-control-prev" type="button"
data-bs-target="#carouselSlides" data-bs-slide="prev">
                <span class="carousel-control-prev-icon" aria-hidden="true"></span>
                <span class="visually-hidden">Previous</span>
            </button>
            <button class="carousel-control-next" type="button"
data-bs-target="#carouselSlides" data-bs-slide="next">
                <span class="carousel-control-next-icon" aria-hidden="true"></span>
                <span class="visually-hidden">Next</span>
```

```
        </button>
      </div>
   </div>
```

执行结果如图 14-21 所示。

图 14-21

在.carousel 上添加.carousel-dark 类可以让 carousel 对象以暗色系呈现。此外，每张幻灯片也可以单独添加文字，只需要在.carousel-item 区块内添加一个 div 组件，并加上.carousel-caption 类，如下所示：

```
<div class="carousel-item active">
    <img src="images/carousel/s1.jpg" class="d-block w-100" alt="第一张图">
    <div class="carousel-caption d-none d-md-block">
      <!--第一张图的文字-->
    </div>
</div>
```

div 组件的 class 属性中，除了添加.carousel-caption 类外，还可以添加.d-none 类和.d-md-block 类。这两个类用于控制文字在何种分辨率下显示或隐藏。添加.d-none 类会隐藏文字，而添加.d-md-block 类会使文字在中型视窗（≥768px）下显示。如果屏幕太小，文字就不会显示。如果想让文字在任何尺寸的屏幕上都显示，可以省略这两个类，但这可能会导致文字遮盖图片，如图 14-22 所示。

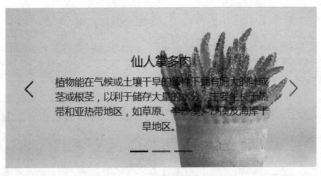

图 14-22

carousel 对象还可以通过设置一些属性来控制轮播的方式。表 14-2 列出了一些可用的属性。

表 14-2　用于设置控制轮播方式的属性

属性名称	默 认 值	说　明
interval	5000	用来设置幻灯片转换的时间间隔
pause	hover	设置轮播时鼠标移入是否要停止轮播，默认值为 hover，表示鼠标移入就会暂停，直到鼠标移开。如果设置为 false，则鼠标移入时不会停止轮播
ride	false	data-bs-ride 的默认值为 false，当用户触碰 carousel 第一个项目之后，轮播将自动循环播放；如果设为 carousel，则一开始加载就会自动播放
wrap	true	轮播是否要连续循环，若设为 false，则会播放一轮就停止
touch	true	在触控设置上轮播是否可以左右滑动

以上属性只要将属性名称附加到 data-bs-，就可以调整轮播的方式，例如 data-bs-ride="false"。

14.3.2　利用 JavaScript 控制轮播

前面介绍过，当页面加载时，如果添加了 data-bs-ride="carousel"属性，那么轮播将自动播放。如果省略了这个属性，那么我们可以通过 JavaScript 来初始化轮播。使用构造函数调用轮播的语法如下：

```
const carousel = new bootstrap.Carousel('#carousel')
```

初始化时也可以添加属性，例如：

```
const carousel = new bootstrap.Carousel("#carouselSlides", {
  interval: 2000,    //2秒切换
  wrap: false        //不重复播放
})
```

Bootstrap 提供了两个事件给轮播使用，具体可参考表 14-3。

表 14-3　Bootstrap 提供给轮播使用的两个事件

事　件	说　明
slide.bs.carousel	当调用 slide 方法时，会触发此事件
slid.bs.carousel	轮播完成切换后，会触发此事件

这两个事件都有相应的属性，具体可参考表 14-4。

表 14-4　slide.bs.carousel 和 slid.bs.carousel 事件对应的属性

属　性	说　明
direction	轮播滑动的方向（"left" 或 "right"）
relatedTarget	被作为启用对象的 DOM 元素
from	当前对象的索引
to	下一个对象的索引

下面通过一个范例程序来实际操作并加深理解。

【范例程序：carouselJS.htm】

```
    <div class="container">
        <!--创建 carousel 对象-->
        <div id="carouselSlides" class="carousel carousel-dark slide"
data-bs-ride="carousel">

            <!--个别幻灯片按钮-->
            <div class="carousel-indicators">
                <button type="button" data-bs-target="#carouselSlides" data-bs-slide-to="0"
class="active" aria-current="true" aria-label="Slide 1"></button>
                <button type="button" data-bs-target="#carouselSlides" data-bs-slide-to="1"
aria-label="Slide 2"></button>
                <button type="button" data-bs-target="#carouselSlides" data-bs-slide-to="2"
aria-label="Slide 3"></button>
            </div>
            <!--幻灯片内容-->
            <div class="carousel-inner">
                <div class="carousel-item active">
                    <img src="images/carousel/s1.jpg" class="d-block w-100" alt="第一张图">
                    <!--第一张图的文字-->
                    <div class="carousel-caption">
                        <h5>仙人掌多肉</h5>
                        <p>植物能在气候或土壤干旱的条件下拥有肥大的叶或茎或根茎，以利于存储大量的水分，主要生
长于热带和亚热带地区，如草原、半沙漠、沙漠及海岸干旱地区。</p>
                    </div>
                </div>
                <div class="carousel-item">
                    <img src="images/carousel/s2.jpg" class="d-block w-100" alt="第二张图">
                    <!--第二张图的文字-->
                    <div class="carousel-caption d-none d-md-block">
                        <h5 class="text-white">景天科多肉</h5>
                        <p class="text-white">容易群生的生长方式、及花型的样貌遗传到胧月，叶长且厚实，叶
子有明显的几何棱角及淡淡的白粉，光滑下凹，背面较为圆润，每一朵最大直径不超过成人手掌大小，种植超过两年容易
木质化成老欉姿态。</p>
                    </div>
                </div>
                <div class="carousel-item">
                    <img src="images/carousel/s3.jpg" class="d-block w-100" alt="第三张图">
                    <!--第三张图的文字-->
                    <div class="carousel-caption d-none d-md-block">
                        <h5>硬叶系百合科多肉</h5>
                        <p class="">「十二之卷」是硬叶系百合科多肉的代表品种，叶子上有白色像是糖霜的凸出纹
路，在送礼盆栽组上很常见，尾端尖尖的，实际上不刺不伤人，摸起来反而硬硬 QQ 的，有另一种扎实的治愈感。</p>
                    </div>
                </div>
            </div>
            <!--加入"上一项"与"下一项"按钮-->
            <button class="carousel-control-prev" type="button"
data-bs-target="#carouselSlides" data-bs-slide="prev">
                <span class="carousel-control-prev-icon" aria-hidden="true"></span>
                <span class="visually-hidden">Previous</span>
            </button>
            <button class="carousel-control-next" type="button"
data-bs-target="#carouselSlides" data-bs-slide="next">
                <span class="carousel-control-next-icon" aria-hidden="true"></span>
                <span class="visually-hidden">Next</span>
            </button>
        </div>
    </div>
```

```
<!-- Bootstrap JS -->
<script
src="https://cdn.jsdelivr.net/npm/bootstrap@5.2.0-beta1/dist/js/bootstrap.bundle.min.js"
integrity="sha384-pprn3073KE6tl6bjs2QrFaJGz5/SUsLqktiwsUTF55Jfv3qYSDhgCecCxMW52nD2"
crossorigin="anonymous"></script>

<script>
const carousel = new bootstrap.Carousel("#carouselSlides", {
  interval: 2000,  //2秒切换
  wrap: false      //不重复播放
});

const myCarousel = document.getElementById('carouselSlides');
myCarousel.addEventListener('slide.bs.carousel', function (e) {
  console.log("触发", e.from)
})
 </script>
```

执行结果如图 14-23 所示。

图 14-23

启动开发者工具后，可以从控制台中看到，当调用 slide 方法时，就会触发 slide.bs.carousel，进而显示 console.log()里的信息。

PWA 实现——"我的 记账本"Web APP

15

随着浏览器功能的不断更新，对于 Web APP 的支持也越来越成熟。现在，Web APP 能够提供类似于从 APP Store 下载的 Native App 的服务和体验。这种能提供原生 APP 体验的 Web APP 为渐进式网页应用程序（Progressive Web App，简称 PWA）。用户不需要再到 APP Store 下载 APP，直接在浏览器打开网页即可下载 APP。这让网页操作起来感觉就像原生 APP 一样，具有类似的体验（app-like）。本章将实现一个记账本网页，并介绍如何将它转换成 PWA。读者只需将网页上传到免费的网页空间，就可以通过手机来操作 Web APP 了。

15.1 实现"我的记账本"网页

本章的"我的记账本"APP 将充分使用前面所介绍的技术，包括 HTML、JavaScript 和 CSS。它还将使用 indexedDB 来存储收支记录，使用 Bootstrap 来美化 Web UI 界面。现在，让我们先来看看记账本的功能及其界面。

15.1.1 "我的记账本"网页功能与界面

记账本网页规划下列几项基本功能：

（1）添加收支。

（2）列出收支，计算结余。

（3）删除收支。

（4）以月份查询收支。

下面介绍其界面、功能以及使用的 Bootstrap 组件名称。

1. 初始界面

初始界面包含导航栏和主内容容器，如图 15-1 所示。导航栏包括一个标题和一个月份选单。主内容容器内包括金额统计、添加收支按钮和收支列表区。由于一开始没有数据，因此收支列表区将显示"没有交易"。

提示　为了让读者能了解界面元素，界面图中标示的第一行为功能，第二行是使用的 Bootstrap 组件名称。

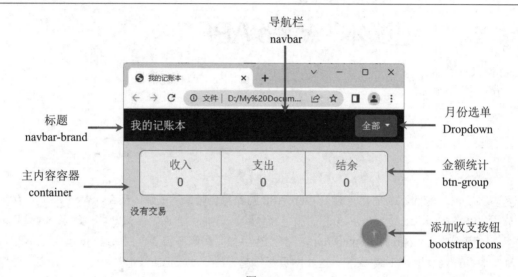

图 15-1

2. 添加收支的界面

单击右下角"+"按钮，就会打开添加收支的界面，如图 15-2 所示。

图 15-2

3. 收支列表

收入和支出分别用不同的文字和颜色进行区分，并通过图标进行展示（见图 15-3）。每个收支项目的右上方都设置了一个"删除"按钮,用于删除该笔记录。

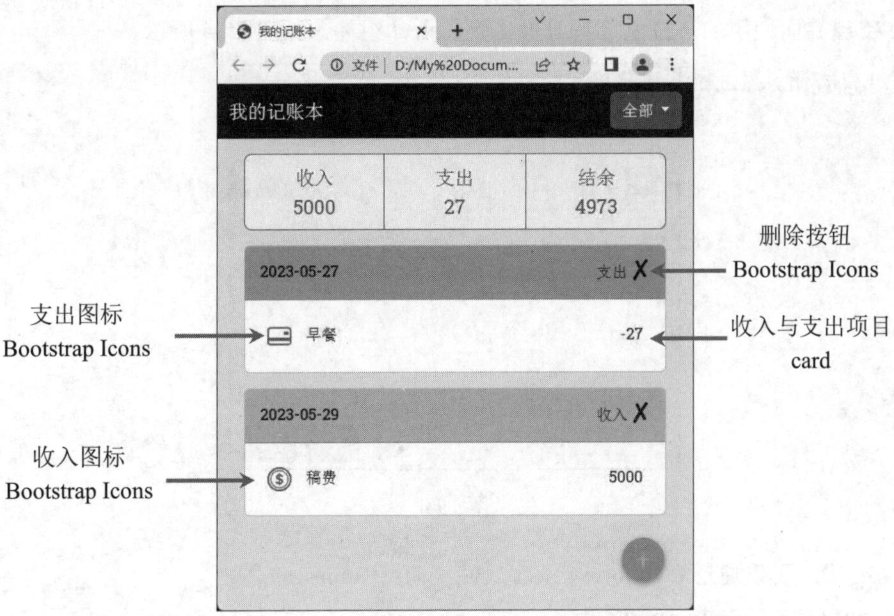

图 15-3

在前面的章节中已经介绍了大部分的功能,因此这里不再赘述。本章重点讲解各个功能的实现方式。HTML 文件是位于范例文件夹 ch15 中的 index_original.html,JavaScript 外部程序是位于 ch15 文件夹的 js 子文件夹中的 indexedDB.js 文件。

indexedDB 数据库的名称为 moneybook,其中包含一个名为 account 的 store。表 15-1 列出了该数据库的各个字段及其说明。

表 15-1　moneybook 数据库的各个字段及其说明

字 段 名	说　明
id	keyPath,自动编号
addKind	收入(addKind: "income ") 支出(addKind: "pay ")
date	发生日期
money	金额
memo	备注
timestamp	时间戳

15.1.2　下拉菜单

HTML 和 Bootstrap 都提供了下拉菜单组件,但它们的制作方法和外观略有不同。HTML 使用 select 组件来制作下拉菜单,而 Bootstrap 使用 Dropdowns 组件来制作下拉菜单。由于本范例程序中有两个下拉菜单,因此我们将分别使用这两种方法来制作它们。

1. HTML 的 select 组件

收入和支出界面使用的下拉菜单是 HTML 的 select 组件，如图 15-4 所示。

图 15-4

在 HTML 中，可以通过添加 form-select 属性来应用 Bootstrap 的
用户界面（UI）样式，如图 15-5 所示。

程序代码如下：

```
<select name="addKind" id="addKind" class="form-select">
    <option value="pay" selected>支出
    <option value="income">收入
</select>
```

图 15-5

2. Bootstrap 的下拉菜单组件

导航栏中的月份菜单使用了 Bootstrap 的 Dropdowns（下拉菜单）组件来创建，如图 15-6 所示。

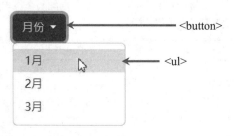

图 15-6

在上一章中，我们已经介绍了 Dropdowns 组件，下面直接看看本范例程序的代码：

```
<div class="dropdown">
    <button class="btn btn-secondary dropdown-toggle" type="button"
id="dropdownMenuButton1" data-bs-toggle="dropdown" aria-expanded="false">
    全部
    </button>
    <ul class="dropdown-menu" id="selectMonth" aria-labelledby="dropdownMenuButton1">
    <li><a class='dropdown-item' href='#' data-key=1>1 月</a></li>
    <li><a class='dropdown-item' href='#' data-key=2>2 月</a></li>
    <li><a class='dropdown-item' href='#' data-key=3>3 月</a></li>
```

```
    ...
    </ul>
</div>
```

<button>标签也可以用<a>标签替换，例如：

```
<a class="btn btn-secondary dropdown-toggle" type="button" id="dropdownMenuButton1"
data-bs-toggle="dropdown" aria-expanded="false">
    全部
</a>
```

由于月份菜单项目是从 1 月到 12 月，因此我们可以使用 JavaScript 的循环语句来快速生成这些菜单项目。只需要将此次循环放在立刻执行函数（也叫自执行函数）中，程序运行时即可自动创建月份菜单项目。程序代码如下（indexedDB.js 文件的第 47 行）：

```
let ul = document.getElementById("selectMonth");
for (var i=1; i<=12; i++) {
    ul.innerHTML += "<li><a class='dropdown-item' href='#' data-key="+i+">"+i+"月
</a></li>";
}
```

相比于 select 组件，Dropdowns 组件更为灵活，可以改变菜单的方向，并且可以在菜单项目之间添加<li><hr></li>来划分不同的区域。

3. 改变菜单方向

如果想要将菜单改为向上展开，只需将使用的类名由 dropdown 改为 dropup 即可，代码如下：

```
<div class="dropup">
    <button class="btn btn-secondary dropdown-toggle m-2" type="button"
id="dropdownMenuButton1" data-bs-toggle="dropdown" aria-expanded="false">
    月份
    </button>
    <ul class="dropdown-menu" aria-labelledby="dropdownMenuButton1">
    <li><a class="dropdown-item" href="#">1 月</a></li>
    <li><a class="dropdown-item" href="#">2 月</a></li>
    <li><a class="dropdown-item" href="#">3 月</a></li>
...
    </ul>
</div>
```

执行结果如图 15-7 所示。

> 提示　使用 dropup 菜单时，菜单按钮上方必须有足够的空间来展示菜单项目，否则菜单仍会向下展开。

要创建一个向左的菜单，只需要将 class 属性设置为 dropstart 即可。执行结果如图 15-8 所示。

图 15-7　　　　　　　　　　　　　　图 15-8

> 提示　使用 dropstart 菜单时，菜单按钮左侧必须有足够的空间来展示菜单项目，否则菜单仍会向下展开。

要创建一个向右的菜单，只需要将 class 属性设置为 dropend 即可。执行结果如图 15-9 所示。

图 15-9

15.1.3　按钮组

Bootstrap 的按钮组可以将一个或多个按钮组合在水平或垂直方向上，本范例程序中的收入、支出和结余均使用了按钮组的形式，如图 15-10 所示。

要创建一个简单的按钮组，只需要将添加了.btn 属性的\<button>或\<a>标签放在带有.btn-group 属性的容器中即可。例如，要创建一个包含 3 个按钮的按钮组，可以使用以下代码：

```
<div class="btn-group" role="group" aria-label="Button group">
  <button type="button" class="btn btn-primary">收入</button>
  <button type="button" class="btn btn-primary">支出</button>
  <button type="button" class="btn btn-primary">结余</button>
</div>
```

执行结果如图 15-11 所示。

图 15-10　　　　　　　　　　　　　　　　　　图 15-11

如果按钮只需要外框，不需要填色，那么可以添加.btn-outline-*属性，星号（*）是边框的颜色代码，例如添加 btn-outline-secondary，就可以得到如图 15-12 所示的按钮组。

如果想要建立垂直的按钮组，只要将 btn-group 换成 btn-group-vertical 就可以了，结果如图 15-13所示。

图 15-12　　　　　　　　　　　　　　　　　　图 15-13

15.1.4　互动窗口

Bootstrap 的 Modal 组件可以创建弹出式的互动窗口，并且可以在打开弹出窗口时锁定背景，防止用户操作主窗口。这种组件通常适用于表单等需要用户输入信息的场合。

　　由于 Modal 组件是弹出式的互动窗口，因此需要通过事件触发来打开窗口，这通常通过添加按钮等其他组件来实现，当用户单击按钮时，弹出窗口会显示出来。

　　下面通过一个范例程序来了解 Modal 组件的结构和使用方法。

【范例程序：modal.html】

```
<!-- Button trigger modal -->
<button type="button" class="btn btn-primary m-2" data-bs-toggle="modal"
data-bs-target="#exampleModal">
  打开互动窗口
</button>
<!-- Modal -->
<div class="modal fade" id="exampleModal" tabindex="-1"
aria-labelledby="exampleModalLabel" aria-hidden="true">
  <div class="modal-dialog">
    <div class="modal-content">
      <div class="modal-header">
        <h5 class="modal-title" id="exampleModalLabel">Modal title</h5>
        <button type="button" class="btn-close" data-bs-dismiss="modal"
aria-label="Close"></button>
      </div>
      <div class="modal-body">modal-body
      </div>
      <div class="modal-footer">modal-footer

      </div>
    </div>
  </div>
</div>
```

执行结果如图 15-14 所示。

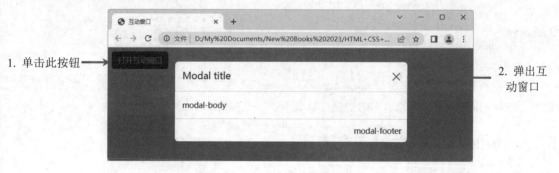

图 15-14

　　Modal 组件的结构如图 15-15 所示。

　　使用 Modal 组件时，需要使用 3 个 div 组件作为容器，分别是 modal、dialog 和 content。最外层的 div 组件需要添加 modal 和 fade 属性，其中 fade 属性用于实现淡入淡出的动画效果。如果不想使用淡入淡出效果，可以将 fade 属性删除。

　　第二层的 div 组件添加 modal-dialog 属性，用于表示以对话框的形式呈现。第三层的 div 组件添加 modal-content 属性，用于显示弹出窗口的主体内容。与 card 组件类似，modal-content 也可以分为 3 个区块：header、body 和 footer。

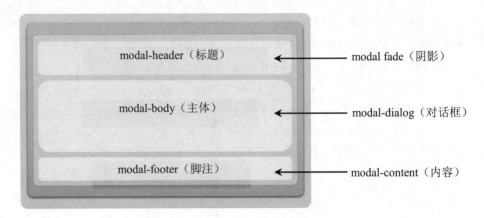

图 15-15

header 区块通常包含弹出窗口的标题和关闭窗口的按钮，例如：

```
<div class="modal-header">
        <h5 class="modal-title" id="exampleModalLabel">Modal title</h5>
        <button type="button" class="btn-close" data-bs-dismiss="modal"
aria-label="Close"></button>
    </div>
```

button 加上 btn-close 属性会让按钮产生关闭图标，加上 data-bs-dismiss="modal"属性后不需要编写任何程序就能关闭对话窗口。

footer 区块通常会放置"存储"按钮以及"关闭"按钮，回到"我的记账本"网页看看 modal-footer 里的程序代码：

```
<div class="modal-footer">
        <button type="button" class="btn btn-secondary" data-bs-dismiss="modal">关闭
</button>
        <button type="button" class="btn btn-primary" id="savebtn">存储</button>
    </div>
```

"关闭"按钮可以通过添加 data-bs-dismiss="modal"属性来实现关闭窗口的效果。单击"存储"按钮时会触发 click 事件，将表单中的数据存储到 indexedDB 中。

15.1.5 indexedDB 关键字查询

关系数据库使用结构化查询语言（SQL）来操作数据库。在 SQL 中，使用 select 和 where 子句结合 like 运算符和%符号就可以进行关键字搜索。例如，如果要在地址簿数据表中查找包含"上海"的记录，可以使用以下 SQL 语句进行查询：

```
SELECT *
FROM 地址簿
WHERE 地址 like '%上海%'
```

然而，indexedDB 是一种非关系数据库，无法像 SQL 那样使用 where 子句和 like 运算符进行关键字搜索。在 indexedDB 中，数据存储为"键-值对"的集合，因此必须先创建字段索引，再使用游标一条一条地读取数据并进行比较，最后才能查询出符合条件的数据。

例如，如果想要在"我的记账本"网页中添加按月份搜索收支的功能，可以使用以下代码将指定的月份与日期字段进行比较，以抓取符合指定月份的数据：

```
const index = store.index("date");        //建立索引
let request = index.openCursor();          //启用游标，返回 IDBRequest 对象
let cursorJson = [];                        //数组，存储满足条件的数据
request.onsuccess = (e) => {                //游标对象创建成功
    let cursor = e.target.result;          //返回 IDBCursorWithValue
    if (cursor) {                          //游标有数据时才会执行
        if (cursor.value.date.indexOf(关键字) !== -1) {  //字符串搜索
            cursorJson.push(cursor.value); //找到满足添加的数据并放入 cursorJson 数组中
        }
        cursor.continue();                  //将游标移到下一笔记录
    }
    //数据列表
    showDataList(cursorJson);
};
```

通过查询，每一条匹配的数据都将被放入 cursorJson 数组中，然后传递给 showDataList 函数，用于生成收支列表。在 JavaScript 中，可以调用 indexOf()方法进行字符串搜索，其语法如下：

```
string.indexOf(searchValue[, start])
```

参数 searchValue 是要搜索的关键字；start 是可选的参数，用于指定开始检索的位置。

indexOf()方法会返回关键字在字符串中第一次出现的位置索引值（从 0 开始），如果没有匹配则会返回-1。例如：

```
let str="Hello!welcome";
console.log( str.indexOf("e") );          //返回 1
console.log( str.indexOf("e", 5) );       //返回 7
```

指针对象返回的 IDBCursorWithValue 中包含了 value 属性，读取 cursor.value 会得到如下的完整数据。

```
{addKind: 'pay', date: '2022-06-23', money: '50', memo: '', timestamp: Sat Jul 23 2022
23:47:22 GMT+0800 (台北标准时间)}
```

由于我们只需要针对日期（date 列）进行对比，因此代码写法如下：

```
cursor.value.date.indexOf(关键字)
```

举例来说，如果想要搜索 6 月的数据，indexOf()方法可以按照以下方式表示：

```
if (cursor.value.date.indexOf("-06-") !== -1) {...}
```

15.1.6　善用 Bootstrap Icons 制作小图标

Bootstrap Icons 是一款免费、高质量且开源的图标库，Bootstrap 5 包含了 1600 多个图标。这些图标可以通过 Web 字体、字符编码或 SVG 代码的方式应用。最棒的是，这些图标可以任意更改大小和颜色，非常简单实用。本章的范例程序"我的记账本"中的图标都是使用 Bootstrap Icons 生成的，图标名称参考图 15-16。

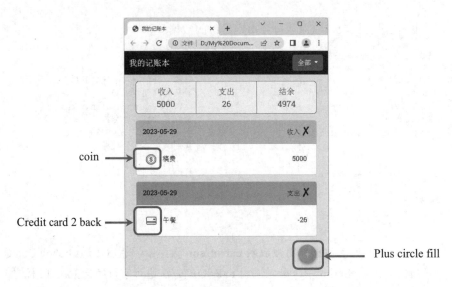

图 15-16

本小节我们将介绍如何使用 Bootstrap Icons。首先，请进入 Bootstrap 官网（网址：https://getbootstrap.com/），单击 Icons 选项，如图 15-17 所示。

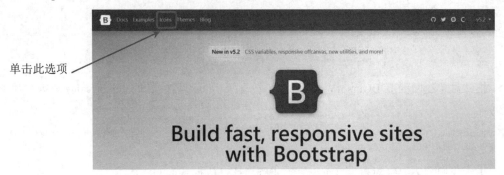

图 15-17

进入 Icons 页面之后，往下拖曳垂直滚动条，就可以看到所有的图标。我们也可以输入关键词搜索自己想要的图标，如图 15-18 所示。

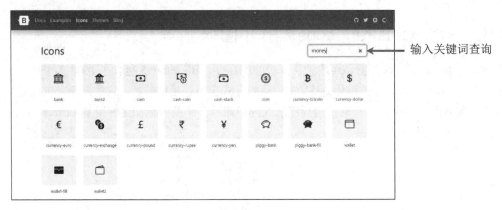

图 15-18

下面我们以 coin 图标为例来说明图标的用法。

1. 使用 coin 图标的步骤

步骤 **01** 找到 coin 图标之后，单击该图标，如图 15-19 所示。

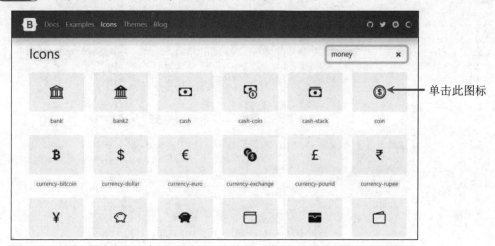

单击此图标

图 15-19

步骤 **02** 在 Icons 页面中，左侧的 Examples 区域可以预览图标的应用效果；右侧则是各种应用图标的方法，例如下载 SVG 代码、Icon font、Code point、Copy HTML 等。这里我们将采用复制 HTML 的方式，请单击 Copy HTML 区域的复制按钮，如图 15-20 所示。

图 15-20

步骤 **03** 将复制的 HTML 代码粘贴到我们想要放置图标的位置即可，参考下面的范例程序代码：

```
<!DOCTYPE HTML>
```

```html
<html>
 <head>
 <meta charset="UTF-8">
  <title> Icon </title>
 </head>
 <body>
<!--SVG 码-->
 <svg xmlns="http://www.w3.org/2000/svg" width="16" height="16" fill="currentColor"
class="bi bi-coin" viewBox="0 0 16 16">
   <path d="M5.5 9.511c.076.954.83 1.697 2.182 1.785V12h.6v-.709c1.4-.098 2.218-.846
2.218-1.932 0-.987-.626-1.496-1.745-1.761-.473-.112V5.57c.6.068.982.396
1.074.85h1.052c-.076-.919-.864-1.638-2.126-1.716V4h-.6v.719c-1.195.117-2.01.836-2.01 1.853
0 .9.606 1.472 1.613
1.7071.397.098v2.034c-.615-.093-1.022-.43-1.114-.9H5.5zm2.177-2.166c-.59-.137-.91-.416-.9
1-.836 0-.47.345-.822.915-.925v1.76h-.005zm.692 1.193c.717.166 1.048.435 1.048.91
0 .542-.412.914-1.135.982V8.5181.087.02z"/>
   <path d="M8 15A7 7 0 1 1 8 1a7 7 0 0 1 0 14zm0 1A8 8 0 1 0 8 0a8 8 0 0 0 0 16z"/>
   <path d="M8 13.5a5.5 5.5 0 1 1 0-11 5.5 5.5 0 0 1 0 11zm0 .5A6 6 0 1 0 8 2a6 6 0 0 0
0 12z"/>
 </svg>

 </body>
</html>
```

SVG 码的第一行定义了图标的宽和高（width 和 height）与填充颜色（fill），代码如下：

```html
<svg xmlns="http://www.w3.org/2000/svg" width="16" height="16" fill="currentColor"
class="bi bi-coin" viewBox="0 0 16 16">
```

我们可以调整 width、height 以及 fill 的值，例如：

```html
<svg xmlns="http://www.w3.org/2000/svg" width="36" height="36" fill="#ff0000" class="bi
bi-coin" viewBox="0 0 16 16">
```

显示的图标如图 15-21 所示。

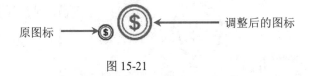

原图标 ⟶ ⟵ 调整后的图标

图 15-21

学习小教室

认识 SVG 图

　　SVG 是 Scalable Vector Graphics（可缩放向量图形）的缩写，是由 W3C 制定的开放标准。它是一种使用 XML 来描述二维向量图形的图形格式，由于图形是由 XML 定义的，因此它以纯文本方式存储，而不是以图形点阵方式存储。另外，由于图形是以文本形式存储的，因此使用 JavaScript 可以轻松动态地改变 SVG 的大小、颜色，甚至可以加入渐变、旋转以及滤镜等特效。

　　在 SVG 中，width 和 height 用于定义图形区域（viewport，就是前面章节说的视口）的大小。例如，width="36" height="36"表示定义了一个 36px × 36px 的图标。fill 属性用于填充颜色。viewbox 属性用于定义 SVG 的可见范围，其格式如下：

```
viewbox ( min-x, min-y, width, height )
```

简单来说，viewbox 属性用于设置图形在视口中显示的区域。例如，原本的 viewBox="0 0 16 16"，如果将它改为 viewBox="0 0 8 8"，则表示以 50%的区域填充视口，如图 15-22 所示。

viewBox="0 0 16 16"　　　　　　　　　　　viewBox="0 0 8 8"

图 15-22

SVG 除了 width、height 和 fill 等属性之外，还提供了许多其他的属性，例如 stroke（边框颜色）、fill-opacity（填充透明度）等。由于篇幅限制，这里就不再详述。如果读者有兴趣，可以自行上网搜索有关 SVG 的更多内容。

SVG 虽然好用，但是其代码很长，容易让 HTML 文件显得冗长杂乱，难以维护，尤其是当 SVG 图标较多时。为了解决这个问题，我们可以使用 SVG 的<symbol>标签来定义 SVG，这样不仅可以方便管理 SVG 图标，还可以让 HTML 文件的代码变得简洁明了。

2. SVG 的<symbol>标签

SVG 的<symbol>标签适用于定义 SVG 图标。在一个<svg>标签中，可以放置多个<symbol>标签，每个<symbol>都有自己的 id 和 viewBox 属性，以及<path>、<circle>或<rect>等图形描述。其语法如下：

```
<svg>
<symbol id="symbol1" viewBox="0 0 16 16">
        图形描述......
</symbol>
<symbol id="symbol2" viewBox="0 0 16 16">
        图形描述......
</symbol>
</svg>
```

在 HTML 文件中使用 SVG 图标时，只需使用<use>标签即可，其语法如下：

```
<svg width="36" height="36" fill="#ff0000">
<use xlink:href="#symbol1"/>
</svg>
```

SVG 图标的大小和颜色不在<symbol>标签中定义，而是在<use>标签中定义。这样使得 SVG 图标可以重复使用，并且每个 SVG 图标都可以保持自己的外观设置。

15.2　将网页转换成 PWA

Google 在多年前就已宣布将停用 Chrome 浏览器的 APP，并全部转型为 PWA 应用。那么，到底什么是 PWA 呢？在本节中，我们将介绍 PWA，并将上一节所制作的"我的记账本"网页转换成 PWA。

15.2.1　什么是PWA

PWA 全称为 Progressive Web Apps（渐进式网页应用程序），是 Google 在 2016 年提出的概念。PWA 旨在让使用手机浏览的网页能够像原生 APP 一样为用户提供友好的操作体验。

PWA 具有可探索、可安装、可链接、可独立于网络、可渐进、可接合、响应式以及安全等特性。这些特性对应的英语依次为 discoverable、installable、linkable、network independent、progressive、re-engageable、responsive 和 safe。PWA 的推送通知和离线存取等功能备受关注。

无论使用计算机还是手机的浏览器，只要进入具有 PWA 功能的网页，就会先跳出"将 APP 新增至主画面"或"安装 APP"按钮。只需单击该按钮即可将该网页安装到手机或计算机桌面，下次打开同一网页时就不再有网址栏，看起来就像一个原生的 APP。

通过 PWA 技术，只要制作好网站，就可以将网页转换成类似原生 APP 的效果。对于企业或商家来说，无须花费大量资金和时间制作原生 APP，这无疑节省了成本和时间。

接下来，我们以"我的记账本"网页为例来展示加入 PWA 技术后所呈现的效果。

PWA 最关键的技术就是 Service Worker。Service Worker 可以监控前端的事件并做出响应。为了保证安全性，网页必须放置在 HTTPS 环境或 localhost（本地 Web 服务器）才能运行。

如果本机已经有 Web Server，那么可以在 localhost 或 127.0.0.1 上运行网页。如果没有 Web Server，只需将网页上传至支持 HTTPS 的网页空间（例如 GitHub Pages），也可以运行网页。

笔者已经将"我的记账本"命名为 SaveMoney，并将它放置在 GitHub Pages 个人网页空间。使用手机浏览器打开该网页时，将会跳出如图 15-23 所示的"将 SaveMoney 添加至主画面"按钮。

在点击该按钮之后就会出现安装应用程序的对话窗口，如图 15-24 所示。

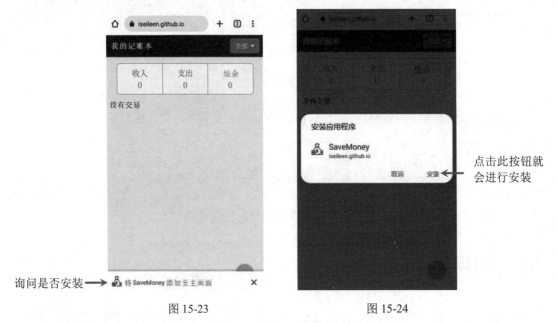

图 15-23　　　　　　　　　　　　　　图 15-24

安装完成之后，手机桌面会出现应用程序的图标，如图 15-25 所示。

点击 APP 图标就会打开网页，操作界面看起来就跟原生 APP 一样，如图 15-26 所示。

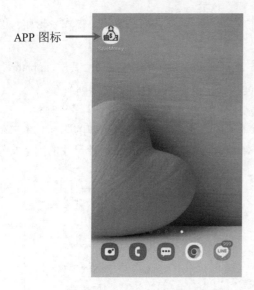

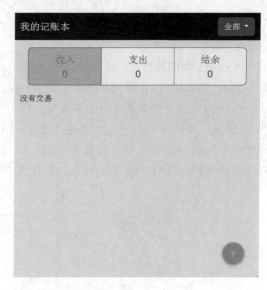

APP 图标

图 15-25　　　　　　　　　　　　　　图 15-26

在将网页转换成 PWA 之前，我们先来制作 APP 的图标。

15.2.2　制作各种尺寸的 APP 图标

为了支持各种尺寸的设备，通常会制作多种不同尺寸的 APP 图标。如果只有一种尺寸的图标，经过放大或缩小后，图标可能因分辨率不足而显得不美观。

通过 APP 图标生成工具，我们只需要制作一张 1024px×1024px 大小的图标文件，就可以自动生成多种不同大小的图标，非常方便。

在这里，笔者介绍一个 APP 图标生成工具网站，名为 APP Icon Generator（网址为 https://appicon.co/）。使用该工具，可以轻松生成多组 APP 图标。

范例程序所在的 ch15 文件夹中有一张名为 money.jpg 的图像文件。我们可以把该图像文件上传到 APP Icon Generator 网站，再根据需求勾选要生成的平台，如 iOS、macOS 或 Android 等，并输入所需的文件名，最后单击"Generate"按钮，即可生成多组 APP 图标，如图 15-27 所示。

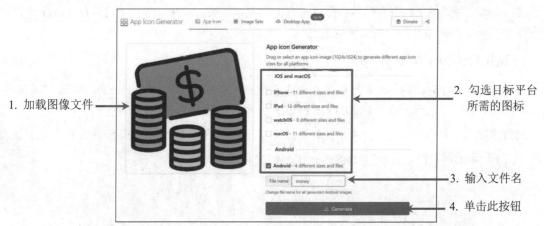

图 15-27

稍等片刻后，将会跳出保存对话框。选择想要保存文件的路径，然后单击"保存"按钮，即可完成保存。

解压缩下载的 ZIP 文件后，我们将会看到如图 15-28 所示的文件夹和图标文件。其中，appstore.png 是 1024px×1024px 大小的图标文件，而 playstore.png 是 512px×512px 大小的图标文件。

android 文件夹中会有 5 个子文件夹，分别存放不同尺寸的图像文件，如图 15-29 所示。

Chrome 要执行 PWA，至少需要 192px×192px 和 512px×512px 两种分辨率的图标。本书范例程序文件夹 ch15 的 icon 子文件夹中，包含了 512px×512px 和 192px×192px 两种尺寸的图标文件。稍后在制作 PWA 网页时，将会使用这些图标文件。

图 15-28

图 15-29

15.2.3 将网页变成 PWA

要将一般的网页变成 PWA 应用程序，只需要在 HTML 文件中加入一些简单的声明和设置即可。步骤简述如下：

（1）创建图标文件。

（2）创建 manifest.json。

（3）注册 Service Worker。

在以上步骤中，需要进行测试。Service Worker 必须在 HTTPS 环境或本地服务器上运行。如果读者的计算机已经架设了网页服务器，可以将它用作测试环境。如果没有，则可以在 Chrome 浏览器中加入 Web Server 服务作为测试环境。

1. 建立测试用的 Web Server

下载 Chrome 的 Web Server 扩展程序，在任意搜索引擎中输入"web server for chrome"即可找到。安装该扩展程序之后，单击 CHOSOSE FOLDER 按钮，如图 15-30 所示。

选择"我的记账本"网页文件夹，此时，浏览器将打开文件夹中的 index.html 文件。当看到类似图 15-31 所示的网页时，表示 Web Server 服务已经正常运行。

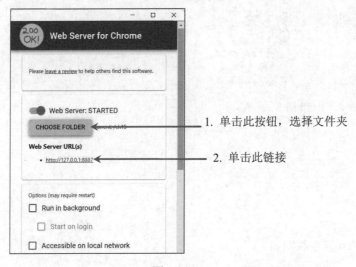

1. 单击此按钮，选择文件夹

2. 单击此链接

图 15-30

图 15-31

 localhost 是指本地主机，它对应的 IP 地址是 127.0.0.1。Chrome 安装的 Web Server 服务默认使用 8887 端口进行通信，因此在访问网址时必须加上端口号。只要 Chrome Web Server 服务正在运行，就可以通过在浏览器地址栏中输入 127.0.0.1:8887 或 localhost:8887 来访问网页。

在上一小节中，我们已经准备好了图标文件。现在，我们需要创建 manifest.json 文件。

2. 建立 manifest.json

PWA 的 manifest 配置文件是以 JSON 格式编写的，它提供了应用程序相关的配置信息，例如名称、作者、图标路径等。浏览器可以通过读取 manifest.json 文件来了解如何将应用程序安装到用户的计算机或移动设备上。

通常情况下，manifest.json 文件会放置在项目的根目录下，其格式如下：

```
{
    "name": "APP 名称",
```

```
      "short_name": "APP 名称缩写",
      "start_url": "主页路径",
      "display": "显示模式",
      "background_color": "#fff",
      "description": "APP 描述",
      "orientation": "定义默认的显示方向",
      "icons": [{
       "src": "图标路径",
       "sizes": "图标尺寸",
       "type": "图标格式"
      }, {
       "src": "icon/512.png",
       "sizes": "512x512",
       "type": "image/png"
      }]
}
```

常用的 manifest 属性说明如下：

1）name/short_name 属性

name 字段用于表示应用程序的全名，而 short_name 字段则用于在空间不足以显示全名时使用的简写名称。这两个字段二选一即可。

2）icons 属性

APP 使用的图标以数组的形式包含在 manifest.json 文件中，每个图标对象都包含 sizes（图标尺寸）、src（图标文件路径）、type（图标文件类型，可省略）等属性。例如：

```
"icons": [
  {
    "src": "icon/a.webp",
    "sizes": "192x192",
    "type": "image/webp"
  },
  {
    "src": " icon/b.svg",
    "sizes": "512x512"
  }
]
```

3）start_url 属性

应用程序默认打开的页面是相对于 manifest.json 文件的位置而言的，其中"."代表 manifest 文件所在的目录。

4）background_color 属性

Web APP 的背景颜色。

5）display 属性

在 manifest.json 文件中，可以定义应用程序启动后的显示方式，共有 4 种取值：fullscreen（全屏模式）、standalone（原生应用程序模式）、minimal-ui 和 browser。

6）orientation 属性

定义网页默认显示的方向，取值有以下几种：

- any：不限制。
- natural：设备默认的方向。
- portrait：竖屏。
  - ➤ portrait-primary：正的竖屏（Home 键在下）。
  - ➤ portrait-secondary：反的竖屏（Home 键在上）。
- landscape：横屏。
  - ➤ landscape-primary：正的横屏（Home 键在右）。
  - ➤ landscape-secondary：反的横向（Home 键在左）。

7）description 属性

提供对 APP 功能的描述。

上述属性在 manifest.json 文件中的排列顺序没有固定要求。下面是笔者使用的示例 manifest.json 文件，供读者参考。

```
{
  "name": "SaveMoney",
  "start_url": ".",
  "display": "standalone",
  "orientation": "portrait",
  "theme_color": "#ffffff",
  "background_color": "#ffffff",
  "icons": [
    {
      "src": "icon/192.png",
      "sizes": "192x192",
      "type": "image/png"
    },
    {
      "src": "icon/512.png",
      "sizes": "512x512",
      "type": "image/png"
    }
  ]
}
```

打开一个新的纯文本文件，将上述 JSON 语句复制粘贴到文件中，并将该文件保存为 manifest.json 即可。在 HTML 文件中，我们可以使用<link>标签将 manifest.json 文件嵌入<head>标签中。例如：

```
<link rel="manifest" href="manifest.json">
```

3. 注册 Service Worker

Service Worker 是大型商业网站经常使用的一种技术。它可以将部分 JavaScript 程序放在浏览器的后台执行，从而提高网站的性能和响应速度。Service Worker 还可以用于实现推送通知功能，例如在用户没有访问某个网站的情况下向用户发送一些社交网站的最新通知。

JavaScript 程序通常由浏览器的主线程（main thread）负责执行，而 Service Worker 是在不同的线程中异步运行的，因此不会影响网页的渲染。为了方便说明，在下文中我们将 Service Worker 简写为 SW。

之前曾经介绍过，网页的运行机制是客户端向服务器发送 HTTP 请求，服务器处理之后再将响应发送回客户端。Service Worker 可以通过监听 fetch 事件来拦截网页的 HTTP 请求，并通过提供的缓存功能来选择使用缓存响应，因此，即使用户处于离线状态，也能够正常浏览网页，如图 15-32 所示。

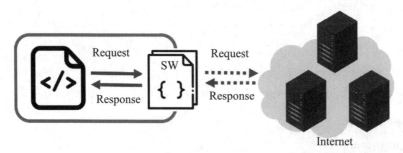

图 15-32

Service Worker 具有自己的生命周期，包括下载、安装和激活等阶段。在不同的生命周期内，可以利用监听事件来进行相应的处理。Service Worker 不能直接操作 DOM，但可以通过 postMessage() 方法发送信息，并通过 message 事件来进行通信。

到目前为止，我们已经了解了 Service Worker 的一些基本概念和特性，包括它通过监听事件来实现相应功能的特点。通过监听这些事件以及 Service Worker 的 API，我们可以实现一些传统网页所无法实现的功能。以下是一些重要的功能和相应事件的简述：

1）离线浏览网页

Service Worker 会监听 fetch 事件，通过拦截网页的 HTTP 请求并使用 SW 提供的缓存功能来提供响应。

2）离线提交表单

在离线状态下，表单数据无法通过网络进行传输。为了解决这个问题，可以将数据暂时存储在 IndexedDB 中，并注册 sync 事件。Service Worker 会监听 Background sync 事件，在网络连接恢复时将 IndexedDB 中的数据上传到服务器，从而实现在离线状态下提交表单的功能。

3）推播通知

Service Worker 会监听 push 事件，当接收到服务器发出的推送通知时，会向用户展示这些通知。

本章主要介绍 PWA 的概念和一些基本特性，但不会详细介绍 Service Worker 的 API 和细节。读者可以根据自己的需要自行深入了解相关内容。

注册 Service Worker 是为了实现 PWA 的"加入主屏幕"（Add to Home Screen，A2HS）功能，使网页可以拥有类似原生应用程序的操作界面。

我们需要通过 serviceWorkerContainer.register() 方法来注册 Service Worker 的 JavaScript 文件。如果注册成功，Service Worker 将在独立的环境（GlobalScope）中运行。

首先，在网页文件夹中创建一个空的 JavaScript 文件，文件名可以自定义。在本例中，我们将它命名为 sw.js。sw.js 文件中包含了 Service Worker 要监听的事件处理函数。为了让读者了解 Service Worker 的运行过程，笔者在 sw.js 文件中输入以下示例代码：

```
//监听 install 事件
self.addEventListener("install", (e) => {
    console.log("install.");
    self.skipWaiting();
});
//监听 activate 事件
self.addEventListener("activate", (e) => {
    console.log("activate.");
});
//监听 fetch 事件
self.addEventListener('fetch', (e) => {
    console.log("fetch");
});
```

接下来，在 index.html 文件中添加下面的 JavaScript 代码来注册 Service Worker，代码格式如下：

```
navigator.serviceWorker.register(scriptURL, options).then(() => {
    //注册成功时执行
}).catch((error) => {
    //注册失败时执行
});;
```

在上述 JavaScript 代码中，scriptURL 参数是 Service Worker 的 JavaScript 文件的路径，也就是 sw.js 的路径。options 参数可以用来限制 Service Worker 的控制范围，其默认值为"./"，即网站的根目录。如果 sw.js 文件在网站的根目录中，则 options 参数可以省略不写。需要特别注意的是，scriptURL 的相对路径是相对于 sw.js 文件而言的。Service Worker 只允许在 sw.js 所在的路径及其子路径中注册。

ServiceWorkerContainer.register()方法返回的是一个 Promise 对象。Promise 是一种异步对象，由 Promise 构造函数创建，使用 new Promise()来实例化，其格式如下：

```
const promise = new Promise((ressolve, reject)=>{...})    //Promise 对象

promise.then(success)              //接收成功返回值
promise.catch(error)               //接收失败返回值
```

JavaScript 是一种同步的程序语言，它一次只能执行一项任务。当正在执行某个操作时，其他的操作将会被阻塞，渲染也会被暂停。关于同步和异步的概念，读者可以参考相关的学习资料。

在注册 Service Worker 之前，必须检查浏览器（navigator）是否支持 Service Worker，并且等到网页资源都加载后再注册 SW。完整程序如下：

```
if ("serviceWorker" in navigator) {
    window.addEventListener('load', () => {
        navigator.serviceWorker.register("sw.js").then(() => {
            console.log("Service Worker register OK")
        }).catch((err) => {
            console.log("Service Worker register fail:"+err)
        });
    });
}
```

学习小教室

同步（synchronous）与异步（asynchronous）

当程序中存在多个事件时，除了考虑事件的触发程序，还需要考虑事件执行的先后顺序，这时就会涉及同步与异步的问题。

同步这个名词乍听之下可能会有"同时处理"的错觉，其实程序设计中的同步模式是指一步接一步的意思。下面来了解一下"同步"与"异步"的概念。

● **同步**：程序必须等到对方响应之后才能继续往下运行，例如 A1 调用了 B1，A2 必须等到 B1 执行完成才能执行，如图 15-33 所示。使用同步通常表示 A 程序与 B 程序息息相关。

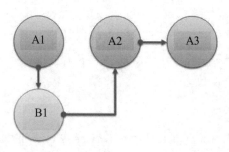

图 15-33

● **异步**：程序不必等待对方响应就会继续往下运行，例如 A1 调用了 B1，A2 同时也开始执行了，不需要管 B1 是否执行，各自管好自己的工作就好了，如图 15-34 所示。由此可知，使用异步表示 A 程序与 B 程序并没有直接的关系，这也是并发的概念——多个事件在同一时间一起执行。

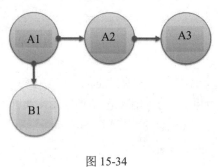

图 15-34

完成后，使用 Chrome 浏览器打开网页，就会注册 Service Worker。按 F12 键启动开发者工具，切换到控制台面板，如果显示 Service Worker register OK 就表示注册成功。切换到 Application 面板，单击 Service Workers 就可以看到 status（状态）显示为正在执行，如图 15-35 所示。

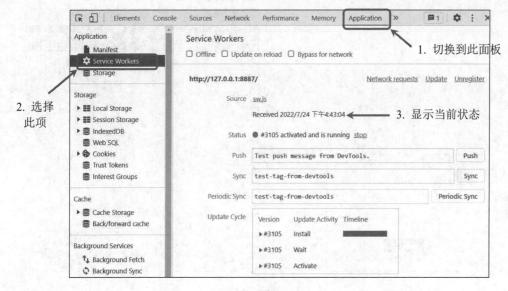

图 15-35

> **提示** "我的记账本"只有一个 HTML 文件,因此可以直接把 Service Worker 注册程序写在 HTML 文件里。但是如果网页文件不止一个,每个页面都要接受 Service Worker 控制,那么可以将注册程序存储为外部 JS 文件,再在每个 HTML 文件中引入这个文件。这样可以避免重复编写代码,提高了代码的复用性和可维护性。

浏览器工具栏会出现"安装"按钮,如图 15-36 所示。

图 15-36

单击"安装"按钮之后就会弹出安装对话框,如图 15-37 所示。

安装完成之后,网页就会以应用程序的模式运行了,如图 15-38 所示。

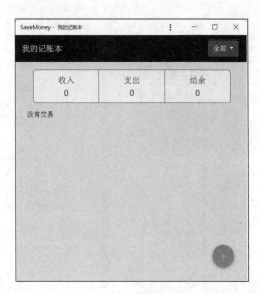

图 15-37

图 15-38

将做好的网页放到免费网页空间上后，只要使用手机打开网页就会弹出安装窗口，只要安装完成，网页就具有原生 APP 的用户体验。